色彩平衡调整效果参见本书7.1.3

调整混合颜色带效果参见本书8.1.4

黑白照片上色效果参见本书7.4

啤酒宣传海报设计参见本书8.3

表面模糊滤镜效果参见本书9.4.1

动感模糊滤镜效果参见本书9.4.1

减少杂色滤镜效果参见本书9.4.1

锐化滤镜效果参见本书9.4.1

电影海报设计参见本书9.6

蓝色玻璃字设计参见本书10.1

水晶字设计参见本书10.3

发光字设计参见本书11.4

黄金字设计参见本书10.5

3D字设计参见本书10.6

火焰字设计参见本书10.7

色彩字设计参见本书10.8

立体镂空字设计参见本书10.9

浮雕文字设计参见本书10.11

皮革文字设计参见本书10.12

制作Banner设计参见本书11.2

制作网页图像参见本书11.5

传统电影海报设计参见本书12.1.1

抽象电影海报设计参见本书 12.1.2

影楼宣传海报设计参见本书 12.3

健身宣传海报设计参见本书 12.4

旅游公司宣传海报设计参见本书 12.2

21 世纪高等学校电子信息类专业规划教材

Photoshop CS3 基础与实例教程

主　编　秦洪杰　朱小葳

副主编　单琳琳　王喻红　马宪敏　潘忠立

主　审　刘卫东

清华大学出版社

北京交通大学出版社

·北京·

内 容 简 介

　　本书全面细致地介绍了 Photoshop CS3 中文版的主要功能和面向实际的应用技巧。包括图像处理的基础知识和基本操作、选区的绘制与编辑、图像的编辑、路径的使用、文字与矢量图形处理、图像色调与色彩调整、图层和通道等重要调板的应用、滤镜特效、各种新颖特效字的制作及网页特效元素的设计等内容。最后一章还安排了精彩的综合实例，用于拓宽读者的创作思路，巩固和提高读者对 Photoshop CS3 操作的掌握与应用。

　　本书结构清晰，语言流畅，内容丰富，图文并茂。根据知识点的学习进程，精心安排具有针对性的精彩实例，强调理论知识与实际应用的结合，令读者能够快速学习和掌握使用 Photoshop CS3 的功能和技巧进行图像处理的各种实用操作。

　　本书既可作为高等院校相关课程的教材，也可作为各类社会培训班教学用书。此外，本书也非常适合广大初、中级电脑美术爱好者自学和阅读。

　　本书相关素材和电子教案可到北京交通大学出版社网站上免费下载，网址为：http：//press. bjtu. edu. cn.

图书在版编目（CIP）数据

Photoshop CS3 基础与实例教程/秦洪杰，朱小葳主编. —北京：清华大学出版社；北京交通大学出版社，2009.4

　　（21 世纪高等学校电子信息类专业规划教材）

　　ISBN 978-7-81123-585-2

　　Ⅰ. P⋯　Ⅱ. ①秦⋯ ②朱⋯　Ⅲ. 图形软件-Photoshop CS3-高等学校-教材　Ⅳ. TP391.41

中国版本图书馆 CIP 数据核字（2009）第 067981 号

责任编辑：郭东青

出版发行：清 华 大 学 出 版 社　　邮编：100084　　电话：010-62776969
　　　　　北京交通大学出版社　　邮编：100044　　电话：010-51686414
印 刷 者：北京东光印刷厂
经　　销：全国新华书店
开　　本：185×260　　印张：23.75　　字数：593 千字
版　　次：2009 年 5 月第 1 版　　2009 年 5 月第 1 次印刷
书　　号：ISBN 978-7-81123-585-2/TP・479
印　　数：1～4000 册　　定价：36.00 元

前　言

Photoshop 是 Adobe 公司开发的图形图像处理软件，目前已广泛应用于美术设计、彩色印刷、海报、数码照片处理等诸多领域。Photoshop CS3 是 Adobe 公司 2007 年推出的新版本，与以往版本相比，增加了许多新功能，使软件在图像编辑处理过程中变得更易操作和更加完美。

本书将以最新的 Photoshop CS3 中文版为蓝本，通过对基础知识和典型实例的讲解，使读者能够快速学习和掌握 Photoshop 软件的功能和技术，以进行图像处理的各种操作。本书共分 12 章，主要内容如下：

第 1 章和第 2 章介绍了图像编辑处理的基础知识和基本操作方法。

第 3 章介绍了使用各种选区工具创建选区和对选区的编辑、填充等内容。

第 4 章介绍了绘图工具的设置方法和使用，橡皮擦工具擦除图像的方法，各种图像色彩、画面修饰工具的使用，以及常用图像编辑命令操作。

第 5 章介绍了路径的一些基础知识，创建路径的各种方法，编辑路径以及路径调板的使用。

第 6 章介绍文字的输入和编辑处理的操作方法，包括创建路径文字和变形文字的方法。

第 7 章介绍了"图像"→"调整"菜单命令下的调整图像色彩的相关命令。

第 8 章介绍了图层调板和通道调板等主要调板的使用，并结合实例体现它们的强大功能。

第 9 章介绍了在 Photoshop CS3 中各种滤镜的效果和功能。

第 10 章介绍了使用文字工具和菜单中的滤镜、图层样式、通道以及路径等命令完成特效文字的制作。

第 11 章介绍了对网页元素（包括按钮、导航条以及网页背景）的制作方法。

第 12 章通过制作电影海报、旅游公司宣传海报、影楼宣传海报、健身宣传海报 4 个应用实例，介绍了综合应用 Photoshop CS3 进行海报设计的方法与技巧。

本书集合了黑龙江省七所著名高校（哈尔滨师范大学、黑龙江大学、哈尔滨理工大学、黑龙江信息技术职业学院、黑龙江工程学院、哈尔滨师范大学恒星学院、黑龙江建筑职业技术学院）多年从事计算机教学的一线教师的智慧联合编写，参与本书编写的人员有丰富的教学经验，在编书方面都有较高的造诣。全书实例典型、精彩，编写语言通俗易懂、由浅入深，步骤讲解详尽，富于启发性。

本书由秦洪杰、朱小葳任主编，单琳琳、王喻红、马宪敏、潘忠立任副主编，刘卫东主审。参加本书编写工作的还有范晶、刘建伟、徐星明、张珑、盛芳圆、刘广敏、齐兴龙等。

具体分工是：第 1 章由王喻红编写，第 2 章由张珑编写，第 3 章由潘忠立编写，第 4、5 章由朱小葳编写，第 6 章由刘广敏、齐兴龙编写，第 7 章由马宪敏编写，第 8 章由秦洪杰编写，第 9 章由单琳琳编写，第 10 章由范晶编写，第 11 章由刘建伟编写，第 12 章由徐星明和盛芳圆编写。另外，参与本书编写和提供图片的还有石海涛和王潆若。

在编写过程中，我们力求做到严谨细致、精益求精，由于编写时间仓促，编者水平有限，书中疏漏和不妥之处在所难免，殷切希望读者和同行专家批评指正。编者的 E-mail 是：hljmxm@163.com。

编　者

2009 年 3 月

目　录

第1章 中文 Photoshop 的窗口

本章是学习 Photoshop CS3 的基础课，要求了解 Photoshop 的基础功能和 Photoshop CS3 的特点。要求熟悉 Photoshop CS3 标题栏、菜单栏、工具箱和图像窗口；熟悉常见的图像类型和图像文件的格式；理解图像的分辨率、颜色模式、像素等概念；掌握用 Adobe Bridge CS3 浏览、查找和管理图像的方法。

📚 本章重点

- 位图和矢量图；
- Photoshop CS3 工作界面；
- 分辨率和图像颜色模式；
- 常用图像文件格式。

1.1 Photoshop CS3 概述

Adobe 公司是全球最大的软件公司之一，Photoshop 是 Adobe 公司开发的一款图像处理应用软件，因为它在图像编辑、制作、处理等方面的强大功能和易用性、实用性而备受广大计算机用户的青睐，目前已成为最流行的图像处理应用软件。

Photoshop 自 1990 年问世以来，Adobe 公司不断对其进行完善和更新。2007 年 7 月，推出 Photoshop CS3 中文版（10.0 版），CS 的意思是 Creative Suit。Adobe 公司给用户们带来了很大的惊喜，Photoshop CS3 新增了许多强有力的功能，它几乎可以满足用户在图像处理领域中的任何要求。灵活变通的操作命令、得心应手的操作工具、简洁易学的界面语言都能快速地帮助用户设计制作出高水平的图像作品。

1.2 图像处理基础知识

1.2.1 位图和矢量图

在日常生活中，我们编辑和处理的图像类型大致分为位图和矢量图两种形式。这两种类型的图片有着各自的优点和缺点，下面分别进行介绍。

1. 位图

位图是由像素点组合成的图像，一个点就是一个像素，每个点都有自己的颜色。所以位图能够表现出丰富的色彩，但是正因为这样，位图图像记录的信息量较多，文件容量较大。

Photoshop 和许多图像编辑软件产生的图像主要是位图图像。位图图像与分辨率有着直接的关系，分辨率大的位图清晰度高，其放大倍数相应增加。但是，位图的放大倍数超过其最佳分辨率时，就会出现细节丢失，并产生锯齿状边缘的情况，如图 1-1 所示。

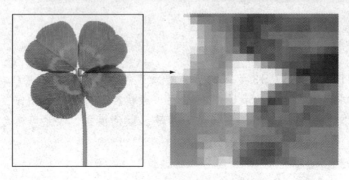

图 1-1　位图放大前后的效果对比

2. 矢量图

矢量图是以数学向量方式记录图像的，它由点、线和面等元素组成。所记录的是对象的几何形状、线条大小粗细和颜色等信息。不需要记录每个点的位置和颜色，所以它的文件容量比较小，另外，矢量图像与分辨率无关，它可以任意倍地缩放且清晰度不变，也不会出现锯齿状边缘，如图 1-2 所示就是矢量图放大前后的效果对比。

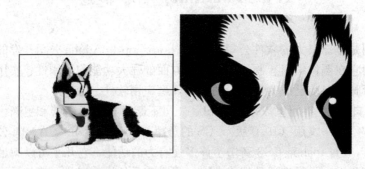

图 1-2　矢量图放大前后的效果对比

1.2.2　像素与图像分辨率

1. 像素

像素是构成位图图像的基本单位，水平及竖直方向的若干个像素组成了图像。像素是一个个正方形小方块，每一个像素都有其明确的位置及色彩值。所有像素的位置及色彩决定了图像的效果。一个图像文件其像素越多，则包含的信息量就越大，文件容量也越大，图像的品质也越好。

2. 图像分辨率

图像分辨率是指图像中每单位长度显示的像素的数量，通常用"像素/尺寸（dpi）"表示。分辨率是用来衡量图像细节表现力的一个技术指标。每英寸的像素越多，分辨率越高。一般来说，图像的分辨率越高，得到的印刷图像的质量就越好。

1.2.3　图像的颜色模式

颜色模式决定最终的显示和输出色彩。在 Photoshop 中，可以支持多种颜色模式，如位图、灰度、索引颜色、RGB 颜色等。执行菜单栏中的"图像"→"模式"命令，在弹出的子菜单中包含了更多更全面的颜色模式类型，如图 1-3 所示。

图 1-3　颜色模式

Photoshop 中颜色模式是建立好的用于描述和重现色彩的模型。

（1）位图模式。位图模式使用两种颜色值（黑色或白色）表示图像中的像素，如图 1-4 所示为 RGB 模式下的图像转换成位图模式下的图像。因为其位深为 1，位图模式下的图像又被称为位映射 1 位图像。只有灰度模式和多通道模式的图像才能转换成位图模式，它有助于较好地控制灰度图的打印。

图 1-4　RGB 模式下的图像转换成位图模式下的图像效果图

（2）灰度模式。灰度模式在图像中使用不同的灰度级。在 8 位图像中，最多有 256 级灰度。在灰度图像文件中，图像的色彩饱和度为 0，高度是唯一能够影响灰度图像的参数。灰度图像中的每个像素都有一个 0（黑色）到 255（白色）之间的亮度值，如图 1-5 所示。在

16 位和 32 位图像中，图像中的级数比 8 位图像要大得多。灰度值也可以用黑色油墨覆盖的百分比来度量（0％等于白色，100％等于黑色）。

图 1-5　用灰度模式表示的图像

（3）索引颜色模式。索引颜色模式的像素只有 8 位，可生成最多 256 种颜色的图像文件。这些颜色是预先定义好的，当转换为索引颜色时，Photoshop 将构建一个颜色查找表，用以存放并索引图像中的颜色。如果原图像中的某种颜色没有出现在该表中，则程序将选取最接近的一种，或使用仿色，以现有颜色来模拟该颜色。

索引颜色模式会使图像上的颜色信息丢失，但是尽管如此，索引颜色能够在保持多媒体演示文稿、Web 页等所需的视觉品质的同时，减少文件大小，因此经常应用于 Web 领域中。

（4）RGB 颜色模式。RGB 颜色模式使用 RGB 模型，R 表示 Red（红色）、G 表示 Green（绿色）、B 表示 Blue（蓝色）。3 种色彩形成其他色彩，因为 3 种颜色每一种都有 256 个高度水平级，所以相互叠加能形成 1670 万种颜色。

（5）CMYK 模式。CMYK 模式是印刷中必须使用的颜色模式，C 代表青色，M 代表洋红，Y 代表黄色，K 代表黑色。可以为每个像素的每种印刷油墨指定一个百分比值。为最亮（高光）颜色指定的印刷油墨颜色百分比较低，而为较暗（阴影）颜色指定的百分比较高。例如，亮红色可能包含 2％青色、93％洋红、90％黄色和 0％黑色。在 CMYK 图像中，当四种分量的值均为 0％时，就会产生纯白色。

1.2.4　图像的格式

文件格式是指数据的结构和方式，一个文件的格式通常用其扩展名来区分。扩展名是在用户保存文件时，根据用户所选择的文件类型自动生成的。不同格式所包含的信息并不完全相同，文件的大小也有很大的差别，因而，根据需要选择合适格式的图像非常重要。Photoshop 支持的图像文件格式多达二十余种，它能对这些图像进行编辑操作。现在简单介绍几种常用图像的格式。

1. PSD（.psd）格式

PSD 格式是 Photoshop 图像处理软件中默认的文件格式，它可以将所编辑的图像文件中的所有有关图层和通道的信息记录下来。所以，在编辑图像的过程中，通常将文件保存为PSD 格式，以便重新读取需要的信息。但是用 PSD 格式保存图像时，由于图像没有经过压缩，当图层较多时，文件会很大，会占很大的硬盘空间。

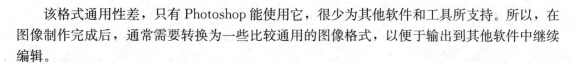

该格式通用性差，只有 Photoshop 能使用它，很少为其他软件和工具所支持。所以，在图像制作完成后，通常需要转换为一些比较通用的图像格式，以便于输出到其他软件中继续编辑。

2. BMP（.bmp）格式

BMP 格式（bitmap）是一种与设备无关的图像文件格式，是 Windows 环境中经常使用的基本位图图像格式。它最大的好处就是能被大多数软件"接受"，可称为通用格式。其结构简单，未经过压缩，一般图像文件会比较大，因此在网络中传输不太适用。

3. TIFF（.tif）格式

TIFF 格式（Tagged Image File Format）的最大优点是图像不受操作平台的限制，无论 PC、MAC 机还是 UNIX 机，都可以通用，所以它是应用最广泛的位图图像格式。TIFF 格式可包含压缩和非压缩像素数据，几乎被所有绘画、图像编辑和页面排版应用程序所支持。

4. JPEG（.jpg）格式

JPEG 格式（Joint Photographic Experts Group），简称 JPG，是应用最广泛的图片格式之一，它采用一种特殊的有损压缩算法，将不易被人眼察觉的图像颜色删除，从而达到较大的压缩比，所以"身材娇小，容貌姣好"，特别受网络青睐。

JPEG 支持 24 位真彩色，因此 JPEG 格式显示图像色彩丰富。对于使用的颜色数较多，含有大量过渡颜色区域，而且追求图像质量的图像应选用 JPEG 格式，如扫描的照片、使用纹理的图像和任何需要 256 种以上颜色的图像等。

5. GIF（.gif）格式

GIF 格式（Graphics Interchange Format）是目前网络中应用最为广泛的图像压缩格式，采用 LZW 无损失压缩算法，不会出现图像效果的失真。它分为静态 GIF 和动画 GIF 两种，支持透明背景图像，适用于多种操作系统，文件很小，可以极大地节省存储空间，因此常常用于保存作为网页数据传输的图像文件。

GIF 格式的图像最多只能显示 256 种颜色。对于包含颜色数目较少的图像，可选用 GIF 格式，如卡通、徽标、包含透明区域的图形及动画等。

1.3　Photoshop CS3 的工作界面

启动和退出 Photoshop CS3 是使用该软件编辑图像的基本操作，安装好 Photoshop CS3 后，即可启动、使用和退出该软件。

1.3.1　启动与退出 Photoshop CS3

1. 启动 Photoshop CS3

可以通过以下 3 种方法启动 Photoshop CS3。

（1）双击桌面上的 Photoshop CS3 快捷方式图标 。

（2）选择"开始"→"程序"→Adobe Photoshop→Adobe Photoshop 命令。

（3）双击 Adobe Photoshop CS3 安装文件夹中的 Photoshop. exe 图标。

2. 退出 Photoshop

退出 Photoshop CS3 的方法有如下 3 种。

（1）单击 Photoshop CS3 界面右上角的"关闭"按钮。

（2）选择"文件"→"退出"命令。

（3）按快捷键 Alt＋F4。

1.3.2 Photoshop CS3 的工作界面的组成

1. Photoshop CS3 工作界面

启动 Photoshop CS3 后，即可查看到它的工作区，它主要由标题栏、菜单栏、工具选项栏、工具箱、调板组、图像窗口及状态栏组成，如图 1-6 所示。

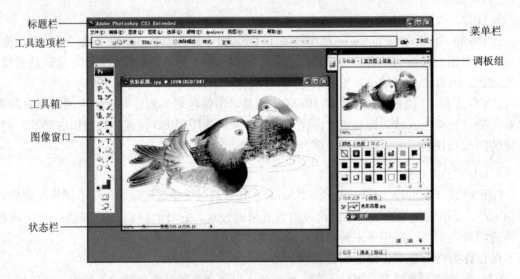

图 1-6　Photoshop CS3 工作界面

（1）标题栏。标题栏位于整个窗口的最上方，标题栏最右侧的 3 个按钮分别用于控制窗口的最小化、最大化/还原和关闭操作。在标题栏上右击，在弹出的快捷菜单中选择相应的命令，也可完成最小化、最大化、关闭等类似操作。

（2）菜单栏。菜单栏包括"文件"、"编辑"、"图像"、"图层"、"选择"、"滤镜"、"分析"、"视图"、"窗口"和"帮助"等 10 个命令菜单，只要单击其中的一个菜单，随即会出现一个下拉式菜单。

（3）工具箱。工具箱是在设计过程中最频繁使用的部分，第一次打开 Photoshop CS3 应用程序时，工具箱出现在屏幕的左侧并默认为单栏，单击工具箱左上方的小三角可将工具箱恢复成双栏状态。

使用工具箱中的工具可以进行绘图、绘画、编辑、移动、选择、注释等，还可以更改前景色、背景色，以使用不同的图像显示模式。其结构如图 1-7 所示。

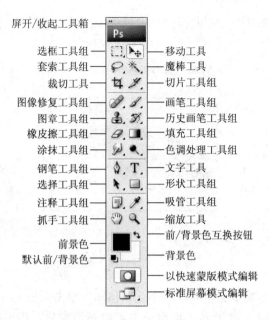

图 1-7　Photoshop CS3 工具箱

　　有些工具的右下角有一个小的黑三角，表明其下还隐藏其他功能相似的工具，如果要在它们之间进行切换，方法很简单：只要用鼠标按在相应按钮上不放或右击鼠标即可显示隐藏的工具。然后再单击左键选择。另外，也可以在按住 Alt 键的同时，单击工具箱中的工具，实现在隐含和非隐含的工具之间循环切换。

　　工具箱中的任何工具都可以用相应的字母键进行快捷切换，如果记不住工具的快捷键，只需将鼠标移动到工具图标上，稍停数秒，右下角会弹出提示框，提示当前工具的名称和切换它的字母键。

　　2. 工具选项栏

　　工具选项栏位于菜单栏的下方，提供了有关使用工具的选项，大多数工具选项都会显示在选项栏中，当选择工具箱中不同的工具时，会有相应的工具选项栏显示不同的选项设定。如图 1-8 所示的是选中裁切工具时的选项栏。

图 1-8　选中裁切工具时的选项栏

　　3. 调板

　　调板是 Photoshop CS3 工作界面中非常重要的一部分，是进行图像编辑和处理操作、选择颜色、编辑图层、新建通道、编辑路径和设置参数等的主要途径。

　　在默认状态下，常用调板放置在工作区的右侧，此调板是不常用的，所以 Photoshop 中将其默认状态设置为隐藏的，如果需要某个已隐藏的调板，可以通过选择"窗口"菜单中的相应命令使其显示出来。

　　默认情况下，调板以组的方式堆叠在一起，每个控制调板窗口中都包含 2～3 个不同的调板，如图 1-9 所示。在这个控制调板窗口中包含了"导航器"、"直方图"和"信息"这 3 个调板。

图 1-9　"导航器"调板

调板可以灵活方便地显示和隐藏、最小化和移动。单击调板上方空白处或最小化按钮可以实现最小化窗口，如图 1-10 所示，再次单击可以还原窗口。用鼠标拖动调板上方空白处到其他位置，可以移动调板。

图 1-10　最小化调板组

在一个控制调板中的不同调板之间还可以分离，这将使得用起来不用来回切换，方便许多。操作方法很简单，只要在调板标签上按住鼠标并拖动，将其拖出调板窗口后释放鼠标，就可以将两个调板分开，如图 1-11 所示为分离出来的"直方图"调板。同样地，也可以将一些调板组合在一起，只要用鼠标拖动调板到要合并的面板上即可。

图 1-11　"直方图"调板

正因为调板相对灵活，可以拆分、组合、移动，在执行这些操作之后，可能看上去有些杂乱，如果需要将面板状态恢复到默认状态，选择"窗口"→"工作区"→"复位调板位置"菜单命令即可。

1.3.3　图像窗口的基本操作

1. 改变窗口的大小和位置

要调整窗口的大小，只需将鼠标置于图像窗口的边界，当鼠标指针变为双箭头时，拖动鼠标来任意调整窗口的大小。也可以使用窗口右上角的最小化按钮、最大化/还原按钮来实现。

如果图像窗口没有处于最大化状态，可以用拖放标题栏的方法，把图像窗口移动到当前窗口的任何位置。

2. 调整窗口排列和切换当前窗口

如果打开了多个图像窗口，可以使用"窗口"→"排列"菜单下的"层叠"、"水平平铺"、"垂直平铺"和"排列图标"命令将已打开的窗口重新排列，菜单命令如图 1-12 所示。

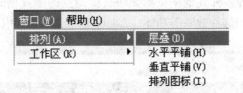

图 1-12　排列多个窗口

可以直接用鼠标单击要处理的窗口区域使相应的窗口成为当前活动窗口，也可以使用快捷键 Ctrl＋Tab 来切换不同的窗口，还可以使用"窗口"菜单选择需要切换为当前窗口的文件名。

3. 切换屏幕的显示模式

Photoshop 软件为用户提供了"标准屏幕模式"、"最大化屏幕模式"、"带有菜单栏的全屏模式"和"全屏模式" 4 种工作视图模式。单击工具箱下方的"更改屏幕模式"图标右下角的小三角按钮，将出现如图 1-13 所示的菜单，其中提供了这 4 种模式。也可以使用"视图/屏幕模式"子菜单中的命令来实现。

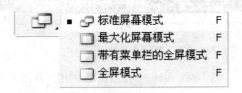

图 1-13　4 种工作视图模式

（1）标准屏幕模式。Photoshop 默认的屏幕显示模式。在这种模式下，Photoshop 的所有组件，如菜单栏、工具箱、工具选项栏和调板、状态栏等都被显示在屏幕上。

（2）最大化屏幕模式。占用停放之间的所有空间，并在停放宽度发生变化时自动调整大小。

（3）带有菜单栏的全屏模式。在这种模式下，带有菜单栏和 50％灰色背景，标题栏和状态栏将被隐藏起来。

（4）全屏模式。在这种模式下，图像之外的区域以黑色显示，并且在屏幕中隐藏菜单栏和状态栏，图像最大化状态显示，以便在最大屏幕空间中处理图片。

1. 4　Adobe Bridge CS3

1. 4. 1　Adobe Bridge CS3 的用户界面

Adobe Bridge CS3（简称 Bridge）是 Adobe 公司开发的一个能够独立运行的应用程序，主要用于浏览、查找和管理本地磁盘和网络驱动器中的图像。与传统的图像浏览器不同，它可以直接观看 PSD 和 AI 等多种其他浏览器无法直接浏览的图片格式，而且它具有批量命名、编辑元数据、旋转图像和幻灯片放映等功能。Adobe Bridge CS3 的用户界面如图 1-14 所示。

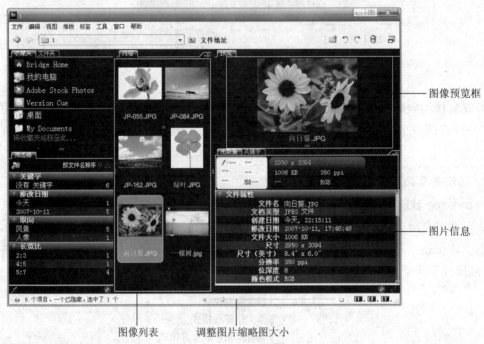

图 1-14　Adobe Bridge CS3 的用户界面

（1）菜单栏。位于窗口的顶部，其中集成了 Bridge 专用的各种命令。

（2）预览面板。用于显示当前所选图像文件的预览效果。

（3）内容区域。内容区域用于显示当前文件夹中的图像的缩略图预览，以及这些图像的信息。

（4）元数据面板。元数据面板中包含了所选图像文件的元数据信息，选择多个图像文件后，会在其中列出共享数据（如文档类型、颜色模式等）。

（5）状态栏。用于显示各种状态信息，如用于设置缩略图大小的滑块和用于指定内容区域中显示类型的工作区按钮等。

1. 4. 2　用 Bridge 批重命名文件

使用 Bridge 可以进行批重命名文件。在图像列表内或图像上右击，打开快捷菜单，选择"批重命名"菜单命令，弹出"批重命名"对话框，如图 1-15 所示。

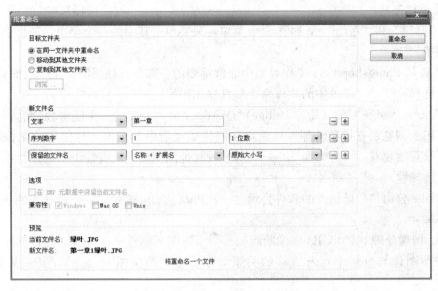

图 1-15　"批重命名"对话框

（1）目标文件夹。选择将重命名的文件放在同一文件夹中还是放在不同文件夹中，将文件移动到另一个文件夹中或副本放在另一个文件夹中。如果执行"移动到其他文件夹"或"复制到其他文件夹"，单击"浏览"来选择文件夹。

（2）新文件名。用来设置新文件的名。"从文件名中移动此文本"按钮可以减少新文件名中的文本，"向文件名中添加更多文本" ⊞ 按钮可以向新文件名中添加更多的设置。

习　　题

一、填空题

1. 在日常生活中，我们编辑和处理的图像类型大致分为_____和_____两种形式。

2. 位图是由_____组合成的图像，一个点就是一个_____，每个点都有自己的颜色，所以位图能够表现出丰富的色彩。

3. 一个图像文件其_____越多，则包含的信息量就越大，文件容量也越大，图像的品质也越好。

4. _____是指图像中每单位长度显示的像素的数量，通常用"像素/尺寸（dpi）"表示。

5. CMYK 模式是_____必须使用的颜色模式，C 代表青色，M 代表洋红，Y 代表黄色，K 代表黑色。

6. _____模式使用 RGB 模型，R 表示 Red（红色）、G 表示 Green（绿色）、B 表示 Blue（蓝色）。

7. 启动 Photoshop CS3 后，即可查看到它的工作区，它主要由_____、_____、

_____、_____、调板组、图像窗口及状态栏组成。

8. 菜单栏包括_____、_____、_____、_____、"选择"、"滤镜"、"分析"、"视图"、"窗口"和"帮助"等 10 个命令菜单，只要单击其中的一个菜单，随即会出现一个下拉式菜单。

9. 调板是 Photoshop CS3 工作界面中非常重要的一部分，如果需要某个已隐藏的调板，可以通过选择_____菜单中的相应命令使其显示出来。

10. Adobe Bridge CS3（简称 Bridge）是 Adobe 公司开发的一个能够独立运行的应用程序，主要用于浏览、查找和管理本地磁盘和网络驱动器中的图像。与传统的图像浏览器不同，它可以直接观看_____和_____等多种其他浏览器无法直接浏览的图片格式。

二、选择题

1. Adobe 公司是全球最大的软件公司之一，Photoshop 是 Adobe 公司开发的一款（   ）应用软件。

    A. 图像处理　　　　B. 图像绘制　　　　C. 图形创意　　　　D. 网页制作

2. 位图图像与分辨率有着直接的关系，分辨率大的位图（   ），其放大倍数相应增加。

    A. 大　　　　　　　B. 小　　　　　　　C. 清晰度低　　　　D. 清晰度高

3.（   ）是构成位图图像的基本单位。

    A. 像素　　　　　　B. 位图　　　　　　C. 图层　　　　　　D. 文件

4. 文件格式是指数据的结构和方式，（   ）是 Photoshop 图像处理软件中默认的文件格式，它可以将所编辑的图像文件中的所有有关图层和通道的信息记录下来。

    A. BMP 格式　　　　B. TIFF 格式　　　　C. PSD 格式　　　　D. JPEG 格式

5. 在 Photoshop CS3 中错误的启动方法是（   ）。

    A. 双击桌面上的 Photoshop CS3 快捷方式图标

    B. 选择"开始"→"程序"→Adobe Photoshop 命令

    C. 双击 Adobe Photoshop CS3 安装文件夹中的 Photoshop.exe 图标

    D. 按快捷键 Alt＋F4

三、简答题

1. 位图和矢量图的概念及最明显的区别是什么？

2. 什么是图像分辨率？

3. 常见的图像颜色模式有哪些？

4. 简述 Photoshop CS3 工作界面。

5. Adobe Bridge CS3 的主要功能有哪些？

四、上机练习题

1. 使用 Adobe Bridge CS3 浏览图片。

2. 使用 Adobe Bridge CS3 批量重命名图片。

第 2 章　Photoshop 快速入门

本章主要介绍 Photoshop CS3 的基本操作方法和一些辅助工具的使用。要求熟练掌握建立新图像文件、保存图像文件及打开、关闭、置入图像文件和查看文件的基本操作，认识图像大小和画布大小的关系，掌握标尺、网格和参考线的使用方法。

本章重点

- 图像文件的基本操作；
- 图像文件的查看；
- 图像文件尺寸调整；
- 辅助工具的使用。

2.1　图像的基本操作

2.1.1　新建图像文件

新建文件是指创建一个自定义大小、分辨率和颜色模式的图像窗口，在新建的图像窗口中可以进行图像的各种编辑操作。

启动 Photoshop CS3 软件以后，选择"文件"→"新建"菜单命令，或按快捷键 Ctrl＋N，打开"新建"对话框，如图 2-1 所示。

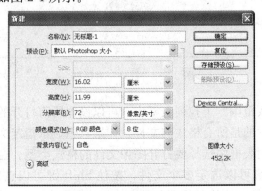

图 2-1　"新建"对话框

— 13 —

在"新建"对话框内可对新建文件大小、分辨率、颜色模式及背景等选项进行设置，该对话框各主要选项含义如下。

（1）"名称"文本框。用于输入新图像文件的名称，默认文件名为"无标题-1"。

（2）"预设"下拉列表。可以在下拉列表框中选择系统预设的各种规格的标准图像尺寸。

（3）"宽度"和"高度"文本框。用于输入图像文件的尺寸，在文本框右侧的下拉列表框中可以选择单位，例如，厘米、像素、毫米、英寸等。

（4）"分辨率"文本框。用于输入图像文件的分辨率，分辨率越高，图像品质越好。在文本框右侧的下拉列表框中可以选择分辨率的单位。

（5）"颜色模式"下拉列表。可以选择图像文件的色彩模式，一般使用 RGB 或 CMYK 色彩模式。在文本框右侧的下拉列表框中可以选择位深，这里通常默认为 8 位。

（6）"背景内容"下拉列表框。用于选择图像的背景颜色。其中"白色"选项表示背景色为白色；"背景色"选项表示使用工具箱中的背景色为图像的背景色；"透明"选项表示图像背景透明，以灰白相间的网格显示，没有任何填充色。

2.1.2　打开图像文件

如果想对已有的图像进行编辑处理，必须将文件打开。

1. 直接打开文件

可以选择"文件"→"打开"菜单命令，或按快捷键 Ctrl＋O，也可以双击 Photoshop 工作界面中灰色底面区域，打开如图 2-2 所示的"打开"对话框。

图 2-2　"打开"对话框

在该对话框的"查找范围"下拉列表框中，可以设置所需打开的图像文件位置。默认情况下，文件列表框中显示的是所有格式的文件，如果只想显示指定文件格式的图像文件，可以在"文件类型"下拉列表框中选择要打开图像文件的格式类型。在"打开"对话框中，选择图像文件，按住 Ctrl 键可以选定多个文件，按住 Shift 键可以选定多个连续文件。单击"打开"按钮，选择的图像文件就会显示在 Photoshop 界面中。

也可以在 Windows 资源管理器中找到要在 Photoshop 上打开的图像文件，启动 Photoshop软件后，用鼠标将图像文件直接拖动到工作窗口上，同样可以打开文件。

2. 打开特定格式的文件

在 Photoshop CS3 中，用户不仅可以按照原有格式打开一个图像文件，还可以按照其他格式打开该文件。选择"文件"→"打开为"命令，打开"打开为"对话框，如图 2-3 所示。从中选择需要打开的文件，然后在"打开为"下拉列表中指定想要转换的图像格式，然后单击"打开"按钮，即可按选择的图像文件格式打开图像文件。

图 2-3　"打开为"对话框

3. 最近打开文件

选择"文件"→"最近打开文件"菜单命令，可以弹出最近打开过的文件列表，直接选取需要的文件名即可打开，此功能可以快速打开近期打开过的 10 个图像文件，如图 2-4 所示。

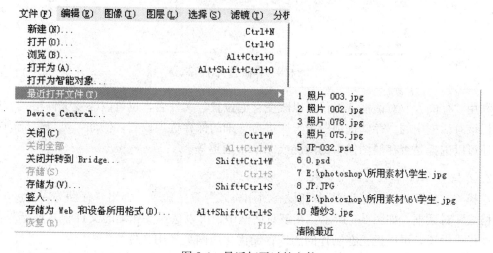

图 2-4　最近打开过的文件

2.1.3 保存图像文件

新建或打开图像文件后，对图像编辑完毕后要对图像文件进行存储，Photoshop CS3 可以指定多种文件格式来保存图像，下面介绍几种存储方式。

1. 存储图像文件

存储图像可以通过"文件"→"存储"或"文件"→"存储为"菜单命令来完成。

对已存储过的文件，如果选择菜单栏中的"文件"→"存储"命令，不会弹出对话框，而是直接以原路径、原文件名保存。

对于新图像文件第一次存储时在选择"文件"→"存储"菜单命令或选择"文件"→"存储为"菜单命令时，都会打开"存储为"对话框，如图 2-5 所示。

图 2-5 "存储为"对话框

利用"存储为"对话框，不仅可以改变存储位置、文件名，也可以改变文件格式。还可以使用该对话框中的"存储选项"设置区进行详细的保存选项设置。例如，可以生成副本文件；还可以选择是否存储图像中的图层或 Alpha 通道等。

2. 存储为 Web 和设备所用格式

选择"文件"→"存储为 Web 和设备所用格式"菜单命令，弹出"存储为 Web 和设备所用格式"对话框，如图 2-6 所示。在该对话框中，可以选择要压缩的文件格式或调整其他的图像优化设置，可以把正在制作的图像存储优化成网页专用文件。

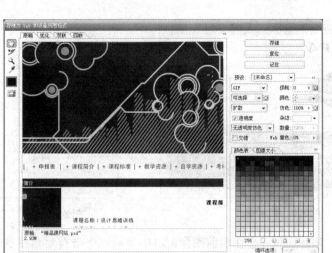

图 2-6 "存储为 Web 和设备所用格式"对话框

2.1.4 关闭图像文件

如果不需要编辑图像文件，可以关闭图像文件窗口，关闭时不退出 Photoshop 程序，关闭的方法有以下几种。

方法 1：选择"文件"→"关闭"菜单命令可关闭当前图像文件窗口。

方法 2：单击需要关闭图像文件窗口右上角的"关闭"按钮。

方法 3：按快捷键 Ctrl＋W 或快捷键 Ctrl＋F4 都可关闭当前图像文件窗口。

2.1.5 图像文件的置入与导出

1. 置入图像文件

使用 Photoshop CS3 的导入和导出功能，可以实现与其他软件之间的数据交互，即 Photoshop CS3 支持不同应用程序之间的数据交换。

使用"文件"→"置入"菜单命令和"文件"→"导入"菜单命令都可以实现 Photoshop CS3 的导入功能。

"导入"命令的主要作用是直接将输入设备（例如，扫描仪）上的图像文件导入至 Photoshop CS3 中使用。

"置入"命令的主要作用是将选择的图像文件导入至 Photoshop CS3 的当前图像文件窗口中，Photoshop CS3 目前支持置入的图像格式有 AI、EPS、PDF 和 PDP 等 4 种格式。使用置入命令之前，必须首先打开一幅图像，下面以一个具体的实例来介绍如何在图像文件中使用"置入"命令。

【例 2-1】在打开的图像中置入 PSD 格式的图像文件。

①启动 Photoshop CS3，打开一个素材文件，如图 2-7 所示。

②选择"文件"·→"置入"菜单命令，弹出"置入"对话框，如图 2-8 所示。在该对话框中选择需要打开的"动感人物．psd"图像文件，然后单击"置入"按钮。

图 2-7　素材文件　　　　　　　　　　　图 2-8　"置入"对话框

③导入之后，Photoshop 会在当前图像窗口中显示一个带有对角线的矩形来表示置入图像的大小、位置和显示草稿图，如图 2-9 所示。

④将光标移动到置入图像的边框上，当出现双向箭头时，拖动鼠标调整置入图像的大小和位置，调整结束后，按 Enter 键应用调整，将 PSD 格式图像嵌入到图像中，效果如图 2-10 所示。

图 2-9　置入图像　　　　　　　　　　　图 2-10　应用置入

2. 导出图像文件

使用"文件"→"导出"菜单命令，可以把 Photoshop CS3 中的图像文件导出为其他应用程序所需的文件格式，如导出成 Illustrator 默认的 AI 文件格式。

2.2　图像文件的查看

2.2.1　使用导航器调板

使用"导航器"调板，不仅可以很方便地对图像文件窗口中的显示比例进行缩放调整，而且还可以对画面显示的区域进行移动选择。选择"窗口"→"导航器"菜单命令，可以显示"导航器"调板，如图 2-11 所示。

在"导航器"调板中可以向左向右移动该对话框底部右侧的"缩放比例"滑块，来调整图像文件窗口的显示比例。向左移动可以缩小画面的显示比例；向右移动可以放大画面的显

图 2-11　　"导航器"调板

示比例。也可以直接在它左侧的"显示比例"文本框中输入数值来控制显示比例。

　　在该调板中的红色矩形框表示当前窗口显示的画面范围，在调整画面比例的同时，红色矩形框也会相应地缩放。可以将光标移动到调板上，移动红色矩形框，可以快速调整显示窗口中显示的画面区域。

2.2.2　使用缩放、抓手工具

　1. 缩放工具🔍

　　在图像文件窗口观察图像画面时，可以选择"工具箱"中的"缩放"工具，缩放工具可以缩小或放大图像以利于观察图像。

　　选择缩放工具，在图像文件窗口中每单击一次，图像画面会以 50％的显示比例递增放大显示；按住 Alt 键，在图像文件窗口中每单击一次，图像画面会以 50％的显示比例递减缩小显示，缩放工具的选项栏如图 2-12 所示。

图 2-12　缩放工具的选项栏

　　单击选项栏中的"放大"按钮🔍 或"缩小"按钮🔍 ，可以切换该"缩放"工具的放大或缩小功能。

　　单击"实际像素"按钮，图像将以 100％的显示比例显示；单击"适合屏幕"按钮，图像会根据当前窗口的大小显示图像全部区域；单击"打印尺寸"按钮，图像文件会以与打印时完全相同的大小显示。

　2. 抓手工具✋

　　在图像文件窗口观察放大显示的图像画面时，可以选择"工具箱"中的抓手工具。抓手工具可以用来移动画布，以改变图像在窗口中的显示位置。抓手工具的选项栏如图 2-13 所示，通过单击选项中的 3 个按钮，即可调整显示图像，其功能与缩放工具的按钮功能相同。

图 2-13　抓手工具的选项栏

2.3　图像文件尺寸调整

2.3.1　更改图像大小

图像编辑过程中也可以查看或修改图像的尺寸和分辨率。选择"图像"→"图像大小"菜单命令即可打开"图像大小"对话框，如图 2-14 所示。

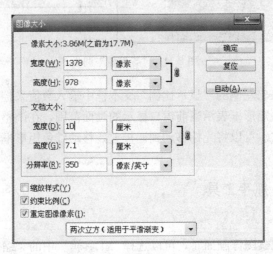

图 2-14　"图像大小"对话框

对话框中各选项含义如下。

（1）像素大小选区。显示了当前图像文件的大小和图像的宽度、高度，通常是以"像素"为单位，另外还有一个单位是"百分比"，可输入缩放的比例。右边的链接符号表示锁定长宽的比例。若想改变图像的比例，可取消对话框下端的"约束比例"复选框勾选项。

新文件的大小会出现在"像素大小"组合框的顶部，而原文件大小则在括号内显示。

（2）文档大小选区。可以设定图像的"宽度"、"高度"和"分辨率"值。

（3）"缩放样式"复选框。选中该复选框，在改变"像素大小"和"文档大小"的图像尺寸时，可以按照相同的比例维持宽度和高度的大小。如果没有选择该复选框，用户可以随意改变宽度和高度的像素数和尺寸。

（4）"约束比例"复选框。选中该复选框后，其上方的宽度和高度数值框右侧将出现标志，更改其中一个选项，其他选项也会按比例变化。

（5）"重定图像像素"复选框。在不改变图像文件容量的状态下，改变图像尺寸及分辨率。也就是说：如果缩小图像的分辨率，图像尺寸会增加，如果缩小图像尺寸，分辨率就会提高。如果不选择该复选框，则"像素大小"选区和"缩放样式"、"约束比例"复选框也不会激活。

2.3.2　更改画布大小

画布大小是指图像四周的工作区的尺寸大小。如果减小画布尺寸，画布上原来图像将会被裁切一些；而增大画布尺寸，新增的部分会用指定颜色去填充。设置画布大小方法很简单，选择"视图"→"画布大小"菜单命令，打开"画布大小"对话框，如图 2-15 所示。

图 2-15　"画布大小"对话框

"画布大小"对话框的各选项的含义如下。

（1）"当前大小"栏。显示当前图像的宽度和高度尺寸和文件大小。

（2）"新建大小"栏。可以在宽度和高度数值框中显示调整后画布的尺寸数据，同时会显示调整后的文件大小。

（3）"相对"复选框。如果选中该复选框，可以以当前画布尺寸为基准改变画布尺寸。因此，在增大画布尺寸时，要输入正值；缩小画布时，要输入负值。

（4）"定位"选项。可以将画面尺寸的缩放方向设置成 8 个方向，单击某一方向按钮，可以对现有画布的某边进行裁切或指示图像在新画布中的位置。

（5）"画布扩展颜色"下拉列表。如果修改画布大小后，新的尺寸中的宽度或高度比原有的尺寸大，则"画布扩展颜色"被激活，可选择使用"前景"色、"背景"色、"白色"、"黑色"及"灰色"来填充画布的扩展区域，如图 2-16 所示。

图 2-16　选择填充画布扩展区域的颜色

【例 2-2】在 Photoshop CS3 中打开图像文件，使用"图像"→"画布大小"菜单命令，将图像高度和宽度相对右下角各减小 2 厘米。

①打开需要修改的素材图像，如图 2-17 所示。

②选择"图像"→"画布大小"菜单命令，打开"画布大小"对话框，在该对话框中，"宽度"和"高度"文本框中输入-2，并设置单位为厘米，在"定位"选项中，单击右下角的箭头，如图 2-18 所示。

③单击"确定"按钮，设置的画布尺寸改成比原来的图像尺寸小的时候，会弹出如图 2-19 所示的提示信息框。单击"继续"按钮，把画布变小，修改后的图像如图 2-20 所示。

图 2-17　素材图像

图 2-18　设置画布大小

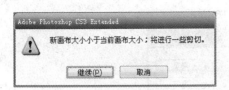

图 2-19　提示信息框

图 2-20　修改后的图像

【例 2-3】在 Photoshop CS3 中打开图像文件，并将图像设置成左侧和右侧各增加 0.5 厘米，下侧增加 1 厘米的画布宽度，画布颜色为黑色。

①打开需要修改的素材图像，如图 2-21 所示。

②选择"图像"→"画布大小"菜单命令，打开"画布大小"对话框，在该对话框中，"宽度"文本框中输入 1，"高度"文本框中输入为 1，并设置单位为厘米，单击上侧居中的"定位"按钮，在"画布扩展颜色"下拉列表中选择"黑色"，设置如图 2-22 所示。

③单击"确定"按钮，扩展画布，最终效果如图 2-23 所示。

图 2-21　素材图像　　　　　　　　　图 2-22　设置画布大小

图 2-23　扩展画布

2.4　辅助工具

在绘图过程中需要借用一些辅助工具保证绘图更加准确和快捷，这些辅助工具主要包括：标尺、网格和参考线。

2.4.1　使用标尺

标尺可以帮助用户精确地确定图像或元素的位置。选择"视图"→"标尺"菜单命令或按快捷键 Ctrl＋R，可在图像文件窗口顶部和左侧分别显示水平和垂直标尺，如图 2-24 所示。

2.4.2　使用网格

网格在默认情况下显示为不可打印的线条或者网点。网格对于对称布置的图像很有用。选择"视图"→"显示"→"网格"菜单命令或按快捷键 Ctrl＋'，即可在当前打开文件的页面中显示网格，如图 2-25 所示。

图 2-24　显示标尺

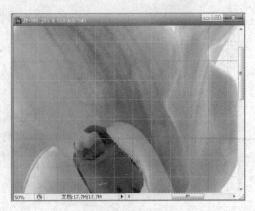
图 2-25　显示网格

2.4.3　使用参考线

参考线是显示在图像上方的一些不会打印出来的线条，可以帮助用户定位图像。参考线可以移动和删除，也可以将其锁定。

在 Photoshop 中可以通过以下两种方法来创建参考线。

方法 1：按快捷键 Ctrl+R，在图像文件中显示标尺。然后将光标放置在标尺上，按下鼠标不放并向画面中拖动，即可拖出参考线，如图 2-26 所示。

方法 2：选择"视图"→"新建参考线"菜单命令，打开"新建参考线"对话框，如图 2-27所示。

图 2-26　显示参考线

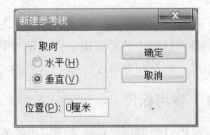
图 2-27　"新建参考线"对话框

在"取向"选项区中选择参考线的方向，然后在"位置"文本框中输入数值，此值代表了参考线在画面中的位置。单击"确定"按钮，可以按照设置的位置创建水平或垂直的参考线。

习　题

一、填空题

1. 对已存储过的文件，如果选择菜单栏中的_____命令，不会弹出对话框，而是直接以原路径、原文件名保存。

2. 使用_____调板，不仅可以很方便地对图像文件窗口中的显示比例进行缩放调整，而且还可以对画面显示的区域进行移动选择。

3. 图像编辑过程中也可以查看或修改图像的尺寸和分辨率。选择_____菜单命令即可打开"图像大小"对话框。

4. _____是显示在图像上方的一些不会打印出来的线条，可以帮助用户定位图像。

二、选择题

1. 直接打开文件可以选择"文件"→"打开"菜单命令，或按快捷键（　　），也可以双击 Photoshop 工作界面中灰色底面区域，打开文件。

　　A. Ctrl＋V　　　　　　B. Ctrl＋O　　　　　　C. Ctrl＋X　　　　　　D. Ctrl＋A

2. 如果不需要编辑图像文件时，可以关闭图像文件窗口，关闭时不退出 Photoshop 程序，以下几种关闭的方法不正确的是（　　）。

　　A. 选择"文件"→"关闭"菜单命令可关闭当前图像文件窗口

　　B. 单击需要关闭图像文件窗口右上角的"关闭"按钮

　　C. 按 Ctrl＋W 键关闭当前图像文件窗口

　　D. 按 Ctrl＋F5 键关闭当前图像文件窗口

3. 在"新建"对话框内，"背景内容"下拉列表框用于选择图像的背景颜色。其中（　　）选项表示图像背景透明，以灰白相间的网格显示，没有任何填充色。

　　A. 白色　　　　　　　B. 黑色　　　　　　　C. 透明　　　　　　　D. 前景色

4. 在 Photoshop 中可以通过以下方法来创建参考线。按快捷键（　　），在图像文件中显示标尺。然后将光标放置在标尺上，按下鼠标不放并向画面中拖动，即可拖出参考线。

　　A. Ctrl＋V　　　　　　B. Ctrl＋O　　　　　　C. Ctrl＋X　　　　　　D. Ctrl＋R

三、简答题

1. 简述 Photoshop 图像文件的基本操作

2. 在保存图像文件时存储与存储为的区别是什么？

3. 关闭图像文件有几种方法，分别是什么？

四、上机练习题

1. 打开一个扩展名为 .psd 的图像文件，然后在 Photoshop CS3 中更改图像大小为 500×500 像素，最后将图像另存为 .jpg 格式。

2. 在 Photoshop CS3 中打开一个图像文件，使用"图像"→"画布大小"菜单命令，将图像高度和宽度相对右下角各减小 2 厘米。

第 3 章　图像选区的创建与编辑

✏️ **学习目标**

　　无论对图像进行合成，还是对其进行编辑或修饰，都需要先创建图像的选区，选区的使用是处理图像的前提。本章主要学习如何用工具箱中的选区工具（包括选框工具组、套索工具组、魔棒工具、快速选择工具等）创建选区及对选区的编辑和填充等内容。要求掌握不同的创建规则和不规则选区的途径，了解选区的相加、相减和相交。

📚 **本章重点**

- ◆ 选区创建工具的使用；
- ◆ 选区的调整；
- ◆ 图像选区的填充；
- ◆ 图像选区的描边。

3.1　使用 Photoshop 选区工具

　　Photoshop 的大部分操作都基于图像适当的选区，因此在 Photoshop 中选区的创建质量将直接影响到图像处理的质量和效果。在实际的图像处理中，经常需要创建各种形状各异的选区，有形状规则的，有不规则的。所以，能否根据需要选择合适的选区工具至关重要。

3.1.1　使用选框工具组

　　如果所处理的图像是规则的图形，那么，可以利用 Photoshop CS3 中所提供的选框工具组。选框工具组包括矩形选框工具、椭圆选框工具、单行选框工具和单列选框工具，如图 3-1 所示，它们分别用来选择不同形状的选区。

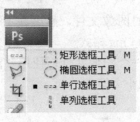

图 3-1　选框工具组

矩形、椭圆选框工具用于在被编辑的图像中或在单独的图层中画出矩形区域和椭圆区域。另外，按住 Shift 键可以画出正方形和正圆的选区；按住 Alt 键将从起始点为中心勾画选区。

单行、单列选框工具，用于在被编辑的图像中或在单独的图层中选出 1 像素宽的横行区域或竖行区域。

当选择某个工具时，工具选项栏的选项参数也会随之改变。选取矩形选框工具后，其选项栏如图 3-2 所示。在选框工具选项栏中，▢▢▢▢ 为"选择方式"选项：从左到右依次为"新选区"、"添加到选区"、"从选区减去"、"与选区交叉"等 4 种类型。

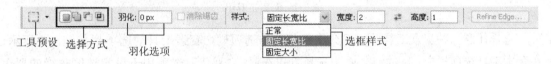

图 3-2　矩形选框工具选项栏

"新选区"拖拽后原选区取消生成新选区，即用新的选区代替旧的选区；"添加到选区"是在原有选区上再增加新的选项区，即取两次选择的和；"从选区减去"是在原有选区的上面减去新选区的部分；"与选区交叉"选择两次选区交叉重叠的部分。

（1）"羽化"选项。用于设定选区边界的羽化程度，值越大，选区边缘就越模糊。羽化后选区的直角处也将变得圆滑，其取值范围在 0～255 像素之间。不同的羽化值对选区及选区内的图像产生的效果也不同，如图 3-3 所示为羽化值分别为 0 和 45 时的对比效果。

图 3-3　羽化值分别为 0 和 45 时的对比效果

（2）"消除锯齿"选项。用于设置是否清除选区边缘的锯齿，勾选此项后，选区的边缘会更加柔和。该复选框只有在选择"椭圆选框工具"时才可用。

（3）"样式"选项。用于选择类型，它与后面的"宽"和"高"是一起使用的。正常选项为默认类型；"固定长宽比"选项，按宽度和高度的比例进行选择，如果"宽度"设置为 2，"高度"设置为 1，则选框的宽度与高度的比例一定是 2∶1；"固定大小"选项，是通过预设的宽度、高度的大小尺寸进行固定选择。

3.1.2　使用套索工具组

如果所处理的图像要求是不规则的图形，那么，选框工具就无能为力了，这时，就可以利用 Photoshop CS3 中所提供的套索工具组，它将以手绘的方式绘出不规则形状的选区，其边界是一条虚线，虚线以外的内容不能进行任何操作，对于虚线以内的选区，可以进行任意操作，如编辑、移动、效果处理等。套索工具组提供了 3 种套索工具，包括套索工具、多边形套索工具和磁性套索工具，如图 3-4 所示。

套索工具　　L
多边形套索工具　L
磁性套索工具　L

图 3-4　套索工具组

选择任意一种套索工具后，都会出现相应的选项栏，套索工具的选项栏如图 3-5 所示。在套索工具选项栏中，为选择方式选项；"羽化"选项用于设定选区边缘的羽化程度；"消除锯齿"选项用于清除选区边缘的锯齿。

图 3-5　套索工具的选项栏

1. 套索工具

套索工具可以在图像中或某一个单独的层中，以自由手控的方式选择不规则的选区。使用套索工具时，可通过按住鼠标拖动图像，随着鼠标的移动可以形成任意形状的选区，松开鼠标后就会自动形成封闭的选区。

2. 多边形套索工具

多边形套索工具可产生直线型的多边形选区。方法是单击鼠标形成选区起点，移动鼠标，在合适位置，再次单击鼠标，两个击点之间就会形成一条直线，依次类推。当终点和起点重合时，就会形成一个完整的选区。虽然多边形套索工具两点之间是一条直线，可是，如果增加击点，总体上也会有曲线的效果，如图 3-6 所示是用多边形套索工具勾勒出的选区。

图 3-6　用多边形套索工具勾勒出的选区

3．磁性套索工具

磁性套索工具是一种具有可识别边缘的套索工具，使用时可以自动分辨图像边缘并自动吸附，比前两种更加简便。选中磁性套索工具后，都会出现如图 3-7 所示的选项栏，其中各选项的含义如下。

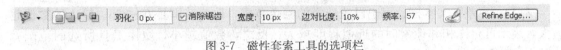

图 3-7　磁性套索工具的选项栏

（1）"羽化"。用于设定选区边界的羽化程度，和其他选框工具的用法相同。

（2）"消除锯齿"。用于设置是否清除选区边缘的锯齿，保证选区边缘的平滑。

（3）"宽度"。用来定义磁性套索工具检索的距离范围，其数字范围是 1～40 像素。默认数字为 10 像素，在移动鼠标时，磁性套索工具只会寻找 10 个像素之内的物体边缘。数值越小，寻找的范围越小，也就是越精确。

（4）"边对比度"。用来定义磁性套索工具对边缘的敏感程度。数字范围是 1％～100％。数字越高，磁性套索工具只能检索到那些和背景对比度大的物体边缘；反之，输入的数字越小，就可以检索到低对比度的边缘。

（5）"频率"。用来控制磁性套索工具生成固定点的多少，数字范围是 1～100。频率越高，越能更快、更准地固定选择边缘。

在使用磁性套索工具时，沿着图像边缘拖动鼠标，会自动增加固定的点，也可以单击鼠标手工加入固定点，如果想取消前一个生成的点，只需按 Delete 键即可。若要结束当前的选区，可双击鼠标，或按 Enter 键，终点和起点会自动连接在一起，形成一个封闭的区域。

3.1.3　魔棒工具和快速选择工具

1．魔棒工具

魔棒工具是以图像中相同或相近的色素来建立选取范围的。当使用魔棒工具单击图像中的某个点时，那么附近与它颜色相同或相近的区域，便自动进入选区内。该工具适用于选择颜色和色调比较单一的图像区域，常常用于去掉背景色等操作中。如图 3-8 所示，用魔棒工具单击背景颜色，然后单击"选择"菜单中的"反向"命令就可完成对猫的选择，这比用其他选择工具便捷、精确。

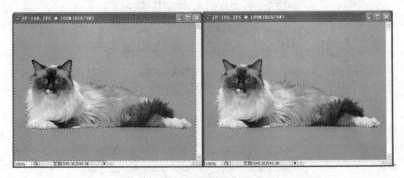

图 3-8　用魔棒工具选择猫

魔棒工具的选项栏如图 3-9 所示，其中各项含义如下。

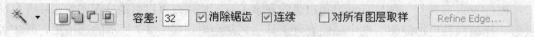

图 3-9　魔棒工具的选项栏

（1）"容差"文本框。用于设置选择的颜色范围，取值范围是 0～255。输入的数值越大，表示可允许相邻像素间的近似程度越大；反之，数值越小，魔棒工具所选的范围就越小。

（2）"连续"复选框。选中该复选框只选择颜色相同相似的连续图像，取消选中时可在当前图层中选择颜色相同相似的所有图像。

（3）"对所有图层取样"复选框。当图像含有多个图层时，选中该复选框表示对图像中所有图层起作用；否则，只对当前图层起作用。

2．快速选择工具

"快速选择"工具是 Photoshop CS3 新增的更为方便的选择工具，可以为具有不规则形状的对象建立快速准确的选区，而无须手动跟踪对象的边缘。

"快速选择"工具是利用可调整的圆形画笔笔尖快速绘制选区的。在拖动鼠标绘制选区时，选区会向外扩展并自动查找和跟随图像中定义的边缘。

"快速选择"工具的选项栏如图 3-10 所示。其中提供了"选择方式"、"画笔"、"对所有图层取样"、"自动增强"和"调整边缘"等选项。

图 3-10　快速选择工具的选项栏

（1）"画笔"选项。单击选项栏中的"画笔"选项右侧的下拉箭头，打开如图 3-11 所示的"画笔"弹出式调板，在其中可以设置画笔的直径、硬度和间距等参数。

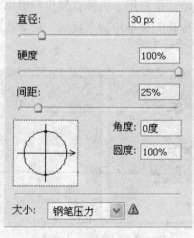

图 3-11　"画笔"弹出式调板

（2）"对所有图层取样"复选框。用于选择是否从所有可见图层中选择颜色。

（3）"自动增强"复选框。用于选择是否减少选区边界的粗糙程度。选中此项，后面的"调整边缘"选项才可用，这时，可以进一步调整选区边缘，这样用户就可以完全控制选择区域。

"快速选择"工具的使用方法很简单，下面通过一个实例说明。

【例3-1】 本例要选择一幅图像中的人物的头发，并将所选区域移到另外一个文件中去，效果如图3-12所示。

图3-12　使用"快速选择"工具选择人物头发

①打开要创建选区的素材文件，单击"快速选择"工具，然后，在头发任一处按住鼠标左键不放并拖动，即可根据头发颜色创建出第一个区域，如图3-13所示。

②在"快速选择"工具的选项栏中单击"添加到选区"按钮，如图3-14所示。当鼠标指针变成⊕形状时，再拖动鼠标，这时，选区将随着所绘画而增大。

图3-13　创建出第一个区域

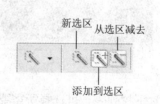

图3-14　选择方式

③如果在创建选区范围时，要从当前选区中减去不需要的区域，如图3-15所示。可单击选项栏中的"从选区减去"按钮，当鼠标指针变成⊝形状时，在不需要的区域拖动鼠标，

这时，多余的部分会从选区中减去。

④重复②、③步骤，最终得到人物头发的选区，效果如图 3-16 所示。最后，新建一个文件，用移动工具，移动选区，完成本例制作。

图 3-15 使用"从选区减去"按钮　　　　图 3-16 头发的完整选区

3.1.4 使用"色彩范围"命令

"色彩范围"命令与"魔棒"工具的作用类似，但其功能更为强大，它可以选取图像中某一颜色区域内的图像或整个图像内指定的颜色区域。

选择"选择"→"色彩范围"命令，打开如图 3-17 所示的"色彩范围"对话框，其各选项含义如下。

图 3-17 "色彩范围"对话框

（1）"选择"下拉列表。可选择所需要的颜色范围，其中"取样颜色"表示可用吸管指针在图像或预览区域上进行吸取颜色，取样后可通过"颜色容差"选项来控制选取范围，数值越大，选取的颜色范围越大。其余选项分别表示选取固定颜色值红色、黄色、绿色、青色、蓝色和洋红色等颜色和高光、中间调、阴影等颜色范围。

（2）"选择范围"单选按钮。选中此按钮，在预览窗口内将以灰度显示选取范围的预览形式。白色区域是选定的像素，黑色区域是未选定的像素，而灰色区域是部分选定的像素。

（3）"图像"单选按钮。选中此按钮，将预览整个图像。

（4）"颜色容差"滑块。滑动滑块或输入一个数值来调整选定颜色的范围。"颜色容差"设置可以控制选择范围内色彩范围的广度，并增加或减少部分选定像素的数量（选区预览中的灰色区域）。设置较低的"颜色容差"值可以限制色彩范围，设置较高的"颜色容差"值可以增大色彩范围、扩展选区。

3.2　编辑选区

3.2.1　常用选区命令

1. 全选

如果想将整个图像画面作为选区，有以下两种方法。

方法1：通过快捷键：Ctrl＋A。

方法2：通过"选择"→"全部"菜单命令。

2. 取消选择

如果选择不当或不需要再选择图像时，可以取消选区，要取消所有的选区有以下3种方法。

方法1：通过快捷菜单：右击鼠标，在弹出的快捷菜单中选择"取消选择"命令，如图3-18所示。

图3-18　用快捷方式取消选择

方法2：通过快捷键：Ctrl＋D。

方法3：通过"选择"→"取消选择"菜单命令。

3. 重新选择

取消选择区域后，如果单击"选择"→"重新选择"菜单命令，可以重新恢复前一次取消的选择区域。也可以通过快捷键Ctrl＋Shift＋D执行此命令。

4．反选

反选用于选择图像中除选区以外的其他图像部分，有的图像不选择的区域比选择的区域更方便选择，这时就可以通过反选选区命令来选取图像。要反向选择选区，有以下 3 种方法。

方法 1：通过快捷菜单：右击鼠标，在弹出的快捷菜单中选择"选取反向"命令。

方法 2：通过快捷键：Shift＋Ctrl＋I。

方法 3：通过"选择"→"反向"菜单命令。

5．修改

在"选择"菜单下有一个经常用到的修改命令，其级联菜单中有"边界"、"平滑"、"扩展"、"收缩"和"羽化"等命令，如图 3-19 所示。

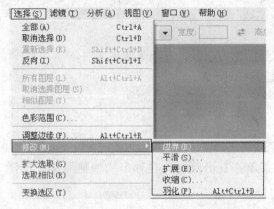

图 3-19　"选择"→"修改"菜单命令

通过这些命令可以进一步修改选区。"边界"命令可对选区加一个边界，宽度可在弹出的对话框中设置；"平滑"命令可以使选区的边缘更加柔和；选择"扩展"命令可扩大选区；选择"收缩"命令可减小选区；同样，扩大或缩小的范围都可以在弹出的对话框中设定。

"羽化"命令可以柔和选区轮廓周围的像素区域，在使用选框工具、套索工具等创建选区时，可以在其工具选项栏中直接输入羽化值。

羽化选区后并不能直接通过选区查看到图像的效果，需要对选区内的图像进行移动、填充、删除等编辑后才能看到图像边缘的羽化效果。如图 3-20 所示为羽化值为 20 像素的选区删除后的效果。

图 3-20　羽化命令前后图像效果

3.2.2　移动选区及移动选区内容

1. 移动选区

在确定选区后，在选项栏中选择"新选区"选项，然后将鼠标定位在选区边界处，当鼠标指针变为 ⤳ 状，表明可以移动该选区。

在进行选区移动操作时，还可以进行以下的精确控制。

(1) 在拖动鼠标的同时，按住 Shift 键，可以将选区的方向限制为 45 度的倍数。

(2) 可以使用键盘上的方向键，以 1 个像素的增量移动选区。

(3) 可以同时使用 Shift 键+方向键，以 10 个像素的增量移动选区。

2. 移动选区内容

可以使用移动工具 ▶⊕ 来移动层中选定区域到指定位置，指定位置可以是同一个文件，也可以是不同的文件。操作方法很简单：框选出所需的图像，然后激活移动工具 ▶⊕，接着按下鼠标左键，将所选择的区域往指定区域拖动，如图 3-21 所示。

图 3-21　移动工具使用示意图

选中移动工具，选项栏将显示如图 3-22 所示的状态栏。"自动选择图层"选项用于自动选择光标所在的图像层；"显示变换控件"用于对选取的对象进行各种变换（如旋转、改变大小等）。此外，选项栏中还提供了几种图层排列和分布方式。

图 3-22　移动工具选项栏

3.2.3　修改选区

在大多数情况下，一次创建选区可能很难达到满意的效果，因此可能需要进行多次选择。此时可以使用选择范围相加、相减或相交功能，工具按钮如图 3-23 所示。

图 3-23　修改选区按钮

1. 选区相加

　　如果在已建立的选区基础上，再加入其他的选择范围。首先要在工具箱中选择一种选框工具（例如，规则选框工具、魔棒工具和 3 种套索工具等），例如，用矩形选框工具选择一个矩形工具，然后，在其选项栏中按"添加到选区" 图标，再用此工具拖拽一个矩形选区，如图 3-24 所示。

图 3-24　选择"添加到选区"图标

　　此时所用工具的右下角会再现一个"╋"号，松开鼠标后，所得的结果是两个选区的并集，即此处创建的选区将添加到原选区，如图 3-25 所示，还可以在此基础上继续添加选区。

图 3-25　两个选区相加后的效果

2. 选区相减

　　如果想从图像的现有选区中减去一部分，要利用选区相减 ▢ 图标。首先要在工具箱中选择一种选框工具（例如，规则选框工具、魔棒工具和 3 种套索工具等），例如，用椭圆形选框工具选择一个矩形工具，然后，在其选项栏中按"从选区减去" ▢ 图标，再用此工具拖拽一个椭圆形选区，如图 3-26 所示。

图 3-26　选择"从选区减去"图标

　　此时所用工具的右下角会再现一个"＋"号，松开鼠标后所得的结果是两个选区相减的效果，即此处创建的选区与原选区重叠的部分将被删除，如图 3-27 所示。

图 3-27　两个选区相减后的效果

3. 选区相交

　　选区相交是将新的选区与原来的选区重叠的部分保留作为最终的选择区域，利用与选区交叉 ▢ 图标，例如，用椭圆选区绘制椭圆形选区，然后按"与选区交叉" ▢ 图标，再绘制另一个椭圆选区，如图 3-28 所示。

　　此时所用工具的右下角会再现一个"＋"号，松开鼠标后所得的结果是两个选区相重叠的部分，如图 3-29 所示。

图 3-28　选择"与选区交叉"图标　　　　图 3-29　两个选区交叉后的效果

3.2.4　变换选区

选区创建以后，还可以对选区进行缩放和旋转的变换，选区内的图像将保持不变。方法是：选择"选择"→"变换选区"菜单命令，这时，在选区的四周会再现一个带有控制点的变换框，如图 3-30 所示。用鼠标拖动控制点可以对选区进行移动、缩放和旋转等操作。

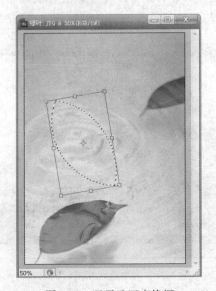

图 3-30　显示选区变换框

完成选区的变换后，按 Enter 键即可确定变换，按 Esc 键则将取消变换，恢复原来的状态。

3.2.5　描边选区

"描边"是图片处理过程中经常会用到的命令，使用该命令可以用当前的前景色描绘选区的边缘。方法是：在确定选区后，选择"编辑"→"描边"菜单命令，打开如图 3-31 所示的"描边"对话框，其中各选项的含义如下。

图 3-31　"描边"对话框

（1）"宽度"文本框。设置描边的宽度，其取值范围是 1～250 像素之间的整数值。

（2）"颜色"选择框。单击右侧的颜色方框可以打开"拾色器"对话框，设置描边的颜色。

（3）"位置"栏。用于选择描边的位置。"内部"表示对选区边框以内进行描边；"居中"表示以选区边框为中心进行描边；"居外"表示对选区边框以外进行描边。

（4）"模式"下拉列表。设置描边的混合模式。

（5）"不透明度"文本框。设置描边的不透明度。

（6）"保留透明区域"复选框。选中该复选框后进行描边时将不影响原来图层中的透明区域。

3.3　填充选区

在 Photoshop 中创建选区后，可以使用填充工具或菜单命令对图像的画面或选区进行填充，如填充前景色、背景色和图案等。可以使用 Photoshop 中提供的油漆桶工具和渐变工具及填充命令，在下面几节将分别介绍这几种方法的使用。

3.3.1　使用填充命令

使用填充命令可以对选区或图层进行前景色、背景色和图案等填充。选择"编辑"→"填充"命令，打开如图 3-32 所示的"填充"对话框，对话框的各项含义如下。

（1）使用。在其下拉列表中可以选择填充时所使用的对象，包括"前景色"、"背景色"、"图案"、"历史记录"、"黑色"、"50％灰色"和"白色"等选项，选择相应的选项即可使用相应的颜色或图案进行填充。

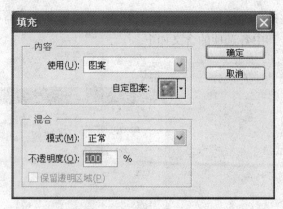

图 3-32　"填充"对话框

（2）自定图案。在使用"图案"选项后，在该下拉列表中可选择所提供的图案样式进行填充。

（3）模式。在其下拉列表中可选择填充的着色模式。

（4）不透明度。用于设置填充内容的不透明度。

（5）保留透明区域。选中该复选框后，进行填充时将不影响图层中的透明区域。

3.3.2　使用油漆桶工具

油漆桶工具 可根据像素的颜色的近似程度来填充颜色，可以是前景色和连续的图案（油漆桶工具不能用于位图模式的图像）。单击油漆桶工具，出现如图 3-33 所示的"油漆桶工具"选项栏，选项栏的各项含义如下。

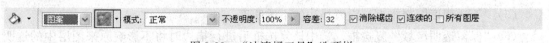

图 3-33　"油漆桶工具"选项栏

（1）填充。有两个选项，"前景"表示在图中填充的是工具箱中的前景色；"图案"表示在图中填充的是连续的图案。当选择"图案"时，后面的图案弹出式调板中可以选择不同的填充图案。

（2）模式。在其下拉列表中可选择填充的着色模式。

（3）不透明度。用于设置填充内容的不透明度。

（4）容差。输入填充的容差，它的范围是 0~255。数字越大，则填充的范围越大。

（5）消除锯齿。选中此复选框，可以平滑填充选区的边缘。

（6）连续的。选中此复选框，仅填充与所单击像素邻近的像素；不选则填充图像中的所有相似像素。

（7）所有图层。选中此复选框，是基于所有可见图层来进行填充。

【例 3-2】在打开的图像文件中，选择部分图像定义成为图案，并用该图案填充到另一个文件中。

①启动程序，打开一幅素材图像，如图 3-34 所示。

②用放大镜放大图像，然后选择要定义图案的部分图像，如图 3-35 所示。

图 3-34　素材图像

图 3-35　确定选区

③选择"编辑"→"定义图案"菜单命令，弹出如图 3-36 所示的"图案名称"对话框。在该对话框中输入图案的名称，然后单击"确定"按钮退出对话框。

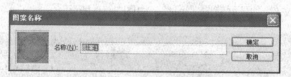

图 3-36　"图案名称"对话框

④新建一个文件，选择"编辑"→"填充"菜单命令。在"填充"对话框中，对于"使用"选取"图案"，在"自定图案"下拉列表中选择刚刚定义的图案 1，其他选项设置为默认属性，如图 3-37 所示。单击"确定"按钮，完成本例制作。

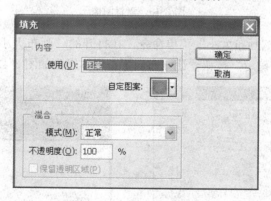

图 3-37　"填充"对话框

⑤选择油漆桶工具 来进行填充。首先选择油漆桶工具，然后在其选项栏中进行适当设置：从"填充"下拉列表中选取"图案"，并从"图案"下拉列表中选择"图案 1"，如图 3-38 所示。

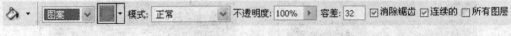

图 3-38 "填充"选项栏

⑥在文件中单击鼠标，所选图案将填充新建的文件，如图 3-39 所示。

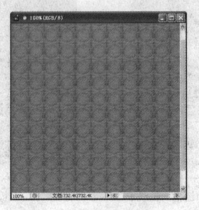

图 3-39 图案填充效果

【例 3-3】在打开的图像文件中，将输入的文字作为图案，并用该图案进行填充。

①打开素材图像文件"网页背景.jpg"，如图 3-40 所示。

图 3-40 素材图像

②选择"图像"→"画布大小"菜单命令，在打开的"画布大小"对话框中进行设置，如图 3-41 所示，单击"确定"按钮，让画布向下扩展，得到如图 3-42 所示的效果。

图 3-41 设置画布大小

图 3-42 画布扩展效果

③选择"横排文字"工具，在图像窗口中输入文字"三人行工作室"，然后，选择文字，在其选项栏中设置字体、字号等选项，单击"设置文本颜色"按钮，弹出"选择文本颜色"对话框，将鼠标指针移到图像上，当指针变成"吸管" 🖋 形状时，在图像上单击，在图像上取样，如图 3-43 所示，单击"确定"按钮。

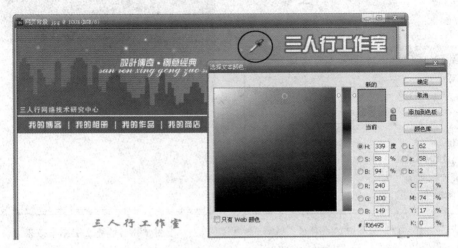

图 3-43　设置文本颜色

④单击文字选项栏上的"提交所有当前编辑" ✔ 按钮，退出文字编辑，这时，在"图层"调板上会出现一个文本图层。按快捷键 Ctrl＋T，将文字旋转呈一个角度，效果如图 3-44 所示。

⑤双击鼠标确定变形的结果，然后在工具箱中选择"矩形选框"工具，选择输入的文字，如图 3-45 所示。

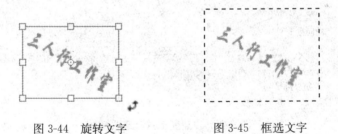

图 3-44　旋转文字　　　　　　　图 3-45　框选文字

⑥选择"编辑"→"定义图案"菜单命令，打开"图案名称"对话框，如图 3-46 所示。在该对话框中的"名称"文本框中输入"背景文字"，然后单击"确定"按钮。

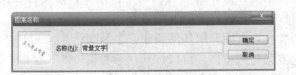

图 3-46　"图案名称"对话框

⑦删除文字图层，然后选择"矩形选框"工具，选择素材图像中扩展的白色区域，选择"编辑"→"填充"菜单命令，弹出"填充"对话框，在"使用"下拉列表中选择"图案"

选项，然后在"自定图案"下拉列表中选择刚定义的图案，设置不透明度为 50%，如图 3-47 所示。单击"确定"按钮，对选区进行填充，效果如图 3-48 所示。

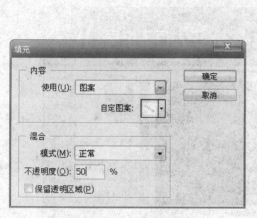

图 3-47　选择定义的图案　　　　　　　图 3-48　填充文字图案效果

3.3.3　使用渐变工具

渐变工具█可以实现多种颜色间的逐渐混合填充。不但可以从预设渐变填充中选取，而且可以创建自己的渐变颜色。使用方法很简单：按住鼠标拖拽，形成一条直线，直线的长度和方向决定了渐变填充的区域和方向。

选中工具箱中的渐变工具，出现如图 3-49 所示的"渐变工具"选项栏，选项栏的各项含义如下。

图 3-49　"渐变工具"选项栏

1. 渐变方案

单击选项栏中的"渐变方案"选项右侧的下拉箭头，将出现如图 3-50 所示的"渐变方案"弹出式调板，可以从中选择需要渐变的方案。

也可以自定义渐变色，下面介绍如何新建一个渐变色。

（1）单击"颜色方案"选项框，可以打开"渐变编辑器"窗口，在该窗口中，可以先选择一种渐变色作为编辑的基础，当在"渐变效果预视条"中调节任何一个项目后，"名称"后面的文本框自动变成"自定"，可以在这里输入自己设定的名称，如图 3-51 所示。

（2）"渐变类型"下拉列表。包括"实底"和"杂色"这两个选项。"实底"是对均匀渐变的过渡色进行设置；"杂色"是对粗糙的渐变过渡色进行设置。

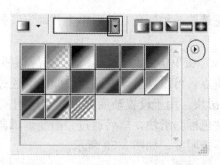

图 3-50　"渐变方案"弹出式调板

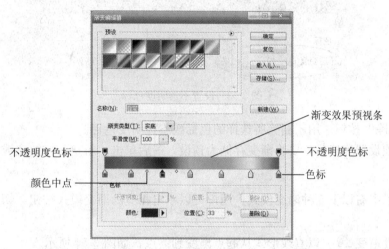

图 3-51　"渐变编辑器"窗口

（3）"平滑度"选项。用于调节渐变中两个色带之间逐渐转变的光滑程度。可以在"平滑度"文本框中输入一个数值，或拖动"平滑度"弹出式滑块。

（4）"色标"滑块。用于控制颜色在渐变中的位置。在"渐变效果预视条"上单击，即可创建一个新的色标；要删除正在编辑的色标，可以单击"删除"按钮完成，或向下拖动此色标直到它消失；如果鼠标单击色标并拖动，就可以调整该颜色在渐变中的位置；双击色标，可以打开如图 3-52 所示的"选择色标颜色"对话框。

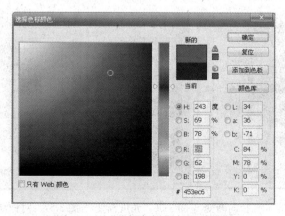

图 3-52　"选择色标颜色"对话框

在该对话框中可以任意选取一种颜色，然后单击"确定"按钮，可以完成更改色标颜色的操作。

（5）"颜色中点"滑块◇。在单击色标时，会显示其与相邻色之间颜色均匀混合的中点位置。向左或向右拖动该中点，可以调整渐变颜色中间的颜色过渡范围。

（6）"不透明度色标"滑块。用于设置渐变颜色的不透明度。设置方法：在"渐变效果预视条"上选择"不透明度色标"滑块，然后通过"渐变编辑器"窗口中的"不透明度"文本框中设置其位置颜色的不透明度，如图 3-53 所示。

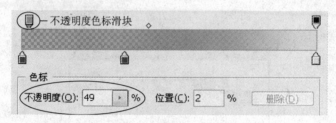

图 3-53　设置不透明度色标

（7）"删除"按钮。用于删除所选择的色标或不透明度色标。

以上选项设置完毕后，要将渐变存储为预设，最后单击"新建"按钮完成操作。

2. 渐变模式

在选项栏中有以下 5 种渐变模式，用户可以单击相应的渐变模式按钮，切换不同的渐变模式。

（1）线性渐变 ▨ 。以直线形式从起点渐变到终点，如图 3-54 所示。

（2）径向渐变 ◉ 。以起点为圆心，以终点为半径，由内而外呈圆形进行渐变，如图 3-55所示。

（3）角度渐变 ◪ 。围绕起点以逆时针扫描方式渐变，如图 3-56 所示。

（4）对称渐变 ▥ 。以起点为对称位置，在其两侧同时进行均衡的线性渐变，如图 3-57所示。

（5）菱形渐变 ◈ 。以起点为菱形的中心，以起点到终点为对角线径，由内向外以菱形方式渐变，如图 3-58 所示。

图 3-54　线性渐变　图 3-55　径向渐变　图 3-56　角度渐变　图 3-57　对称渐变　图 3-58　菱形渐变

【例 3-4】 用渐变工具填充光盘。

①新建一个 426×426 像素、RBG 模式、背景为白色的文件，命名为"光盘"。

②选择"视图"→"显示"→"网格"命令，使文件显示出网格。选择"视图"→"标尺"命令，在画布上显示标尺，然后选择"移动工具"，拖出两个参照线。

③在工具箱中选择"椭圆形选框"工具，将鼠标移至参照线的交点。同时按快捷键 Shift＋Alt，以鼠标点为圆心绘制出一个正圆，如图 3-59 所示。

④在工具选项栏中单击"从选区减去"图标，以大圆的圆心为中心绘制一个小圆，如图 3-60 所示。

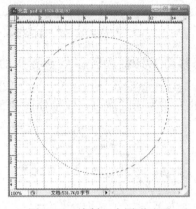
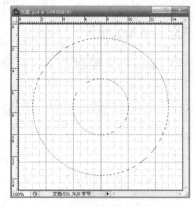

图 3-59　绘制一个圆形选区　　　　　图 3-60　绘制出光盘的选区

⑤选择"选择"→"存储选区"命令，弹出"存储选区"对话框，在"名称"文本框中输入选区的名称"huan"，如图 3-61 所示。

⑥取消网格的显示，为选区描边，选择"编辑"→"描边"菜单命令，打开"描边"对话框，如图 3-62 所示。

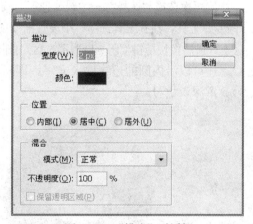

图 3-61　"存储选区"对话框　　　　　图 3-62　"描边"对话框

⑦在该对话框中设置描边的宽度和颜色，最后单击"确定"按钮，效果如图 3-63 所示。

⑧选择"选择"→"载入选区"菜单命令，弹出"载入选区"对话框，在"通道"下拉列表中选择刚刚存储的"huan"，如图 3-64 所示，单击"确定"按钮，载入选区。

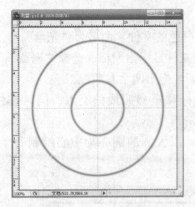

图 3-63　描边效果　　　　　　　图 3-64　"载入选区"对话框

⑨按快捷键 Ctrl＋T，缩放选区，并使用移动工具将选区移至参考线的交叉点，如图 3-65 所示。

⑩双击鼠标确定变换的选区，然后用同样的方法为选区描边，效果如图 3-66 所示。

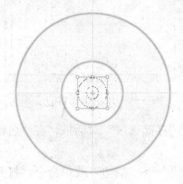

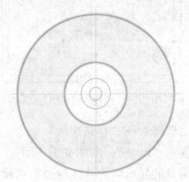

图 3-65　变换选区　　　　　　　图 3-66　描边效果

⑪再次选择"选择"→"载入选区"菜单命令，将"huan"再次载入选区。选择工具箱中的"渐变"工具，在其工具选项栏中设置渐变的颜色，选择"角度渐变" █ 模式，然后再填充到选区上，最后按快捷键 Ctrl＋D 取消选区，删除参考线，完成本例制作，最终效果如图 3-67 所示。

还可以沿内圆的边缘输入文字，即所谓路径文字，如图 3-68 所示。这部分内容，将在第 6 章深入学习。

图 3-67　最终效果　　　　　　　图 3-68　路径文字

习　题

一、填空题

1. Photoshop CS 3 中所提供的选框工具组包括_____、_____、_____和_____，它们分别用来选择不同形状的选区。

2. "羽化"选项：用于设定选区边界的羽化程度，值越大，选区边缘就越_____。其取值范围在_____像素之间。

3. 如果所处理的图像要求是不规则的图形，可以利用 Photoshop CS 3 中所提供的套索工具组。套索工具组提供了 3 种套索工具，包括_____、_____、_____。

4. _____工具是 Photoshop CS 3 新增的更为方便的选择工具，可以为具有不规则形状的对象建立快速准确的选区，而无须手动跟踪对象的边缘。

5. _____工具是以图像中相同或相近的色素来建立选取范围的。

6. _____工具是一种具有可识别边缘的套索工具，使用时可以自动分辨图像边缘并自动吸附。

7. "描边"是图片处理过程中经常会用到的命令，使用该命令可以用_____色描绘选区的边缘。

二、选择题

1. 矩形、椭圆选框工具用于在被编辑的图像中或在单独的图层中画出矩形区域和椭圆区域。另外，按住（　　）键可以画出正方形和正圆的选区。

 A. Ctrl   B. Shift   C. Alt   D. Delete

2. 如果想将整个图像画面作为选区，可以通过按快捷键（　　）。

 A. Ctrl＋A   B. Ctrl＋O

 C. Ctrl＋X   D. Ctrl＋R

3. 如果选择不当或不需要再选择图像，可以取消选区，下面方式不正确的是（　　）。

 A. 通过快捷菜单：右击鼠标，在弹出的快捷菜单中选择"取消选择"命令

 B. 通过"选择"→"全部"菜单命令

 C. 通过快捷键：Ctrl＋D

 D. 通过"选择"→"取消选择"菜单命令

4. 反选用于选择图像中除选区以外的其他图像部分，有的图像不选择的区域比选择的区域更方便选择，这时就可以通过反选选区命令来选取图像。要反向选择选区，有以下 3 种方法，不正确的方法是（　　）。

 A. 通过快捷菜单：右击鼠标，在弹出的快捷菜单中选择"选取反向"命令

 B. 通过快捷键：Shift＋Ctrl＋I

 C. 通过"选择"→"反向"菜单命令

 D. 选择"文件"→"关闭"菜单命令可关闭当前图像文件窗口

5. 如果在已建立的选区基础上，再加入其他的选择范围。首先要在工具箱中选择一种选框工具（例如，规则选框工具、魔棒工具和 3 种套索工具等），然后，在其选项栏中按

"添加到选区"（　　）图标，再用此工具拖拽一个矩形选区。

A. ⬚　　　　　B. ⬚　　　　　C. ⬚　　　　　D. {}

三、简答题

1. 在 Photoshop 中提供了哪些创建选区的主要工具？

2. 套索工具组中提供了哪几种套索工具？这些工具的区别是什么？

3. 如何使用"填充"命令在图层或选区中填充颜色？如何填充图案？

四、上机练习题

在素材图像如图 3-69 所示，将图片大小变成 150×150 像素，然后将图像定义成图案，打开另一幅素材图像如图 3-70 所示。选择该素材图像中的黑色背景，将刚定义的图案填充到选区中，设置填充模式为"正常"，不透明度为 50％，最终效果如图 3-71 所示。

图 3-69　素材图像　　　　图 3-70　素材图像　　　　图 3-71　图像最终效果

第4章 图像的绘制与编辑

学习目标

本章主要介绍了绘图工具的设置方法和使用，各种图像修饰工具的使用及常用图像编辑命令操作。要求掌握设置画笔的方法，学会使用模糊工具组、色调处理工具组、仿制图章工具组、图像修复工具组等各种图像编辑工具编辑图像。

本章重点

- 设置绘画颜色；
- 设置画笔；
- 用各种图像修饰工具编辑处理图像。

4.1 手绘图像

4.1.1 设置绘画颜色

在 Photoshop 中，当使用绘图工具时，可将前景色绘制在图像上，前景色也可以被用来填充选区或是选区边缘。当使用橡皮工具或是删除选区时，图像上就会删除背景色。如图 4-1所示为工具箱中的"前景色和背景色"选择框，表示当前的前景色和背景色。

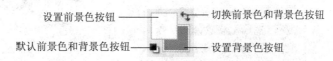

图 4-1 "前景色和背景色"选择框

第一次使用 Photoshop 时，默认前景色是黑色，默认背景色是白色。单击"默认的前景色和背景色"按钮 ■ 可恢复默认的前景色和背景色；单击"切换前景色和背景色"按钮 ↻ 可互换当前的前景色和背景色。

如果想改变前景色或背景色，只需单击工具箱中前景色按钮或背景色按钮，即可调出颜色拾色器，可以在颜色拾色器中输入具体的值来定义一种颜色。也可以使用吸管工具、"颜色"调板或"色板"调板指定新的前景色或背景色。下面分别介绍设定前景色和背景色的方法。

1. 使用"拾色器"对话框

拾色器是设置颜色的主要工具，在很多情况下都会打开"拾色器"对话框，从该对话框中选择需要的颜色。最常用的是单击工具箱下方的"设置前景色"按钮或"设置背景色"按钮打开"拾色器"对话框，如图 4-2 所示。

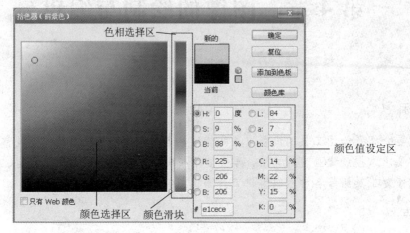

图 4-2 "拾色器"（前景色）对话框

在"拾色器"对话框中左侧的"颜色选择区"中单击鼠标可选取颜色，会有圆圈标示出单击的所在位置，该位置上的颜色会显示在右侧上方颜色方框内，同时右下角的"颜色值设定区"出现其对应的各种颜色模式定义的数据显示，这里包括 RGB、Lab、CMYK、HSB 等 4 种不同的颜色描述方式，在该区域中，用户也可以在文本框中直接输入数值来选择颜色，适用于对颜色值要求十分精确的情况下使用。

选择拾色器左下角的"只有 Web 颜色"复选框后，所拾取的任何颜色都是 Web 安全颜色。

在"色相选择区"可以拖动"颜色滑块"来改变主颜色框中的主色调。单击"颜色库"按钮，可以切换到"颜色库"对话框，如图 4-3 所示。

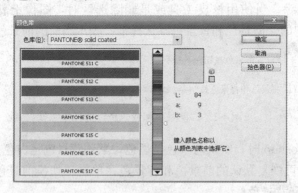

图 4-3 "颜色库"对话框

在"颜色库"对话框中的"色库"下拉列表中共有 27 种颜色。这些颜色库是国际公认的色样标准。可以根据这些标准制作的色样或色谱精确地选择所需要的颜色。单击"拾色器"按钮可以退回到"拾色器"对话框中。

2. 使用"颜色"调板

选择"窗口"→"颜色"菜单命令，可以打开"颜色"调板（RGB 模式），如图 4-4 所示。

"颜色"调板显示了当前前景色和背景色的颜色值。使用"颜色"调板中的滑块，可以利用几种不同的颜色模式来编辑前景色和背景色，也可以从显示在调板底部的四色曲线图的色谱中选取前景色或背景色。

单击"颜色"面板上的 按钮，在弹出的菜单中可选择其他色彩模式，如图 4-5 所示为选择了 CMYK 色彩模式的"颜色"调板。

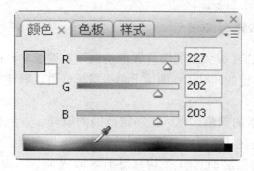

图 4-4　"颜色"调板（RGB 模式）

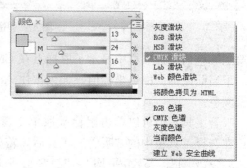

图 4-5　"颜色"调板（CMYK 模式）

3. 使用"色板"调板

选择"窗口"→"色板"命令，可以打开"色板"调板，如图 4-6 所示。

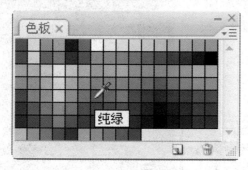

图 4-6　"色板"调板

"色板"调板用来存储经常使用的颜色，这些颜色都是预设的，将鼠标光标移动到色样方格上，停留数秒将再现颜色的说明文字，直接单击可设置前景色，按住 Ctrl 键单击，可设置背景色。同时也可以在调板中根据需要添加或删除颜色。

4. 使用"吸管"工具和使用"颜色取样器"工具

（1）使用"吸管"工具 。使用"吸管"工具可以从当前图像或屏幕上的任何位置取样，将其设置为前景色或背景色。用该工具在图像上单击，可以确定其前景色的颜色，这时，在"信息"调板上会显示出鼠标取样颜色的位置及当前取样点的颜色信息，如图 4-7 所示。

在"信息"调板的第一颜色信息选项栏中显示了取样点在 RGB 模式下的颜色数值信息，

图 4-7　用吸管工具取样

在第二颜色信息选项栏中显示了取样点在 CMYK 模式下的颜色数值信息，在调板中，同时显示了当前鼠标的横纵坐标值。如果按住 Alt 键的同时，在图像上单击鼠标，可以确定它的背景颜色。

吸管工具不但可以单击鼠标吸取单个像素的颜色，也可在一定范围内取样。方法很简单：在选择工具箱中的"吸管"工具后，首先在其选项栏中的"取样大小"下拉列表框中选择"3×3 平均"、"5×5 平均"、"11×11 平均"、"31×31 平均"、"51×51 平均"、"101×101 平均"等多种方式中的一种，然后再单击图像上一点，这样就可以在一个较大的范围内吸取像素颜色的平均值，如图 4-8 所示为"5×5 平均"取样。

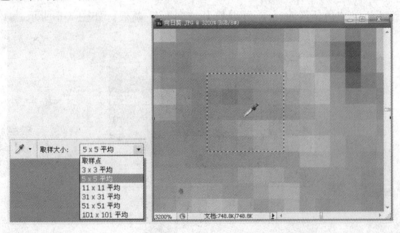

图 4-8　"吸管"工具在一定范围内取样

（2）使用"颜色取样器"工具 🖋。使用"颜色取样器"工具取样的目的是测量图像上不同位置的颜色数值，方便调节图像的色彩。

打开要取样的图像，在工具箱中选中"颜色取样器"工具 🖋，并直接在图像上多次单击，生成取样点如图 4-9 所示。在"信息"调板的下半部可以看到 4 个取样点的 RGB 数值，这里精确显示了 4 次取样的颜色信息。

使用"颜色取样器"取样最多可有 4 个取样点，被标记的颜色点不会对图像造成任何影响，取样结束后，可以通过其工具选择栏的"清除"按钮一次性将所有的取样点清除，如果

图 4-9　用"颜色取样器"工具取样

想删除个别的取样点，可以用鼠标将取样点拖拽出图像窗口即可。在使用"颜色取样器"时，也可以"3×3 平均"、"5×5 平均"等取在一定像素范围内的平均值。"颜色取样器"的工具栏如图 4-10 所示。

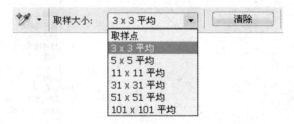

图 4-10　"颜色取样器"的工具栏

4.1.2　绘画工具

绘画工具组中包含"画笔"工具、"铅笔"工具和"颜色替换"工具，如图 4-11 所示。下面将分别介绍它们的功能和使用方法。

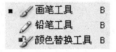

图 4-11　绘画工具组

1. 画笔工具 ✐ 和铅笔工具 ✐

画笔工具或铅笔工具都可在图像上绘制当前的前景色。"画笔"工具类似于使用毛笔的绘画效果，通常用于绘制柔和边缘的线条；"铅笔"工具类似于沿笔的效果进行绘画，与"画笔"相比较为生硬，用来创建硬边直线。

画笔工具或铅笔工具的使用方法都是在工具箱中单击相应工具，在选项栏中设置参数，再将鼠标光标移到图像窗口中单击或拖动，即可绘制图形了。它们的选项栏也基本相同，只是铅笔工具的选项栏用"自动抹除"复选框取代了画笔工具"喷枪"按钮的位置，如图 4-12 所示。

图 4-12　画笔和铅笔工具的选项栏

其中各部分功能如下。

（1）"画笔"下拉列表。用来设置画笔笔尖的大小和样式，单击右侧的下拉按钮会弹出如图 4-13 所示的"画笔预设框"，可以在其中设置画笔的"主直径"大小、"硬度"等参数，还可以选择各种预设的画笔。

（2）"模式"下拉列表。用于设置画笔的混合模式。单击"模式"后面的下拉按钮，将弹出如图 4-14 所示的弹出菜单，可从中选择各种混合模式，默认为"正常"模式。

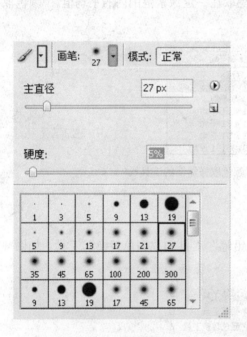

图 4-13　画笔预设框　　　　　图 4-14　画笔的混合模式

（3）"不透明度"数值框。设置所填的颜色的透明度。取值范围为 $1\% \sim 100\%$。若不透明度值为 100%，则表示不透明，值为 1% 则完全透明，不会填充颜色。

（4）"流量"和"喷枪"。流量是在激活"喷枪"按钮以后，用于设置所画线条的浓度。

（5）"自动抹除"复选框。选中该项后，在用"铅笔"工具绘画时，若图像的颜色与前景色相同，便会自动擦除前景色而填入背景色，从而使"铅笔"具有擦除的功能。

2. 颜色替换工具的使用

使用颜色替换工具 能够快速简便地替换图像中的颜色。单击工具箱中的颜色替换工具 ，其选项栏如图 4-15 所示。

连续　背景色板

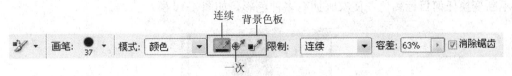

一次

图 4-15　颜色替换工具选项栏

（1）"取样方式"选项。有 3 种取样方式。"连线取样"选项，用来在图像上拖动鼠标时对颜色连续取样。"一次取样"选项，用来替换第一次单击选择的颜色所在区域中的目标颜色。"背景色板取样"选项，用来抹除包含当前背景色的区域。

（2）"限制"下拉列表。在该下拉列表中有 3 个选项，"不连续"选项用来替换出现在鼠标指针下任何位置的样本颜色。"邻近"选项用来替换与紧挨在鼠标指针下的颜色相似的颜色。"查找边缘"选项用来替换包含样本颜色的相连区域，同时更好地保留形状边缘的锐化程度。

（3）"容差"数值框。用来输入一个百分比值（范围为 1%～100%）。较低的比值可以替换与所选像素非常相似的颜色，增加比值可以替换更广范围内的颜色。

【例 4-1】用颜色替换工具替换图像中人物衣服的颜色，从浅蓝色变成鲜绿色。

①打开需要修改的图像，如图 4-16 中第一幅图所示。

图 4-16　替换衣服颜色过程

②选择颜色替换工具，在其选项栏中选择画笔笔尖直径、硬度等属性，设置混合模式为"颜色"，取样方式为"连续"，容差为 19%，限制方式为"查找边缘"，如图 4-17 所示。

图 4-17　设置颜色替换工具选项栏

③设置前景色为绿色，即目标颜色为绿色；设置背景色为原衣服的浅蓝色。然后移动鼠标到衣服部位，当鼠标变成⊕形状时拖动鼠标，如图 4-16 第 2 幅图所示。这样就可以将衣服颜色从蓝色转变成绿色，最终效果如图 4-16 第 3 幅图所示。当然在变换颜色过程中，可

以不断变换任何目标颜色，使衣服拥有多种色彩，如图 4-18 所示。

图 4-18　多彩衣服

4.1.3　设置画笔

选择"窗口"→"画笔"菜单命令，或者选择画笔工具后直接单击其选项栏中的"切换画笔调板" 按钮，都可以打开如图 4-19 所示的"画笔"调板。利用"画笔"调板，可以对预设画笔的各个选项进行自定义的设置。

1. 设置画笔笔尖

画笔笔尖形状是画笔的最基本的属性设置。在"画笔"调板的左侧单击"画笔笔尖形状"选项，可弹出相应的控制项，如图 4-20 所示，其主要参数设置如下。

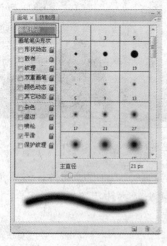

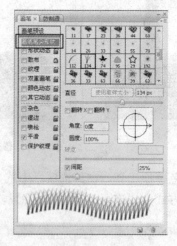

图 4-19　"画笔"调板　　　　图 4-20　"画笔笔尖形状"选项设置

（1）"直径"。用来控制画笔的大小。

（2）"翻转 X"和"翻转 Y"复选框。可以改变笔尖在其 X 轴或 Y 轴的方向。

（3）"角度"文本框。用于设置画笔样式的角度方向，如图 4-21 所示为圆度是 50％的画笔笔尖设置不同角度时的形状。

（4）"圆度"文本框。可以将画笔形态设置成椭圆，100％的时候就是正圆，如图 4-22 所示。

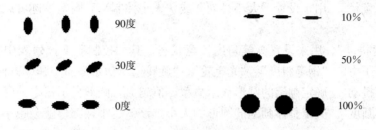

图 4-21　设置不同的角度值　　　　图 4-22　设置不同的圆度值

（5）"硬度"。设置用画笔填色的强度，取值范围是 0％～100％。百分比越小，画笔边缘越柔和，如图 4-23 所示。

（6）"间距"复选框。选择该复选框，可以控制绘制线条时两个画笔点之间的中心距离。间距越大，这些点就越稀松，反之，越密集，如图 4-24 所示。

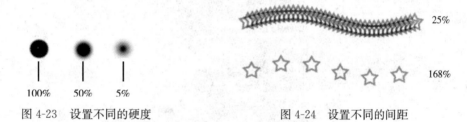

图 4-23　设置不同的硬度　　　　图 4-24　设置不同的间距

2. 设置形状动态画笔

形状动态画笔是指笔尖的尺寸大小、角度和圆度等参数，在绘制过程中是动态的，会自动发生变化。在"画笔"调板中单击左侧的"形状动态"选项可以显示有关形状动态的设置选项，如图 4-25 所示，其主要参数设置如下。

图 4-25　"形状动态"选项设置

（1）"大小抖动"。用于设置画笔笔迹大小的改变方式，该值越高，画笔的轮廓形态就越不规则。

（2）"最小直径"。用于设置"大小抖动"或"大小控制"后画笔笔迹可以缩放的最小百分比。

（3）"角度抖动"。用来设置画笔角度任意状态。其"控制"下拉列表中提供了"关"、"渐隐"、"钢笔压力"、"钢笔斜度"、"光笔轮"、"旋转"、"初始方向"和"方向"等选项。

（4）"圆度抖动"。确定画笔的圆形显示概率。值越大，圆形显示概率就越小。

（5）"最小圆度"。决定整体画笔的圆形的大小。该值越小，圆形就会越小。

3. 散布选项

散布选项可以设置画笔上色位置和分散的量。在"画笔"调板中单击左侧的"散布"选项可以显示有关散布的设置选项，如图 4-26 所示，其主要参数设置如下。

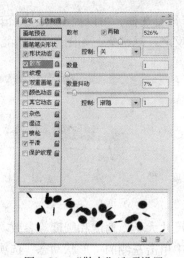

图 4-26   "散布"选项设置

（1）"散布"。用于设置笔迹在描边中的分布方式，数值越大，散布效果越明显，如图 4-27所示。其"控制"下拉列表中提供了"关"、"渐隐"、"钢笔压力"、"钢笔斜度"、"光笔轮"和"旋转"等选项。

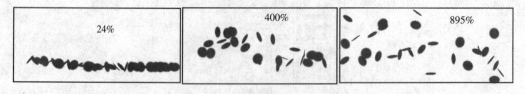

图 4-27   设置不同的散布值

（2）"数量"。用于设置在每个间距间隔所应用的画笔笔迹数量。

4. 颜色动态选项

颜色动态选项用来决定在绘制的过程中颜色的动态变化情况。在"画笔"调板中单击左侧的"颜色动态"选项可以显示有关动态颜色的设置选项，如图 4-28 所示，其主要参数设置如下。

图 4-28 "颜色动态"选项设置

（1）"前景/背景抖动"。用于设置画笔的颜色在前景色和背景色之间抖动的程度。

（2）"色相抖动"。用于设置画笔颜色的色相不断抖动的程序。

（3）"饱和度抖动"。用于设置画笔颜色的饱和度不断抖动的程度。

（4）"亮度抖动"。用于设置画笔颜色的亮度不断抖动的程度。

（5）"纯度"。用于设置画笔颜色的纯度不断抖动的程度。

4.1.4 创建自定义画笔

在 Photoshop CS3 中，预设的画笔样式如果不能满足用户的要求，则可以现有预设的画笔样式为基础创建新的预设画笔样式。也可以通过"编辑"→"定义画笔预设"菜单命令将选择的任意形状选区中的图像画面定义为画笔样式，具体创建和使用方法如例 4-2 所示。

【例 4-2】在 Photoshop CS3 中，使用打开的图像文件创建自定义画笔样式，然后在另一幅素材中使用刚定义的画笔。

①启动 Photoshop CS3，打开一幅素材图像文件，然后选择"矩形选框"工具，在图像中创建选区，如图 4-29 所示。

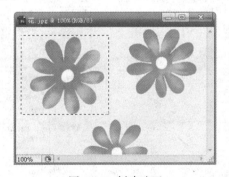

图 4-29 创建选区

②选择"编辑"→"定义画笔预设"菜单命令，打开"画笔名称"对话框，在对话框中输入新画笔名称，然后单击"确定"按钮，如图 4-30 所示。

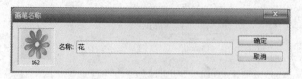

图 4-30　"画笔名称"对话框

③在工具箱中选择"画笔"工具，然后通过"窗口"→"画笔"菜单命令打开"画笔"调板，从中选择刚定义的新画笔"花"，如图 4-31 所示。

④单击鼠标选择"画笔笔尖形状"选项，在其参数设置区中设置笔尖直径、角度、圆度和间距等选项，如图 4-32 所示。

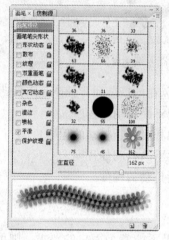

图 4-31　选择自定义的画笔

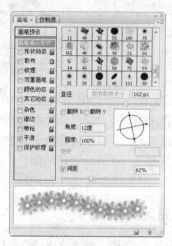

图 4-32　设置画笔笔尖

⑤为了有动态散布的效果，选择"散布"选项，在弹出的控制项中设置散布的数量和位置，如图 4-33 所示。

⑥为了使图像有形状的大小变化，可以在"形状动态"选项中进行设置。首先选择"形状动态"选项，在弹出的控制项中进行设置，如图 4-34 所示。

图 4-33　设置"散布"选项

图 4-34　设置"形状动态"选项

⑦还可以对画笔的颜色进行渐变控制，首先选择"颜色动态"选项，在弹出的控制项中对色相、饱和度、亮度等进行设置，如图 4-35 所示。

⑧自定义画笔结束后，打开另一幅素材图像，如图 4-36 所示，然后在这幅图像中利用刚定义的画笔样式进行涂抹。

图 4-35　设置"颜色动态"选项

图 4-36　素材图像

⑨在工具调板中分别设置一种前景色和背景色，然后使用刚刚定义的"画笔"工具在图像中涂抹，可以不断更换前景色和背景色的颜色，再继续涂抹，这样能有色彩缤纷的效果。

⑩还可以继续添加其他动态效果，如"不透明度"、"流量"的设置，选择"其他动态"选项，在弹出的控制项中进行如图 4-37 所示设置。

⑪最后保存图像，最终效果如图 4-38 所示。

图 4-37　设置"其他动态"选项

图 4-38　最终效果

4.2 编辑图像

4.2.1 基本编辑操作

1. 拷贝、剪切和粘贴

拷贝、剪切和粘贴等命令和其他 Windows 软件中的命令基本相同，它们的用法也基本一样。

（1）拷贝。选择"编辑"→"拷贝"菜单命令或者按快捷键 Ctrl＋C 可以复制区域中的图像，执行拷贝命令后，原图像不会发生变化，将复制的内容放到 Windows 的剪贴板中，用户可以多次粘贴使用，当重新执行拷贝命令或执行了剪切命令后，剪贴板中的内容才会被更新。

（2）剪切。剪切图像同复制一样简单，只需选择"编辑"→"剪切"菜单命令或按快捷键 Ctrl＋X 即可。但要注意，剪切是将选取范围内的图像剪切掉，并放入剪贴板中。所以，所剪切区域内图像会消失，并填入背景色颜色。

（3）粘贴。在执行"剪切""拷贝"命令以后，选择"编辑"→"粘贴"菜单命令或按快捷键 Ctrl＋V 就可以粘贴剪贴板中的图像内容了。粘贴好图像以后，在图层面板中会自动出现一个新层，其名称会自动命名，并且粘贴后的图层会成为当前作用的层。

2. 合并拷贝和粘贴入

在"编辑"菜单中还提供了两个命令：合并拷贝和粘贴入。这两个命令也是用于复制和粘贴的操作，但是它们不同于拷贝和粘贴命令，其功能如下。

（1）合并拷贝：该命令用于复制当前选区内的所有图层中的图像，即在不影响原图像的情况下，将选取范围内的所有层均复制并放入剪贴板中。

（2）粘贴入：使用该命令之前，必须先选取一个范围。当执行粘贴入命令后，粘贴的图像将只显示在选取范围之内。使用该命令经常能够得到一些意想不到的效果。

选择"编辑"→"粘贴入"命令或按快捷键 Ctrl＋Shift＋V，可以看到粘贴图像后，同样会产生一个新层，并用遮蔽的方式将选取范围以外的区域盖住，但并非将选取范围之外的区域删除。

3. 图像的旋转和变形

对整个图像进行旋转和翻转主要通过"图像"→"旋转画布"菜单命令来完成，如图 4-39 所示。执行这些命令之前，用户不需要选取范围，直接就可以使用。但是这些命令是针对整个图像的，所以，即使在图像中选取了范围，旋转或翻转仍然是对整个图像进行。

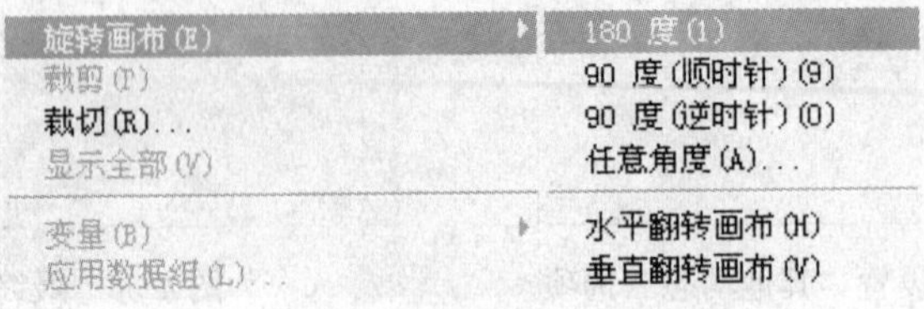

旋转画布 (E) ▶	180 度 (1)
裁剪 (P)	90 度 (顺时针) (9)
裁切 (R)...	90 度 (逆时针) (0)
显示全部 (V)	任意角度 (A)...
变量 (B) ▶	水平翻转画布 (H)
应用数据组 (L)...	垂直翻转画布 (V)

图 4-39 "旋转画布"菜单命令

各命令的含义如下。

（1）"180 度"命令。执行此命令可将整个图像旋转 180°。

（2）"90 度（顺时针）"命令。执行此命令可将整个图像顺时针旋转 90°。

（3）"90 度（逆时针）"命令。执行此命令可将整个图像逆时针旋转 90°。

（4）"任意角度"。执行此命令会出现如图 4-40 所示的对话框，在"角度"文本框中输入任意角度值，可以将图像顺时针或逆时针旋转成任意角度。

图 4-40　"旋转画布"对话框

（5）"水平翻转画布"。执行此命令可将整个图像水平翻转。

（6）"垂直翻转画布"。执行此命令可将整个图像垂直翻转。

4. 自由变换

对图像进行自由变换的操作与对选区自由变换的操作大同小异，只不过是自由变换的对象不同而已。因此，执行"编辑"→"变换"子菜单中的命令就可以完成，如图 4-41 所示。

再次(A)	Shift+Ctrl+T
缩放(S)	
旋转(R)	
斜切(K)	
扭曲(D)	
透视(P)	
变形(W)	
旋转 180 度(1)	
旋转 90 度(顺时针)(9)	
旋转 90 度(逆时针)(0)	
水平翻转(H)	
垂直翻转(V)	

图 4-41　变换子菜单

分别执行缩放、旋转、斜切、扭曲、透视命令可以完成 5 种不同的变形操作，如图 4-42 所示。在这些命令上方有一个"再次"命令，该命令只有当已经执行过旋转或变换命令后才可使用，即执行此命令可以重复上一次的旋转或变形。

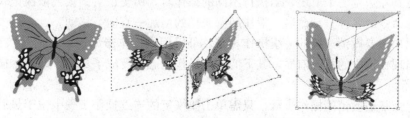

图 4-42　对左侧图片依次执行透视、扭曲、变形命令效果

用户也可以执行"编辑"→"自由变换"菜单命令或按快捷键 Ctrl＋T 进行自由变换，当进入自由转换状态后，选择对象上会出现 8 个控制点，如图 4-43 所示。可以通过这些控制点来进行移动、改变大小、自由旋转和变换等操作。

图 4-43　自由变换对象

4.2.2　图像的恢复

　　和其他应用软件一样，Photoshop CS 3 也提供了"撤销"与"恢复"命令。经常使用 Office 软件的用户肯定经常会使用到这两个命令，其重要性就不用再说了，尤其是在编辑图像的工作中，它们的重要性更是突出。Photoshop 能够在没有保存并关闭图像之前，恢复所有的编辑操作，还可以很轻松地指定删除没有用的某几步操作。因此，熟练地运用这些功能将带来极大的便利。

　　1. 恢复命令

　　还原和重做这两个命令可以撤销或重复本次操作。在没有进行任何撤销操作之前，编辑菜单中显示为还原操作的命令，当执行还原命令后，该命令就变成重做命令。

　　不管是什么编辑操作都可以用还原和重做命令来撤销和重复，要更快地进行撤销和重复，可以按快捷键 Ctrl＋Z。

　　2. 使用历史记录调板

　　历史记录调板是用来记录操作步骤并帮助恢复到操作过程中的任何一步的状态的工具调板。它的出现使 Photoshop 更为出色，操作更加便捷，而且还可以在图像处理过程中为当前处理结果创建快照。选择"窗口"→"历史记录"菜单命令可显示"历史记录"调板。该调板由两部分组成，上半部分显示的是快照的内容，下半部分显示的是编辑图像的所有操作步骤，每个步骤都按操作的先后顺序从上到下排列，如图 4-44 所示。

　　当刚刚打开一个图像时，只有一个"状态"，表明执行了一个操作步骤，其名称通常为"打开"，在其左边是一个滑块，当执行不同的操作时，历史记录调板会依次记录下来，并根据所执行的命令的名称自动命名，滑块随着操作的增加一直向下移动。

　　如果用户想要撤销连续的一组操作步骤，可以用鼠标单击调板中任何一次记录的状态，滑块就会出现在选中的状态前面，其下的所有操作状态都变成了灰色，即表示撤销了这些操作步骤。

　　如果想恢复被撤销的操作步骤，只需单击要恢复的连续操作步骤中位于最后的操作步骤即可实现，那么在它前面的所有操作步骤均被恢复。但是，恢复被撤销操作步骤的前提是，

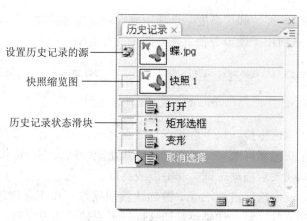

设置历史记录的源

快照缩览图

历史记录状态滑块

图 4-44　"历史记录"调板

在撤销该步骤后没有执行其他的操作，一旦执行了新的操作，"历史记录"调板会删除这些变灰的操作步骤并由新的操作步骤取代其所在位置，那么，将无法恢复撤销的操作步骤了。

　　如果想要保留一个特定的状态，可以选择"历史记录"调板右上角弹出菜单中的"新快照"命令，或直接单击"历史记录"调板下面"创建新快照" 按钮，就可以将当前选中的状态生成新的快照暂存下来。快照创建后，不管进行多少操作步骤，均不会对创建的快照产生任何影响。想要恢复保存的快照状态，只需在"历史记录"调板中单击所需的快照名称即可。

　　想要删除指定的操作步骤，只需在"历史记录"调板中选该操作步骤，然后单击调板底部的"删除当前状态" 按钮即可。但是在默认情况下，删除调板中某个操作步骤后，该步骤以下的所有操作步骤均会一起被删除。如果想要单独删除某一操作步骤，可单击"历史记录"调板右上角的小三角按钮，在弹出的菜单中选择"历史记录选项"命令，打开"历史记录选项"对话框，如图 4-45 所示。在该对话框中，选择"允许非线性历史记录"复选框，再单击"确定"按钮，即可单击删除记录中的某一操作步骤，而不会影响其他操作步骤，如图 4-46 所示。

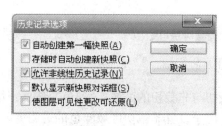

图 4-45　"历史记录选项"对话框

图 4-46　删除某一操作步骤

4.2.3　裁剪与裁切图像

　　裁切工具可能在图像或图层中剪切下所选定的区域。选中裁切工具，选项栏如图 4-47 所示。在该选项栏中，"前面的图像"按钮用于在不改变图像大小不一的前提下，自动设定图像的宽度和高度；"宽度"和"高度"选项用来设定宽度和高度；"清除"按钮用来清除所有设定；"分辨率"选项用于设定剪裁下来的图像的分辨率。

图 4-47　裁切工具的选项栏

　　用裁切工具在图像区拖拽，松手后起点与终点之间会创建出矩形裁切区，四周会出现控制点，此时裁切区被灰色区屏蔽。如果需要调整裁切矩形区大小，可将指针指向四边的控制点，当指针变成双向箭头后拖动，调整其宽度或高度。

　　当选区确定后，双击选区或按 Enter 键确认裁切操作（按 Esc 键撤销），则图像其余部分被裁切，只剩下选出的区域。如果对裁切区进行了旋转、透视变形，则矩形裁切结果区内为变形后的图像。用此方法可以将图像多余的部分裁切掉，如图 4-48 所示。

图 4-48　用裁切工具裁切图像

　　当选好裁切区域后，裁切工具选项栏如图 4-49 所示，其中"裁切区域"后面有两个单选按钮选项，如果选择"删除"选项，执行裁切命令后，裁剪框以外的部分被删除；如果选择"隐藏"选项，裁剪框以外的部分被"隐藏"起来，使用工具箱中的抓手工具可以对图像进行移动，隐藏的部分可以被移动出来。

　　如果"裁剪区域"后面的两个选项不可选，说明当前图像只有一个背景层，可先将背景层转化为普通层后，再进行操作。

图 4-49　裁切工具的选项栏

　　"屏蔽"复选框。用于设定是否区别显示裁切与非裁切的区域；"颜色"选项：用于设置非裁切区域的显示颜色。"不透明度"数值框：用于设置非裁切区域颜色的透明度。

　　选中"透视"复选框后，裁切框的每个控制点都可以任意移动，可以使正常的图像具有透视效果，如图 4-50 所示。

　　可以通过选项栏中 ⊘ 按钮取消当前操作，也可以按 Esc 键取消。可以通过选项栏中 ✔ 按钮确认裁切范围，也可以双击鼠标或按 Enter 键确认。

图 4-50　具有透视效果的图像

4.2.4　模糊工具组

模糊工具组包括"模糊工具"、"锐化工具"和"涂抹工具"，如图 4-51 所示。此组工具可以使图像变得更模糊或更清晰，可以使用此组工具对图像细节进行修饰。使用方法是在图像上按住鼠标左键不放，进行拖动。

> 　模糊工具　R
> 　锐化工具　R
> ■　涂抹工具　R

图 4-51　模糊工具组

这 3 种工具的选项栏很相似，如图 4-52 所示，其中"强度"数值框用于设置模糊、锐化和涂抹工具的力度，数值越大效果越明显，其取值在 0%～100% 之间。

选中"对所有图层取样"复选项，是对所有的图层中的图像进行操作，否则，仅对当前图层中的图像进行操作。

图 4-52　3 种工具的选项栏

1. 模糊工具

模糊工具可柔化图像中的硬边缘或区域，从而降低图像中相邻像素的对比度。如图 4-53 所示，使用模糊工具可以使人物脸部的皮肤看起来更细腻。

图 4-53　脸部运用模糊工具前后效果对比

2. 锐化工具

锐化工具的作用与模糊工具的作用相反，它可以增加相邻像素的对比度，将模糊的边缘锐化，使图像聚焦，以提高清晰度或聚焦程度。

3. 涂抹工具

涂抹工具可模拟手指涂抹绘制的效果。该工具可拾取最先单击处的颜色，然后与鼠标拖动经过的颜色相融合挤压产生模糊的效果。如图 4-54 所示为使用涂抹工具涂抹图像前后的对比效果。

图 4-54　图像涂抹前后的对比效果

4.2.5　色调处理工具组

色调处理工具组包括：减淡工具、加深工具和海绵工具三种，如图 4-55 所示。使用此组工具可以对图像的细节部分进行调整，可使图像的局部变亮、变深或色彩饱和度降低。下面分别介绍这 3 种工具的功能。

图 4-55　色调处理工具组

1. 减淡工具

减淡工具通过提高图像的曝光度来使图像的细节部分变亮，类似于给图像的某一部分淡化，减淡工具选项栏如图 4-56 所示。

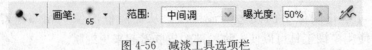

图 4-56　减淡工具选项栏

工具选项栏中各选项参数含义如下。

（1）"范围"下拉列表。其中包含"中间调"、"阴影"和"高光"3 项，"中间调"表示仅对图像的中间色调区域进行亮化；"阴影"表示仅对图像的暗色调区域进行亮化；"高光"表示仅对图像的亮色调区域进行亮化。

（2）"曝光度"。可以调整图像曝光强度。

使用减淡工具的方法很简单，在设置好工具选项栏的各项参数以后，在图像要减淡的区域中拖动鼠标即可，如图 4-57 所示。

图 4-57　减淡图像中花心的部分

2. 加深工具

加深工具与减淡工具所产生的效果正好相反，可以降低图像的曝光度使照片中的区域变暗（加深）。其选项栏内容基本上也与减淡工具相同，如图 4-58 所示。

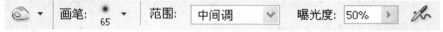

图 4-58　加深工具的选项栏

3. 海绵工具

海绵工具可精确地更改区域的色彩饱和度。在灰度模式下，该工具通过使灰阶远离或靠近中间灰色来增加或降低对比度。其选项栏如图 4-59 所示。

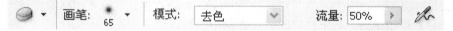

图 4-59　海绵工具的选项栏

（1）"模式"。用于调整图像的饱和方式，包括"去色"和"加色"两种方式。选择"去色"是降低图像饱和度，"加色"是提高图像饱和度，如图 4-60 所示。

（2）"流量"。用于设置工具作用的程度。

图 4-60　用"海绵"工具加色效果对比

— 71 —

4.2.6 仿制图章工具组

仿制图章工具组有两个工具：仿制图章工具和图案图章工具，如图 4-61 所示。

图 4-61 仿制图章工具组

1. 仿制图章工具

"仿制图章工具"可以将图像局部复制到其他位置或另一个文件上，就好像双胞胎一样。选择该工具后，其选项栏如图 4-62 所示。

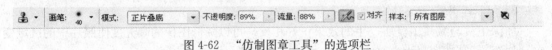

图 4-62 "仿制图章工具"的选项栏

其中"画笔"、"模式"、"不透明度"、"流量"等选项与"画笔"工具相同。下面介绍一下"对齐"复选框和"样本"下拉列表。

（1）"对齐"复选框。选中该复选框表示随着鼠标的移动和单击，其复制源区域在不断变化，即使释放鼠标按钮，也不会丢失当前取样点，可以对图像画面连续取样；取消该复选框，在每次停止并重新开始绘制时使用的都是最初取样点中的样本像素。

（2）"样本"下拉列表。用于设置使用仿制图章工具取样时所作用的图层，默认为当前图层。

在使用仿制图章工具时，要配合 Alt 键共同使用。方法很简单，下面通过一个具体的实例来介绍。

【例 4-3】 使用仿制图章工具清除图片素材中的红点。

①打开需要修改的素材图像，如图 4-63 所示。

②在工具箱中选择"仿制图章工具"，在其选项栏中设置合适的笔刷大小、模式、不透明度和流量等选项，然后将光标移动到"红点"附近的区域，按住 Alt 键，鼠标指针会变成"⊕"图形，如图 4-64 所示。

图 4-63 素材图像

图 4-64 取样

③在图像上单击确定取样部分的起点，然后放开 Alt 键，这时，按住鼠标左键不放并拖动鼠标，在鼠标取样点的位置会出现十字形符号，如图 4-65 所示，拖拽鼠标就会将取样位置的图像复制下来，最终效果如图 4-66 所示。

图 4-65　涂抹

图 4-66　最终效果

2.　图案图章工具

图案图章工具可以利用图案进行绘画，可以从预设的图案中选择或者自己创建图案。选择该工具后，其选项栏如图 4-67 所示。

图 4-67　"图案图章工具"的选项栏

该选项栏与仿制图章工具的选项栏相似，另外还包含了"图案"选择器和"印象派效果"复选框。

（1）"图案"选择器。提供了系统自带的几种图案。

（2）"印象派效果"复选框。选中该复选框可使复制的图像效果具有类似于印象派艺术画的效果。

使用图案图章工具的方法与仿制图章工具类似，不同的是图案图章工具可以直接用图案进行填充，而不需要按住 Alt 键进行取样。下面通过一个具体的实例来介绍它的使用方法。

【例 4-4】使用仿制图章工具美化素材图像中的背景，使单纯的红色变成鲜花的效果。

①打开定义鲜花图案的素材图像，然后选择"矩形选框"工具，在图中绘制一个矩形选区，如图 4-68 所示。

②选择"编辑"→"定义图案"菜单命令，弹出"图案名称"对话框，在该对话框中的"名称"文本框中输入自定义图案的名称"背景花"，如图 4-69 所示，然后单击"确定"按钮。

图 4-68　绘制选区

图 4-69　"图案名称"对话框

③打开需要修改的素材图像，如图 4-70 所示，在工具箱中选择"图案图章"工具。

图 4-70　素材图像

④在其工具栏中设置画笔的笔尖、模式、不透明度及流量等选项，然后在"图案"选择框中选择刚刚定义的"背景花"图案，如图 4-71 所示。

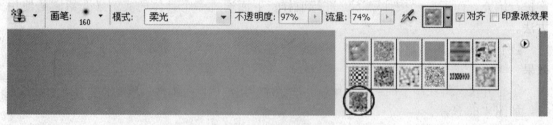

图 4-71　选择自定图案

⑤将光标移动到图像窗口中，按住鼠标左键不放并拖动，即可将定义的图案绘制到图像中，为了体现更好的效果，可以涂抹过程中变换工具选项栏中的"模式"，最终效果如图 4-72 所示。

图 4-72　使用图案图章工具涂抹效果

4.2.7　图像修复工具组

"图像修复"工具组主要功能是对图像的一些瑕疵等影响图像品质问题进行修复,在
Photoshop CS3 中提供了功能强大的图像修复工具,包括污点修复画笔工具、修复画笔工
具、修补工具和红眼工具,如图 4-73 所示。

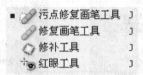

图 4-73　图像修复工具组

1. 污点修复画笔工具

污点修复画笔工具可以自动从所修饰图像周围或图案中取样来快速去除图像中的污点或
其他不理想的区域。该工具将样本像素的纹理、光照、阴影等与所修复的像素相匹配,修复
后的部位可自然融入到图像的其他部分。例如,打开需要修改的素材图像,如图 4-74 所示,
使用修复画笔工具对图像中污点进行修复,修复后的效果如图 4-75 所示。

图 4-74　素材图像

图 4-75　修复污点效果

在工具箱中选择"污点修复画笔"工具,其选项栏如图 4-76 所示。

图 4-76　污点修复画笔工具的选项栏

（1）"近似匹配"单选按钮。选中该单选按钮，可使用选区边缘周围的像素来查找要用做选定区域候补的图像区域。

（2）"创建纹理"单选按钮。选中该单选按钮，可使用选区中的所有像素创建一个用于修复该区域的纹理。

2. 修复画笔工具

修复画笔工具的功能与仿制图章相似，必须配合 Alt 键使用，复制设置为基准点的图像。但不同的是仿制图章工具是将基准点的图像直接复制到原图像上。而修复画笔工具则是复制设置为基准点的图像以后，再根据原图像的质感、光照、限影、明暗度重新组合，生成的图像可以自然、均匀地融入到周围像素当中，效果会更加理想。

修复画笔工具可以消除图像中的人工痕迹，包括蒙尘、划痕、斑点等。例如，打开需要修改的素材图像如图 4-77 所示，使用修复画笔工具对图中花盆进行修复，修复后的效果如图 4-78 所示。

图 4-77　素材图像　　　　　　　　图 4-78　修复后的图像效果

选择该工具后，其选项栏如图 4-79 所示。

图 4-79　修复画笔工具的选项栏

（1）"取样"单选按钮。选中该单选按钮表示修复画笔工具对图像进行修复时以图像区域中某处颜色作为基点。

（2）"图案"单选按钮。选中该单选按钮可在其右侧的下拉列表中选择已有的图案用于修复。其余选项与前文介绍相同。

3. 修补工具

修补工具可以从图像的其他区域或使用图案来修复目标区域中的图像。它与修复画笔工具相同之处是修复的同时也保留图像原来的纹理、亮度及层次等信息。该工具一般用于整块图像的修复，其工具选项栏如图 4-80 所示。

图 4-80　修补工具的选项栏

下面通过一个具体的实例来介绍它的使用方法。

【例 4-5】 使用修补工具去除素材图像中的文字。

①打开需要修改的素材图像，如图 4-81 所示。

②在工具箱中选择"修补"工具，然后在其选项栏中单击"目标"单选按钮，然后在图中拖动鼠标绘制一个目标选区，如图 4-82 所示。

图 4-81　素材图像

图 4-82　圈选目标选区

③按住鼠标拖拽绘制的选区到有文字的图像区域，文字区域上的图像将被目标区域上的图像所替换，且边缘和背景能很好地融合，效果如图 4-83 所示。用同样的方法对图像中人物衣服上的文字进行替换，修补完毕后，按快捷键 Ctrl＋D 取消选区，最终效果如图 4-84 所示。

图 4-83　修复过程

图 4-84　最终效果

4. 红眼工具

红眼工具可以移去闪光灯拍摄的人物照片中的红眼，也可以移去用闪光灯拍摄的动物照片中的白色或绿色反光。

修复照片中红眼的方法很简单：首先打开需要修改的图像，在工具栏中选择红眼工具，在其选项栏中设置"瞳孔大小"和"变暗量"，如图 4-85 所示（瞳孔大小用来设置眼睛暗色中心的大小；变暗量用来设置瞳孔的变暗程度）。

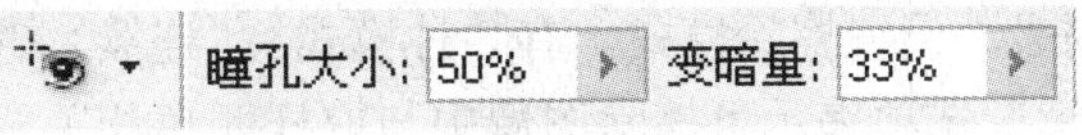

图 4-85　红眼工具的选项栏

然后将鼠标光标移动到图像窗口中的红眼上单击，即可完成去除红眼的操作，如图 4-86 所示。

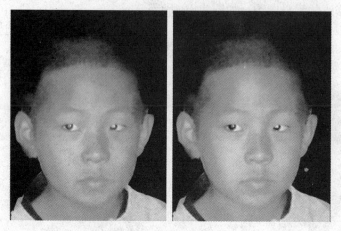

图 4-86　去除红眼的前后效果

4.2.8　擦除图像

1. 橡皮擦工具

橡皮擦工具将在背景图像或选择区域内用背景色擦除部分图像。如果是在某一层中，橡皮擦工具将以透明色擦除图像，橡皮擦工具的选项栏如图 4-87 所示。

图 4-87　橡皮擦工具的选项栏

（1）"画笔"下拉列表。可以设置橡皮擦工具使用的画笔样式和大小。

（2）"模式"下拉列表。可以从中选择不同的橡皮擦类型。选择"块"选项时，在图像窗口中进行擦除的大小固定不变，选择"画笔"和"铅笔"选项时，其用法与"画笔"和"铅笔"工具相似。

（3）"不透明度"数值框。可以设置擦除时的不透明度。

2. 背景橡皮擦工具

使用背景橡皮擦工具可以擦除图层上指定的颜色的像素，并以透明色代替被擦除的区域。其工具选项栏如图 4-88 所示。

图 4-88　背景橡皮擦工具的选项栏

（1）"限制"下拉列表。设置擦除模式，有 3 种模式："连续"选项、"不连续"选项和"查找边缘"选项。"连续"选项表示可擦除图像中与取样颜色相关联的区域。"不连续"选项表示可擦除图像中所有的取样颜色。"查找边缘"选项表示在擦除与取样颜色相关区域，同时保留图像中物体锐利的边缘。

（2）"容差"数值框。用来控制擦除颜色的范围。容差值越小，表示所擦除区域的颜色必须越接近取样颜色，每次擦除的颜色范围就越小。容差值越大，表示所擦除区域的颜色和取样颜色偏差越大，每次擦除的颜色范围就越大。

（3）"保护前景色"复选框。选择该项，则保护与绘图工具箱中前景色色块中的颜色相同的像素不被擦除。

（4）"取样"。设置颜色取样方式，有 3 种方式：临近、一次、背景色板。

3．魔术橡皮擦工具

使用魔术橡皮擦工具，只需单击鼠标即可在一个图层上抹掉相同的像素。选择工具箱中的"魔术橡皮擦"工具，其工具选项栏如图 4-89 所示。

图 4-89　魔术橡皮擦工具的选项栏

（1）"消除锯齿"。选中该复选框，可以使被擦除区域的边缘变得更加柔和平滑。

（2）"连续"。选中该复选框，可以使擦除工具只擦除与鼠标单击处相连接的区域。

（3）"对所有图层取样"。选中该复选框，可以使擦除工具的应用范围扩展到图像中所有可见图层。

【例 4-6】打开如图 4-90 所示的两张素材图像"背景 .jpg"和"跳跃 .jpg"，利用魔术橡皮擦工具删除"跳跃"图像的背景色，并把图像移动到"背景"图像上去。

图 4-90　两张素材图像

①打开需要去掉背景的图像"跳跃 .jpg"，如图 4-91 所示。

②选择工具箱中的"魔术橡皮擦"工具，并将选项栏中的"容差"文本框数值设置为25。然后在图像的背景区域上单击，即可精确地删除背景，如图 4-92 所示。

③打开"背景"素材图像，然后把鼠标移动到"跳跃"图像上，用移动工具把图像移到"背景"图像上。按快捷键 Ctrl＋T，显示出"自由变换定界框"，在定界框的控制点上适当

拖动，使图像调整到合适大小，如图 4-93 所示。

图 4-91　需要去掉背景的图像

图 4-92　删除背景

图 4-93　调整图像大小

④按 Enter 键确定，最终效果如图 4-94 所示。

图 4-94　最终效果

习　题

一、填空题

1. 第一次使用 Photoshop 时，默认前景色是_____，默认背景色是_____。

2. 剪切命令执行时是将选取范围内的图像剪切掉，并放入剪贴板中。所以，剪切区域内图像会消失，并填入_____颜色。

3. 对图像进行自由变换的操作命令。分别执行_____、_____、_____、_____、_____命令可以完成 5 种不同的变形操作。

4. 历史记录调板是用来记录_____并帮助恢复到操作过程中的任何一步的状态的工具面板。

5. 模糊工具组包括_____、_____和_____。此组工具可以使图像变得更模糊或更清晰，可以使用此组工具对图像细节进行修饰。

6. 色调处理工具组包括：_____、_____和_____工具三种。使用此组工具可以对图像的细节部分进行调整，可使图像的局部变亮、变深或色彩饱和度降低。

7. 仿制图章工具组有两个工具：_____工具和_____工具。

8. 在 Photoshop CS3 中提供了功能强大的图像修复工具，包括_____、_____、_____和_____工具。

9. 橡皮擦工具将在背景图像或选择区域内用背景色擦除部分图像。如果是在某一层中，橡皮擦工具将以_____色擦除图像。

二、选择题

1. 使用（　　）工具可以从当前图像或屏幕上的任何位置取样，将其设置为前景色或背景色。用该工具在图像上单击，可以确定其前景色的颜色，这时，在"信息"调板上会显示出鼠标取样颜色的位置及当前取样点的颜色信息。

  A. 画笔   B. 吸管   C. 修补   D. 图章

2. 绘画工具组中包含"画笔"、"铅笔"和（　　）工具。

  A. 橡皮   B. 模糊   C. 钢笔   D. 颜色替换

3. 剪切图像只需选择"编辑"→"剪切"菜单命令或按快捷键（　　）即可。

  A. Ctrl＋C   B. Ctrl＋V

  C. Ctrl＋X   D. Ctrl＋Shift＋V

4. 当选好选区裁切区域后，裁切工具选项栏如图 4-49 所示，其中"裁切区域"后面有两个单选钮选项，如果选择（　　）选项，裁剪框以外的部分被"隐藏"起来，使用工具箱中的抓手工具可以对图像进行移动，隐藏的部分可以被移动出来。

  A. 隐藏   B. 删除   C. 显示   D. 替换

5. 修复画笔工具的功能与仿制图章相似，必须配合（　　）键使用，复制设置为基准点的图像。

  A. Ctrl   B. Shift   C. Alt   D. Delete

三、上机练习题

1. 打开需要修改的素材图像如图 4-95 所示，将图像的背景由白色变成浅黄色，通过"颜色替换工具"为素材中的人物改变衣服的颜色。最后设置画笔合适的笔尖，在素材图像上绘制出如图 4-96 所示的效果。

图 4-95　素材图像　　　　　　　　图 4-96　最终效果

2. 打开需要修改的素材图像如图 4-97 所示，使用修补工具去除素材图像中的日期文字，最终效果如图 4-98 所示。

图 4-97　素材图像　　　　　　　　图 4-98　最终效果

第 5 章　路径的使用

✎ **学习目标**

　　本章主要介绍路径的一些基础知识，创建路径的各种方法，编辑路径及路径调板的使用。要求掌握使用钢笔工具创建路径的方法，熟练掌握使用路径调板对路径进行填充选区、描边选区及选区与路径之间的转换等方面的知识。

📚 **本章重点**

- ✦ 创建、编辑路径的方法；
- ✦ 路径的填充与描边。

5.1　制作路径的基础知识

　　路径是由多个矢量线条构成的图形，其形状可以任意改变，是定义和编辑图像区域的最佳方式之一。使用"套索"、"魔棒"等选取工具建立选区虽然很方便，但是要建立一些较为复杂而精确的选区就非常困难，并且一旦取消选择，选框就会消失。而使用路径工具就可以轻松解决这些问题，使用它不但可以进行精确的定位和调整，适用于不规则的、难以使用选择工具进行选择的区域，并且可以保存在路径面板上便于管理和重复使用。

5.1.1　构成路径的各元素名称

　　使用钢笔工具绘制的直线或曲线叫做"路径"，路径可以很容易地改变其形状与位置。所有与路径相关的点称为锚点，它标记着组成路径的各线段的端点。两个锚点间的曲线部分称为线段，它可以是直线段也可以是平滑的曲线段。选择任意的锚点并拖动，即可以出现控制柄，它们用于控制线段的弧度与方向，如图 5-1 所示。由锚点、直线段、曲线段与控制柄组成的曲线也称为贝塞尔曲线，路径组成的核心是贝塞尔曲线。

　　路径是基于矢量而不是基于像素的，更确切地说，路径是贝塞尔曲线构成的图形。与其他矢量图形软件相比，Photoshop 中的路径是不可打印的矢量形状，主要是用于勾画图像区域的轮廓，用户可以对路径进行填充和描边，还可以将其转换为选区，同时可以将路径保存在路径调板上便于管理和使用。

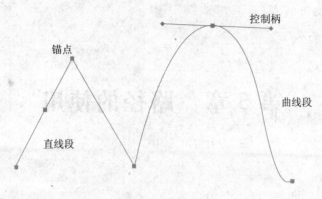

图 5-1　路径的组成

5.1.2　创建路径的工具

在 Photoshop CS3 中，主要提供两类路径工具：路径编辑工具和选择工具。路径编辑工具包括"钢笔工具"、"自由钢笔工具"、"添加锚点工具"、"删除锚点工具"和"转换点工具"；路径选择工具包括"路径选择工具"和"直接选择工具"，如图 5-2 所示。使用路径编辑和选择工具，可以很轻松地完成路径的创建和编辑。

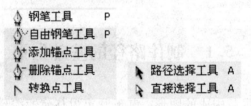

图 5-2　路径工具

1. 使用"钢笔"工具

"钢笔"工具是创建路径的最佳选择对象，使用它可以创建直线路径、曲线路径和折线路径等形态，其灵活的创建方式受到了许多用户的青睐。创建方法很简单：只需在图像窗口中多次单击鼠标，即可创建直线段。按住鼠标左键不放并拖动，可以绘制出曲线段，当鼠标移动到起始点时，钢笔工具指针右下角会出现一个小圆圈，在起始点位置单击鼠标便可封闭路径，如图 5-3 所示。

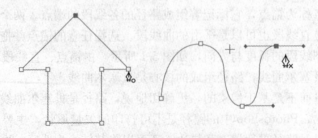

图 5-3　用钢笔工具绘制路径

按住 Shift 键，可以绘制水平、垂直或倾斜 45°角的标准直线路径。当锚点位置创建不正确时，按 Delete 键可以删除。连续按两次 Delete 键，可以删除整个路径。

　　在 Photoshop 中把终点没有连接起始点的路径称为开放式路径，将终点连接了起始点的路径称为封闭路径。选择工具箱中的"钢笔"工具，其选项栏如图 5-4 所示。

图 5-4　"钢笔"工具的选项栏

　　（1） 　。该组按钮用于设置所绘制的图形样式类型，从左到右依次是"形状图层" 按钮、"路径"按钮 和"填充像素" 按钮。

　　（2） 。该组按钮从左到右依次是"钢笔"按钮、"自由钢笔"按钮、"矩形"按钮、"圆角矩形"按钮、"椭圆"按钮、"多边形"按钮、"直线"按钮和"自定形状"按钮，单击其中任意按钮可切换当前工具的类别。

　　（3）"自动添加/删除"复选框。选中该复选框，在使用钢笔工具时会自动显示增加或删除锚点光标图示，方便用户进行操作。

　　（4） 。选择该组任意按钮，可以设置所绘制的路径图形之间的运算方式。从左到右依次是"添加到路径区域"按钮、"从路径区域减去"按钮、"交叉路径区域"按钮和"重叠路径区域除外"按钮。

　　2. 使用"自由钢笔"工具

　　"自由钢笔"工具可以创建随意路径或沿着物体的轮廓创建路径，如图 5-5 所示。选择"自由钢笔工具"，然后在图像窗口中拖动鼠标，鼠标经过的地方会生成路径和锚点。在拖动过程中，可以随意单击鼠标定位锚点，双击鼠标或按 Enter 键便可结束路径的绘制。

图 5-5　用自由钢笔工具勾画选择碗的外形

　　选择工具箱中的"自由钢笔"工具，其选项栏如图 5-6 所示。在该对话框中，选中"磁性的"复选框，可以使自由钢笔像"磁性"套索工具一样自动跟踪图像中的物体边缘自动形成路径，其余选项与"钢笔"工具相同。

图 5-6　"自由钢笔"工具的选项栏

在选项栏中，单击"自定形状"按钮右侧的下拉箭头，在弹出的"自由钢笔选项"框中，可以进一步设置该工具的磁性选项，如图 5-7 所示。

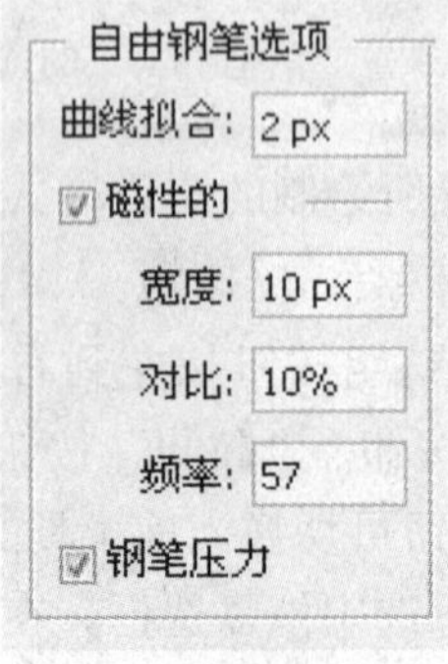

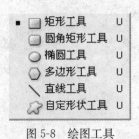

图 5-7　自由钢笔选项

其中"曲线拟合"选项用于设置"自由钢笔工具"的灵活程度，数值越大，所绘制路径中自动创建的锚点数量将越少，生成的路径形状也就越简单。其他选项设置与"磁性套索工具"属性栏中的选项设置意义非常相似。

5.1.3　使用形状工具

在 Photoshop CS3 中，用户还可以通过形状工具创建路径图形。与"钢笔工具"和"自由钢笔工具"相比，形状工具绘制路径的方法更加简单，其中包含了各种各样的几何形状。

形状工具一般可分为两类：一类是基本几何体图形的形状工具，其中包括"矩形工具 ▢"、"圆角矩形工具 ▢"、"椭圆工具 ○"、"多边形工具 ⬡"、"直线工具 ＼"；另一类是图形形状较多样的"自定形状工具 ✿"，如图 5-8 所示。

图 5-8　绘图工具

1. 绘制基本几何图形

绘制矩形、椭圆形和多边形等基本几何图形时，只需要在形状工具列表中选择相应的工具，然后在图像窗口中拖动鼠标即可，按住 Shift 键不放的同时绘制基本几何图形，可以绘制出该图形长宽均相同的情况，如正方形、圆形和正多边形等。

这些图形的工具栏基本上也相同，如图 5-9 所示为矩形工具的工具栏。

图 5-9　矩形工具的工具栏

2. 绘制自定义形状

自定义形状工具用于绘制各种不规则的标准图形或者是用户自定义图形，其选项栏如图 5-10 所示。

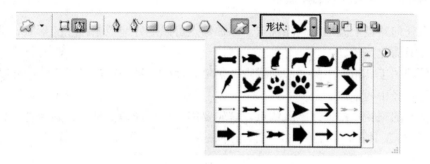

图 5-10　自定义形状工具的选项栏

要绘制自定义形状，应先从"形状"列表中选择要绘制的形状，然后在图像区中拖动鼠标即可，例如，在一幅图中绘制飞鸟形状的图像，效果如图 5-11 所示。

在工具选项栏中，单击"形状"下拉列表框右侧的下拉按钮，在弹出的列表框中单击右上角的按钮，将出现如图 5-12 所示的调板菜单，在该菜单中选择一种"形状类型"名称，例如，选择"动物"，然后在弹出的提示框中单击"确定"按钮，就可以将相应的预设形状载入列表中。

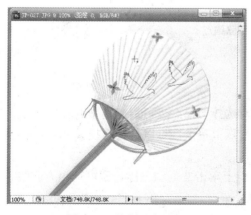

图 5-11　绘制飞鸟图形

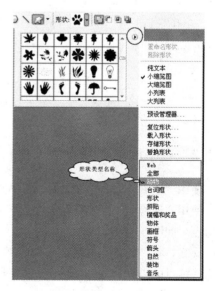

图 5-12　选择"其他"形状集

5.2　编辑路径

使用 Photoshop CS3 中的各种路径工具创建路径后，用户可以对其进行编辑调整，编辑路径的操作主要包括选取路径线段、移动和复制路径、调整路径线段、增加删除和转换锚点、路径的变形等，从而使路径的形状更加符合要求。

5.2.1　添加、删除和转换锚点

可以在任何路径上添加或删除锚点。添加锚点可以更好地控制路径的形状，删除锚点可以改变路径或简化路径。

通过使用"工具箱"中的"添加锚点"⚲+工具和"删除锚点"⚲–工具，可以很方便地增加或删除路径中的锚点。

要在指定的路径上添加或删除锚点，首先要用"路径选择工具"将路径选中，然后选择"添加锚点"⚲+工具在路径上单击，可以在单击位置添加一个锚点，如图 5-13 所示。

图 5-13　添加锚点

同理，选择"删除锚点"⚲–工具单击路径上的锚点，可以删除该锚点，从而使路径改变或使复杂路径简化，如图 5-14 所示。

如果在"钢笔"工具的工具选项栏中选择了"自动添加/删除"复选框，则再使用"钢笔"工具在路径上单击，可以添加一个锚点；在锚点上单击，可以删除锚点。

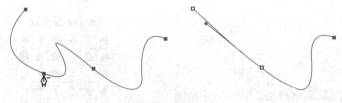

图 5-14　删除锚点

5.2.2　在平滑点和角点之间进行转换

使用"工具箱"中的"转换点"卜工具，对选择的锚点进行锚点类型的转换。

使用"转换点"卜工具在曲线路径任意平滑点上单击，可以直接转换该锚点的类型为直线角点，如图 5-15 所示。

反之，将"转换点"工具在路径的直线角点上单击并拖动鼠标，就可拖出方向线，可以改变该锚点的类型为曲线平滑点，如图 5-16 所示。

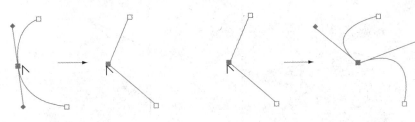

图 5-15 转变成直线锚点　　　　　　　　　图 5-16 转变成曲线锚点

按住 Alt 键，使用"转换点"工具在路径上的曲线平滑点上单击，可以改变该锚点的类型为复合角点，如图 5-17 所示。

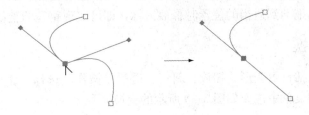

图 5-17 复合锚点

5.2.3 选取路径

1. 路径选择工具

使用"路径选择"工具可以选择和移动整个路径。选择工具箱中的"路径选择"工具，将鼠标光标移动到路径上单击即可选中整个路径。

要想同时选择多条路径，可以在选择时按住 Shift 键，或者在图像文件窗口中单击并拖动鼠标，通过框选来选择所需要的路径，如图 5-18 所示。

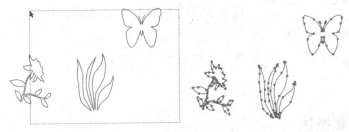

图 5-18 框选多条路径

2. 直接选择工具

使用"直接选择"工具，不仅可以调整整个路径位置，而且还可以对路径中的部分锚点和线段进行选择和调整。被选中的锚点以实心方点显示，未选中的锚点则以空心方点显示，如图 5-19（a）所示。要想调整锚点位置，只需选择"直接选择"工具，然后在需要操作的锚点上单击并拖动鼠标，移动其至所需位置，然后释放鼠标即可；同时，也可以对选中的锚点和线段进行缩放、旋转等变形操作，如图 5-19（b）所示。

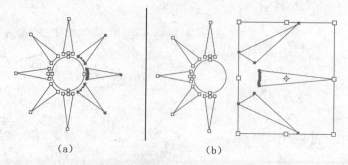

（a）　　　　　　　　　　（b）

图 5-19　用直接选择工具选择和修改部分锚点和线段

要想对整个路径进行位置调整，只需选择该路径上的所有锚点，然后在路径的任意位置上单击并拖动鼠标，拖动到适当的位置时释放鼠标，即可实现路径的整体移动。

5.2.4　路径的变换

路径变换主要包括自由变形、缩放、斜切、透视等操作，选择"编辑"→"变换路径"菜单命令，在其级联菜单中选择如图 5-20 所示的变换命令。

再次(A)	Shift+Ctrl+T
缩放(S)	
旋转(R)	
斜切(K)	
扭曲(D)	
透视(P)	
变形(W)	
旋转 180 度(1)	
旋转 90 度(顺时针)(9)	
旋转 90 度(逆时针)(0)	
水平翻转(H)	
垂直翻转(V)	

图 5-20　路径的变换命令

5.3　使用路径调板

5.3.1　路径调板概述

路径调板上会显示当前正在制作和已被保存的路径的缩览图和名称，因此非常方便编辑和管理。选择"窗口"→"路径"菜单命令，在 Photoshop 工作界面中显示或隐藏路径调板。

当前正在制作的路径会显示为"工作路径"，即使在路径调板上保存了几个路径，一次也只能选择一个路径。选择的路径会显示成蓝色，如果想取消路径的选择状态，按 Esc 键或者单击路径调板的空白区域即可，如图 5-21 所示。如需要以其他名命名时，用户可以在路径调板上双击路径名称，直接在显示的文本框里重新输入新的路径名称即可。

— 90 —

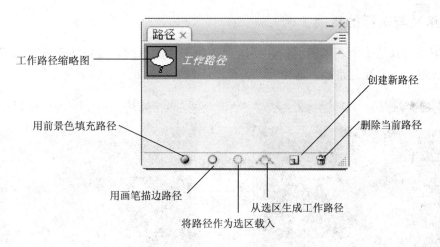

工作路径缩略图

创建新路径

用前景色填充路径

删除当前路径

用画笔描边路径

从选区生成工作路径

将路径作为选区载入

图 5-21 路径调板

　　路径调板的下方有一排小图标，它们的含义分别为：用前景色填充路径、用画笔描边路径、将路径作为选区载入、从选区生成工作路径、创建新路径和删除当前路径。

　　在"路径"调板中，可以在不影响"工作路径"层的情况下创建新的路径图层。用户只需在"路径"调板底部单击"创建新路径" 按钮，即可在"工作路径"层的上方创建一个新的路径层，然后就可以在该路径中绘制新的路径。

　　要想删除整个路径层中的路径，可以在"路径"调板中选择该路径层，再单击调板下方"删除当前路径" 按钮或拖动路径层至"删除当前路径" 按钮上释放鼠标，即可删除整个路径层。

　　用户也可以通过选择"路径"调板的控制菜单中的"删除路径"命令实现此项操作，如图 5-22 所示。

　　在路径调板的控制菜单中，还有一些其他的命令，如填充路径命令、描边路径命令等，下节将详细介绍。

图 5-22 路径调板的控制菜单

5.3.2 路径与选区的转换

路径创建后只是一个基本的线框，要达到选取图像的目的，还要将其进一步转换为选区。而选区也可以转换为路径，这样可以编辑出任意形状，如图 5-23 所示。

图 5-23 路径与选区的相互转换

1. 路径转换成选区

要想将绘制的路径转换为选区，可以单击"路径"调板中的"将路径作为选区载入" 按钮。

2. 选区转换成路径

要想将创建的选区转换为路径，可以单击"路径"调板中的"从选区生成工作路径" 按钮，即可在"路径"调板中生成"工作路径"。

还可在"路径"调板右上角的弹出菜单选择"建立工作路径"命令，弹出"建立工作路径"对话框，如图 5-24 所示。在该对话框中设定"容差"的像素值，其范围为 0.5～10 像素，"容差"数值越大，转换后路径的锚点就越少，路径越不精细，不能很好地符合所选物体的形状，反之路径越精细、越准确。

图 5-24 "建立工作路径"对话框

5.3.3 填充路径

填充路径是指用指定的颜色或图案填充路径内的区域。在进行路径填充前，先要设置好前景色；如果使用自定义图案填充，还需要先将所需的图像定义成图案。

在"路径"调板菜单中选择"填充路径"命令，如图 5-25 所示，或按住 Alt 键单击 "路径"调板底部的"用前景色填充路径" 按钮，可以打开"填充路径"对话框，如图 5-26所示。

图 5-25 "填充路径"命令

图 5-26 "填充路径"对话框

在对话框中，设置选项后，单击"确定"按钮即可使用指定的颜色、图像模式、图案填充路径。

如果在"路径"调板中单击"用前景色填充路径" ● 按钮，只可以使用预先设置的前景色填充路径，如图 5-27 所示为在一幅图中用前景色填充和用图案填充的效果。

用前景色填充路径　　　　　　　　　用图案填充路径

图 5-27 用前景色填充和用图案填充效果

5.3.4 描边路径

在 Photoshop 中，还可以为路径添加描边，创建丰富的边缘效果。路径描边需要借助"画笔"工具，最终的描绘效果与"画笔工具"选项栏设置有着密切联系。在创建路径和设置好画笔属性后，单击"路径"调板中"用画笔描边路径" ▬▬● 按钮，可以使用"画笔"工具的当前设置对路径进行描边。

在"路径"调板右上角的弹出菜单中选择"描边路径"命令，或按住 Alt 键的同时单击"路径"调板底部的"用画笔描边路径" ▬▬● 按钮，可以打开"描边路径"对话框，如图 5-28所示。

图 5-28 "描边路径"对话框

— 93 —

下面以两个具体的实例来详细介绍描边路径的使用方法。

【例 5-1】为打开的素材图片描边。

①打开素材图像，用魔棒工具选择白色背景，然后单击"选择"→"反向"菜单命令，选择要描边的对象，如图 5-29 所示。

②在"路径"调板中单击"从选区生成工作路径"按钮，如图 5-30 所示，这样，就可以使选区变成路径。

图 5-29　素材图像

图 5-30　单击"从选区生成工作路径"按钮

③设置前景颜色为"浅绿色"，然后选择"画笔"工具，在其选项栏上设置画笔笔尖、模式、流量等选项，如图 5-31 所示。

图 5-31　设置画笔选项栏

④在"路径"调板中单击"用画笔描边路径"按钮，立即会得到描边路径的效果，也可以对画笔工具选项栏做其他设置，如把"溶解"模式改成"强光"模式等，效果如图 5-32 所示。

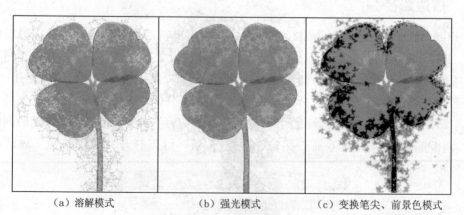

（a）溶解模式　　　　　　（b）强光模式　　　　（c）变换笔尖、前景色模式

图 5-32　多种描边效果图

可以从效果图中看到画笔工具选项栏设置的多样性，所以路径描边的效果也将会多姿多彩。例如，使用"描边路径"命令可简单制作发光效果，方法是首先选择较暗的前景色和较软、较粗的画笔，执行一次"描边路径"命令，然后选择渐亮的前景色和渐硬、渐细的画笔，执行多次"描边路径"命令，最后用最亮的颜色和较细的画笔执行一次"描边路径"命令来制作高光部分，效果如图 5-33 所示。

图 5-33 发光描边效果

【例 5-2】使用"路径"调板为"横排文字蒙版"工具创建的文字描边。

①打开素材图像"背景 1.jpg"，如图 5-34 所示。

②选择"横排文字蒙版"工具，在其选项栏中设置字体为"黑体"，字号为"18 点"，然后在图像中合适位置上输入"火爆上市"，效果如图 5-35 所示。

图 5-34 素材图像

图 5-35 输入文字

③单击"横排文字蒙版"工具选项栏上的"提交所有当前编辑"按钮 退出文字编辑。打开路径调板，选择路径上的"从选区生成工作路径"按钮，将选区变成工作路径，如图 5-36 所示。

④选择工具箱中的"路径选择"工具，选择路径，然后选择"编辑"→"变换路径"→"斜切"菜单命令，使文字倾斜，并适当调整文字大小，如图 5-37 所示。

图 5-36　选区变成工作路径

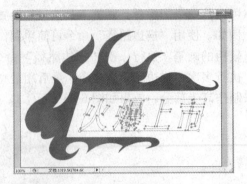

图 5-37　变换路径

⑤设置"前景色"为红色，设置画笔笔尖主直径为 3 像素，其余取默认设置。单击路径调板上的"描边"路径按钮，对文字路径进行描边操作，效果如图 5-38 所示。

⑥还可以对文字进行渐变填充，首先在"路径"调板中选择该路径，然后单击"将路径作为选区载入"按钮，将路径转变成选区，单击工具箱中的"渐变"工具，在其选项栏中选取"色谱"渐变方案，最后在选区上拖动鼠标指针填充渐变色，效果如图 5-39 所示。

图 5-38　文字描边效果

图 5-39　最终效果

习　题

一、填空题

1. 使用钢笔工具绘制的直线或曲线叫做_____，可以很容易地改变其形状与位置。所有与之相关的点称为_____，它标记着组成路径的各线段的端点。

2. 在 Photoshop CS3 中，主要提供两类路径工具：路径编辑工具和选择工具。路径编辑工具包括_____、_____、_____、_____和_____；路径选择工具包括_____和_____。

3. 在 Photoshop 中把终点没有连接起始点的路径称为_____，将终点连接了起始点的路径称为_____。

4. 使用 Photoshop CS3 中的各种路径工具创建路径后，用户可以对其进行编辑调整，编辑路径的操作主要包括_____、_____、_____、_____、_____等，从而使路径的形状更加符合要求。

5. 路径变形主要包括_____、_____、_____、_____等操作。

6. 在"路径"调板中，可以在不影响"工作路径"层的情况下创建新的路径图层。用户只需在"路径"调板底部单击_____按钮，即可在"工作路径"层的上方创建一个新的路径层。

7. 要想将绘制的路径转换为选区，可以单击"路径"调板中的_____按钮。

8. 要想将创建的选区转换为路径，可以单击"路径"调板中的_____按钮，即可在"路径"调板中生成"工作路径"。

9. 在 Photoshop 中，还可以为路径添加描边，创建丰富的边缘效果。路径描边需要借助_____工具，最终的描绘效果与（画笔）工具选项栏设置有着密切联系。

二、选择题

1. 路径是由多个（　　）线条构成的图形，其形状可以任意改变，是定义和编辑图像区域的最佳方式之一。

　　A. 变量　　　　　　B. 短　　　　　　C. 矢量　　　　　　D. 长

2. 使用（　　）工具可以选择和移动整个路径。

　　A. 路径选择　　　　B. 移动　　　　　C. 间接选择　　　　D. 抓手

3. 要想同时选择多条路径，可以在选择时按住（　　）键，或者在图像文件窗口中单击并拖动鼠标，通过框选来选择所需要的路径。

　　A. Ctrl　　　　　　B. Delete　　　　　C. Alt　　　　　　D. Shift

4. 使用（　　）工具，不仅可以调整整个路径位置，而且还可以对路径中的部分锚点和线段进行选择和调整。

　　A. 路径的变形　　　　　　　　　　B. 直接选择

　　C. 路径选择　　　　　　　　　　　D. 移动和复制路径

5. 在"路径"调板右上角的弹出菜单中选择"建立工作路径"命令，弹出"建立工作路径"对话框。在该对话框中设定"容差"的像素值，其范围为（　　）像素，"容差"数值越大，转换后路径的锚点就越少，路径越不精细。

　　A. −100～+100　　B. 0～255　　　　C. 0.5～10　　　　D. 0～100

三、上机练习题

1. 打开需要修改的两张素材图像，如图 5-40 和图 5-41 所示，根据本章所学内容完成如图 5-42 所示的效果。

图 5-40　素材图像

图 5-41　素材图像

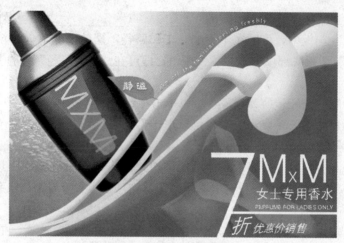

图 5-42　最后完成效果

2. 使用"路径工具"绘制如图 5-43 所示的图形。

图 5-43　效果图

主要步骤提示：使用路径工具勾勒人物外形；将路径转换成选区后填充颜色；为选区描边获得立体感。

第6章 文 字

✎ **学习目标**

　　本章将介绍文字的输入和编辑处理的具体方法。通过本章的学习，能够掌握各种文本工具的使用方法，掌握输入点文字和段落文字，了解用"字符"调板和"段落"调板的使用方法。掌握创建和编辑路径文字、变形文字的方法，能够为文本添加投影效果。

📚 **本章重点**

- 创建点文字和段落文字；
- 创建和编辑路径文字；
- 创建变形文字和阴影文字。

6.1　在图像中添加文字

　　为了在画面中表现必要的信息，常常需要使用文字工具在图像上输入文字内容来完成，文字在图像处理中起着画龙点睛的作用，它不但增加了画面的视觉效果，还能准确地传达画面要表达的信息。

6.1.1　使用文字工具

　　Photoshop 提供了横排文字工具 T 、直排文字工具 IT 、横排文字蒙版工具 ☷ 和直排文字蒙版工具 ☷ 等 4 种文字工具，用于输入横排和直排的文字及文字形的蒙板，如图 6-1 所示。

T 横排文字工具	T
IT 直排文字工具	T
☷ 横排文字蒙版工具	T
■ ☷ 直排文字蒙版工具	T

6-1　工具箱中的文字工具

　　文字工具的选项栏基本相似，选择"横排文字工具"，其选项栏如图 6-2 所示。

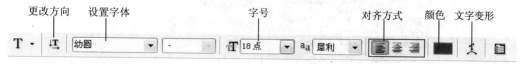

图 6-2　文字工具的选项栏

其主要部分选项功能如下。

(1)"更改文字方向"按钮 ↓T 。单击后可实现文字横排与直排之间的转换。

(2)"设置字体"下拉列表。可以设置文字的字体。

(3)"字号"下拉列表。可以设置文字的大小。

(4)"设置消除锯齿的方法" aa 平滑 ▼ 下拉列表。用于设置是否消除文字锯齿的方式，包括"无"、"锐利"、"平滑"、"犀利"和"浑厚"等5个选项。

(5)"对齐方式"。可以设置文字的对齐方式，从左到右依次是：左对齐、居中对齐和右对齐。当选择"直排文字工具"时，设置文本对齐方式变为 ▦ ▦ ▦ ，依次是：顶对齐、居中对齐和底对齐。

(6)"颜色"色块。单击该按钮后，可以打开"选择文本颜色"对话框，从中设置文字的颜色。

(7)"创建文字变形"按钮 ⬈ 。单击该按钮后，可以打开"变形文字"对话框，如图6-3所示，在该对话框中可以设置文字的变形模式。

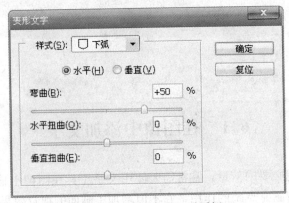

图6-3 "变形文字"对话框

(8)"显示/隐藏字符和段落调板"图标 ▤ 。单击该按钮后，可以打开或隐藏"字符"和"段落"调板，在"字符"调板中可以设置字符的格式，在"段落"调板中可以设置段落格式，如图6-4所示。

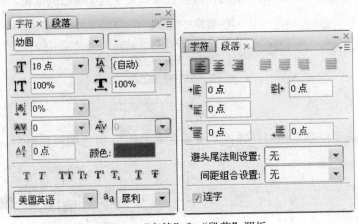

图6-4 "字符"和"段落"调板

6.1.2 输入点文字

点文字是输入少量文字，一般情况下是一个字或一行字符，所以称为"点文字"。点文字也可以有多行，与段落文字不同的是，点文字不会自动换行，可通过 Enter 键使之进入下一行。

选择工具箱中的"横排文字工具"或"直排文字工具"，在图像窗口中单击，从单击的位置开始，即可向图像中添加文字。要向图像中添加少量文字，在某个点输入文本是一种有用的方式。

1. 输入横排或直排文字

选择工具箱中的"横排文字工具"或"直排文字工具"，在图像窗口中单击，即可输入文字。下面通过一个简单实例介绍该工具的使用。

【例 6-1】在素材图像"巧克力_情人节促销. jpg"图片上输入横排文字，然后调整其字形为"旗帜"。

①打开素材图像，选择横排文字工具，在工具选项栏中设置文字的字体、字号和字体颜色等参数，然后将鼠标光标移到图像窗口中并单击，在出现的插入点处输入文字，如图 6-5 所示。如果开始新的一行，只需按 Enter 键，然后继续输入文字。

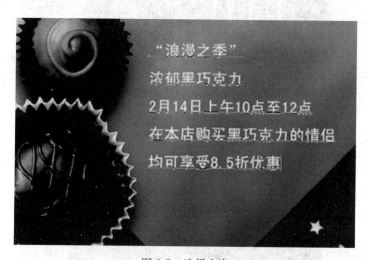

图 6-5 选择文字

②输入完文字后，可以使用下面的方法之一确认文字的输入：

方法 1：单击选项栏中的"提交所有当前编辑" ▇ 按钮；

方法 2：按下键盘上的 Enter 键；

方法 3：按快捷键 Ctrl＋Enter；

方法 4：选择工具箱中除文字工具以外的任意工具。

③对于输入的文字，还可以改变它的形状，使它们更美观。方法很简单：首先选择输入的文字，然后在工具栏中单击"创建文字变形"按钮 ▨ ，在弹出的"变形文字"对话框中

设置一种样式，例如，设置样式为"旗帜"，如图 6-6 所示。

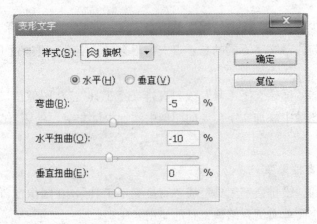

图 6-6　"变形文字"对话框

④单击"确定"按钮，返回编辑界面，完成操作，效果如图 6-7 所示。

图 6-7　最终效果

2. 输入横排或直排文字选区

选择工具箱中的"横排文字蒙版工具"或"直排文字蒙版工具"，在图像窗口中单击，即可输入文字。下面通过一个简单实例介绍该工具的使用。

【例6-2】在图像文件中创建文字选区，并贴入图像效果。

①启动 Photoshop CS3 应用程序，打开素材图像文件"横排文字蒙版前景.jpg"。

②选择工具箱中的"横排文字蒙版工具"，并在选项栏中设置文字的字体、字号等参数，然后再单击图像，在单击所在位置上，输入文字"美丽新娘"四个字，创建文字选区蒙版，如图6-8所示。

③单击选项栏中的"提交所有当前编辑" 按钮，确定文字选区，如图6-9所示。

图6-8 创建文字选区蒙版

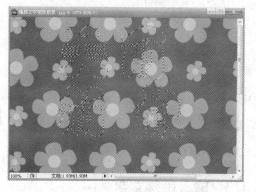
图6-9 转换成选区

④选择"路径"调板中的"从选区生成工作路径"按钮，使选区转变成工作路径，这时，可以选择"路径选择工具"选区中全部或部分路径，来改变文字的形状、位置或给文字路径进行描边操作，效果如图6-10所示。

⑤单击路径调板上的"将路径作为选区载入"按钮，将路径转变为选区，如图6-11所示。然后，选择"编辑"→"拷贝"菜单命令或按快捷键 Ctrl+C 复制选区。

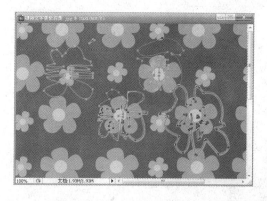
图6-10 改变文字路径的操作

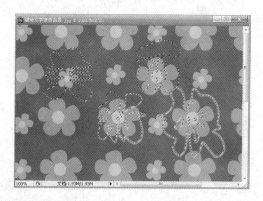
图6-11 变路径为选区

⑥在 Photoshop 软件中，打开另一幅素材图像，如图6-12所示。

⑦在打开的素材图像上，选择"编辑"→"粘贴"菜单命令或按快捷键 Ctrl+V，将复制的内容粘贴到打开的图像上，使用"移动"工具调整贴入图像的位置，效果如图6-13所示。

图 6-12　素材图像

图 6-13　贴入图像

6.1.3　输入段落文字

输入段落文字时，文字基于外框的尺寸自动换行。当想要创建一个或多个段落时，采用这种方式输入文本十分有用。

可以由下列两种方法创建段落文字。

（1）选择文字工具并拖拽，松开鼠标后就会创建一个段落文本定界框，如图 6-14 所示。

图 6-14　段落文本定界框

（2）按住 Alt 键的同时单击鼠标，弹出"段落文字大小"对话框，如图 6-15 所示。在该对话框中输入宽度和高度，单击"确定"按钮，就会创建一个指定大小的文字框。

图 6-15 "段落文字大小"对话框

生成的段落文字框有 8 个控制点,可以控制文字框的大小和旋转方向。如果输入的文字超出文字框所能容纳的大小,文字框上将出现溢出图标田。这时,改变文字框的大小,方法很简单:把光标移动到文字框控制点上,光标显示为双向箭头↖ 时,拖动文字框边界就可以调整文字框的大小了。

也可以旋转文字框,将指针定位在文字框外,当指针变为弯曲的双向箭头↰ 时拖动鼠标。按住 Shift 键拖动可将旋转限制为按 15 度增量进行,如图 6-16 所示。要更改旋转中心,按住 Ctrl 键并将中心点拖动到新位置。

按住 Ctrl 键的同时,当把鼠标移动到文本框各边框中心的控制点上,当指针将变为一个箭头▶ 时,拖拽鼠标可使文字框发生倾斜变形,如图 6-17 所示。

图 6-16 旋转文字框

图 6-17 倾斜文字框

6.1.4 点文字与段落文字的转换

判断当前的文字类型是点文字还是段落文字很容易,方法是:用文字工具在文字上单击,有文本框显示,表示此文字是段落文字;没有文字框显示,表示该文字是点文字,如图 6-18所示,上面的文字是点文字,下面的文字是段落文字。

点文字与段落文字在建立后可以互相转换。如果将一个点文字转换为段落文字,首先要在"图层"调板中选中要转换的点文字图层,然后右击,在弹出的菜单中选择"转换为段落

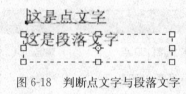

图 6-18　判断点文字与段落文字

文本"命令或选择"图层"→"文本"→"转换为段落文本"菜单命令。

如果将一个段落文字转换为点文字,首先要在"图层"调板中选中要转换的段落文字图层,然后右击,在弹出的菜单中选择"转换为点文本"命令或选择"图层"→"文本"→"转换为点文本"菜单命令。

6.1.5　路径文字

文本路径是 Photoshop CS3 中一个非常强大的功能,沿路径输入的文本可以极大地丰富文本的效果,使图像更加美观。

在 Photoshop CS3 中可以添加两种路径文字,一种是沿路径排列的文字,另一种是路径内部的文字。

1. 沿路径排列的文字

具体操作步骤如下。

(1) 要想沿路径创建文字,需要先绘制一条路径,如图 6-19 所示。

(2) 选择"路径选择"工具,选中刚刚绘制的路径,单击"横排文字"工具,将鼠标指针移动到路径上,当指针变为⊥形状时,单击鼠标。单击后,路径上会出现一个插入点,插入点从左到右依次有左端控制点×、中间控制点◇、右端控制点○,如图 6-20 所示。

图 6-19　沿对象边缘创建一条路径

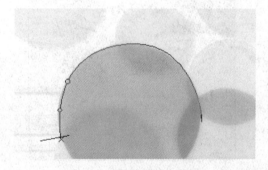

图 6-20　沿路径单击鼠标

(3) 输入文字,并且输入的文字将自动沿路径的形状在左端控制点×、中间控制点◇、右端控制点○内进行排列。如果输入文字的长度大于控制点的范围,输入的文字将被隐藏。这时,可以选择"路径选择"工具或"直接选择"工具,将光标移到文字上或右端控制点○上,当鼠标指针变成⊥形状时,沿路径拖动鼠标,这时能扩大输入文字的范围,如图 6-21所示。

(4) 调整结束后,重新选择"横排文字工具",在原来输入的位置单击,继续输入文字。输入完成后,选择输入的文字,可以对文字进行编辑,如字体、字号、字形的设置等,如

图 6-22 所示。

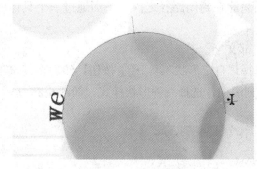

图 6-21　调整输入范围

图 6-22　输入文字后效果

另外，也可以在输入文字结束后，用"路径选择"工具或"直接选择"工具进行改变原有路径的位置及添加或删除锚点的操作，这时路径上的文字也会随之改变，如图 6-23 所示。

值得注意的是：当使用钢笔或直线工具创建路径时，文字将沿着绘制路径的方向排列，当到达路径的末尾时，文字会自动换行。如果从左至右绘制路径，则可以获得正常排列的文字。如果从右到左绘制路径，则会得到反向排列的文字，如图 6-24 所示。

图 6-23　改变路径、字体后效果

图 6-24　不同路径绘制方向不同的文字效果

2. 在路径上移动或翻转文字

选择"直接选择"工具 或"路径选择"工具 ，并将其定位到文字上或文字插入点附近的×、◇和○这三个控制点上。指针会变为带箭头的 I 型光标 、 、 形状。这时，要移动文本，只需单击并沿路径拖动文字即可。若要将文本翻转到路径的另一边，请单击并横跨路径拖动文字，如图 6-25 所示。

图 6-25　使用"直接选择"工具或"路径选择"工具在路径上移动或翻转文字

3. 路径内部文字

路径内部区域创建文字是指输入的文字范围只能在封闭路径之内。下面通过一个具体的实例详细介绍如何创建路径内部文字。

【例6-3】在给定的图片素材内，创建路径内部文字。

①打开素材图像"学生.jpg"，在工具箱中选择"自定形状工具" 按钮，然后在其选项栏中单击"路径" 按钮，并且在"形状"下拉列表中，选择一种形状样式，如图6-26所示。

图6-26 设置"自定形状工具"的选项栏

②用选择的"自定形状"创建一个封闭的路径，如图6-27所示。然后从工具箱中选择"横排文字工具"或"直排文字工具"，将鼠标指针移动到路径上，当指针变成 形状时，单击鼠标使插入点出现在路径框内。

图6-27 绘制封闭的路径

③输入需要的文字资料，文字会自动在封闭的路径中进行排列，输入结束后，还可以对输入的文字进行编辑，最后，在文字框以外单击鼠标即可退出输入状态，效果如图6-28所示。

在封闭的路径内的文字，也可以通过"路径选择工具"和"直接选择工具"重新调整路径的形状，路径框内的文字便会自动重新排列。

图 6-28 最终效果

6.2 文本的格式设置

6.2.1 设置字符格式

"字符"调板功能主要是为了适应 Photoshop CS3 强大的文本编辑功能而设定的，而且它和段落调板是文本编辑的两个密不可分的工具，字符调板设定单个文字的各种格式，如设置文字的字体、字号、字符间距及文字颜色等。而段落调板则是设定文字段落或者文字与文字之间的相对格式。

选择任意一个文字工具，单击选项栏中的"显示/隐藏字符和段落调板" 按钮，或者选择"窗口"→"字符"菜单命令都可以打开"字符"调板，如图 6-29 所示，通过设置调板选项即可设置文字属性。

图 6-29 "字符"调板

"字符"调板的主要选项如下。

（1）"字体"选项。用于设置字体，在其下拉菜单中可以选择合适的字体。

（2）"字符大小"选项 **T** `60 点 ▾`。用于设置文字的大小。

（3）"行距"选项 **A** `48 点 ▾`。用于调整两行文字之间的距离。

（4）"垂直缩放"选项 **IT** `100%`。用于调整文字垂直方向的缩放比例。

（5）"水平缩放"选项 **T** `100%`。用于调整文字水平方向的缩放比例。

（6）"比例间距"选项 **⬚** `0% ▾`。用于按指定的百分比值减少字符周围的空间。

（7）"字间距"选项 **AV** `20 ▾`。用于调整相邻的两个字符之间的距离。

（8）"字距微调"选项 **AV** `▾`。用于调整一个字所占的横向空间的大小，调整后文字本身的大小则不会发生改变。

（9）"基线偏移"选项 **A^a** `0 点`。用于调整相对水平线的高低。如果输入一个正数，表示角标是一个上角标，它将出现在一般的文字的右上角；如果是负数，则代表下角标。

（10）"文本颜色"选项 颜色：■。单击该颜色块可以打开颜色选择窗口。

（11）"字符格式"选项 **T T TT Tr T¹ T₁ T F**：用于快速更改字符样式。从左到右依次是"仿粗体"、"仿斜体"、"全部大写字母"、"小型大写字母"、"上标"、"下标"、"下画线"、"删除线"，部分效果如图 6-30 所示。

welcome to china　正常效果

welcome to china　下画线

~~welcome to china~~　删除线

WELCOME TO CHINA　全部大写字母

WELCOME TO CHINA　小型大写字母

welcome to ch`ina`— 上标

welcome to ch`ina`— 下标

图 6-30　部分文字效果

（12）"语言选择"选项 `美国英语 ▾`。用于选择国家及语言。

（13）"消除锯齿的方法"选项 **ªa** `浑厚 ▾`。用于选择设置消除锯齿的方式。

6.2.2　设置段落格式

"段落"调板用于设置段落文本的编排方式，如设置段落文本的对齐方式、缩进值等。单击选项栏中的"显示/隐藏字符和段落调板" ▦ 按钮，或者选择"窗口/段落"命令都可以打开"段落"调板，如图 6-31 所示，通过设置选项即可设置段落文本属性。

"段落"调板的主要选项如下。

（1）"对齐方式"按钮。从左到右分别为"行左对齐"按钮 ▤、"行居中对齐"按钮 ▤、"行右对齐"按钮 ▤、"段落的最后一行左对齐"按钮 ▤、"段落的最后一行居中"

图 6-31 "段落"调板

按钮 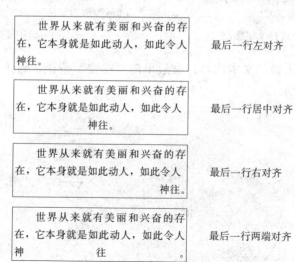、"段落的最后一行右对齐"按钮 和"段落中的最后一行两端对齐"按钮 ，
效果如图 6-32 所示。

（2）"左缩进"选项 。从段落的左边缩进。

（3）"右缩进"选项 。从段落的右边缩进。

（4）"首行缩进"选项 。缩进段落中的首行文字。

（5）"段前距"选项 。使段落前增加附加空间。

（6）"段后距"选项 。使段落后增加附加空间。

（7）"避头尾法则设置"选项：避头尾法则指定亚洲文本的换行方式。不能出现在一行
的开头或结尾的字符称为避头尾字符。该选项用于设置相应的规则。

（8）"间距组合设置"选项。间距组合为日语字符、罗马字符、标点、特殊字符、行开
头、行结尾和数字的间距指定日语文本编排。可从列表中选择预定义间距组合集。

（9）"连字"复选框。用于启用或停用自动连字符连接。

图 6-32 段落对齐方式效果

111

6.3 编辑文字

1. 更改文字内容

输入点文字或段落文字后，很多时候不能达到满意的效果，可以用下面的方法来更改文本内容。

（1）在"图层"调板中选中文字图层，如图 6-33 所示。

（2）从工具箱中选择"横排文字工具"或"直排文字工具"，在图像文本上单击鼠标定位插入点，再拖动鼠标选择要编辑的一个或多个字符，如图 6-34 所示。

图 6-33　选择文字图层　　　　　　　图 6-34　选中要修改的文字

（3）根据需要输入新的文本内容，最后单击"提交"按钮，确认对文字图层的更改即可，效果如图 6-35 所示。

图 6-35　文本更改效果

2. 切换文字方向

文字方向分为水平和垂直两种方式，可以根据需要切换文字方向。要改变文字的方向有以下3种方法。

（1）选择任意一种文字工具，再单击工具选项栏上的"文本方向"按钮 即可。

（2）选择"窗口"→"字符"菜单命令，打开"字符"调板。在"字符"菜单中选择"更改文本方向"命令，如图6-36所示。

图6-36 "更改文本方向"命令

（3）选择"图层"→"文字"→"垂直或水平"命令。

3. 变形文字

对输入后的文字，还可以添加变形效果。方法很简单：首先选中要变形的文字，然后选择"图层"→"文字"→"文字变形"菜单命令或单击文字工具选项栏中的 按钮打开"变形文字"对话框，在"样式"下拉列表框中选择一种变形样式即可设置文字的变形效果，如图6-37所示。

图6-37 "变形文字"对话框

在选择某种样式之后，还可以对样式进行修改。例如，对文字的弯曲程度、水平扭曲、垂直扭曲的程度，也可以设置变形的方向是水平方向或者是垂直方向等，如图6-38所示为几种变形文字的效果图。

图6-38　多种变形文字

4. 文字转换为形状

在Photoshop CS3中，还提供文字转换为形状的功能。使用该功能文字图层就由包含基于矢量蒙版的图层替换。可用路径选择工具对文字路径进行调节，创建自己喜欢的字形。但在"图层"调板中文字图层失去了文字的一般属性，即将无法在图层中编辑更改文字属性。下面以一个简单实例来介绍将文字转换为形状的方法。

【例6-4】在打开的图像上输入文字，将文字转换成形状，并改变其形状。

①打开素材图像，并用文字工具输入文字，要将文字转换为形状，在"图层"调板中右击需要改变的文本图层，在打开的快捷菜单中选择"转换为形状"命令即可，效果如图6-39所示。

②选择"直接选择"工具，选择形状路径上的部分锚点，用鼠标拖动，改变其形状，效果如图6-40所示。

图6-39　文字转换为形状　　　　　图6-40　选择路径选择工具改变图形的形状

5. 文字栅格化处理

在Photoshop中，用户不能对文字图层中创建的文字对象使用描绘工具或滤镜命令等工具和命令。要想使用这些命令和工具，必须在应用命令或使用工具之前栅格化文字。栅格化表示将文字图层转换为普通图层，并使其内容成为不可编辑的文本图像。

要想转换文字图层为普通图层，只需在"图层"调板中选择所需操作的文字图层，然后选择"图层"→"栅格化"→"文字"菜单命令，即可将文字图层转换为普通图层；用户也可以在"图层"调板中所需操作的文本图层上右击，在打开的快捷菜单中选择"栅格化文字"命令，以此转换图层类型。

6. 为文字添加投影

添加投影以使图像中的文字具有立体效果。

【例 6-5】在打开的图像上输入文字，并为文字添加阴影的效果。

①打开素材图像，并用文字工具输入文字，在"图层"调板中选择要为其添加投影的文字所在的图层，如图 6-41 所示。

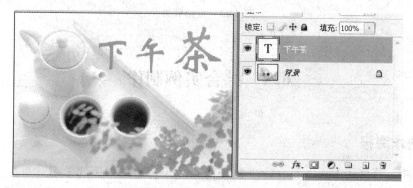

图 6-41 选择文字图层

②单击"图层"调板底部的"图层样式"按钮 fx，并从出现的列表中选取"投影"命令。弹出"图层样式"对话框，在该对话框中设置投影的结构、品质等选项，如图 6-42 所示。

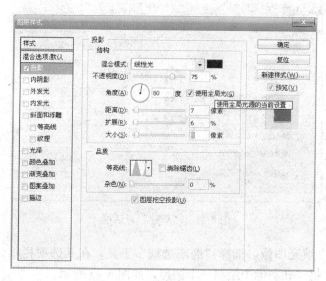

图 6-42 "图层样式"对话框

③获得满意的投影效果后，单击"确定"按钮，如图 6-43 所示。

图 6-43　投影效果

6.4　综合实例制作

6.4.1　制作海报

在本节中，将使用 Photoshop CS3 制作海报效果。通过本例的学习，可以让读者掌握新建、填充、路径的创建、选区的创建和变换命令、文字工具及图章工具等工具和命令的综合运用。其操作步骤如下。

（1）新建文件，宽度为 800×500 像素，名称为 moon，背景内容为"背景色"，如图 6-44 所示。

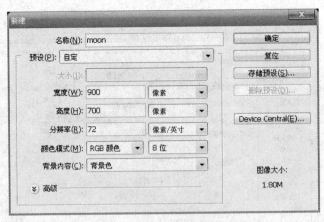

图 6-44　"新建"对话框

（2）用"黑色"填充图像，选择"椭圆选框"工具，在其选项栏中设置羽化值为 5 像素，然后按住 Shift 键，在图像中绘制一个圆形，如图 6-45 所示。

（3）选择"渐变工具"，在其选项栏中设置一个蓝色渐变，然后设置径向渐变模式，用来填充所绘制的圆形，效果如图 6-46 所示。

— 116 —

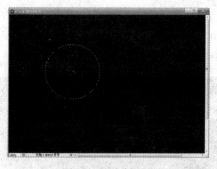

图 6-45　绘制圆形　　　　　　　　　　　　图 6-46　填充圆形

（4）选择"钢笔工具"在图像上创建一个房子形状的轮廓，如图 6-47 所示。

（5）在"路径"调板上按"将路径作为选区载入"按钮，使路径变为选区，用黑色填充该选区，效果如图 6-48 所示。

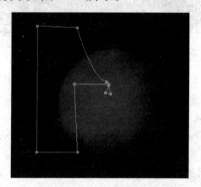

图 6-47　绘制轮廓　　　　　　　　　　　　图 6-48　填充效果

（6）打开素材图像，如图 6-49 所示。

（7）用魔棒工具选择黑色背景，然后通过"选择"→"反向"菜单命令，选择图像中的人物，如图 6-50 所示。

图 6-49　素材图像　　　　　　　　　　　　图 6-50　选择人物

（8）选择"选择"→"变换选区"菜单命令，使用选区按比例缩小，如图 6-51 所示。

（9）选择工具箱中的行动工具，移动选区到 moon 文件中，然后适当调整其大小，效果如图 6-52 所示。

图 6-51　缩小选区　　　　　　　　　　　　　　图 6-52　移动选区

（10）回到人物素材图像中，按快捷键 Ctrl＋D 取消选区，然后选择工具箱中的图章工具，设置其选项栏如图 6-53 所示，然后按住 Alt 键，在图像上单击取样。

图 6-53　图章工具的选项栏

（11）选择另一幅图，当鼠标指针变成圆形后，在图像合适位置进行涂抹，为了突出人物，可以在需要清晰的部位反复涂抹，效果如图 6-54 所示。

图 6-54　图章工具的使用

（12）选择工具箱中的"直排文字工具"，在其选项栏中设置颜色为白色，然后设置字体、字号等选项后，在图像中输入文字："去年元夜时　花市灯如昼　月上柳梢头　人约黄昏后　今年元夜时　月与灯依旧　不见去年人　泪湿春衫袖"，然后，选择"直排文字蒙版工具"，单击输入"元宵"两字，然后单击工具箱中的选择工具，效果如图 6-55 所示。

图 6-55　添加文字

（13）选择工具箱中的渐变工具，然后在工具栏中选择一种渐变颜色，为文字选区添加一种渐变的颜色，效果如图 6-56 所示。

（14）选择工具箱中的画笔工具，通过"窗口"→"画笔"菜单命令，打开"画笔"调板，在调板中设置画笔笔尖形状为"星形"，然后设置散布选项、形状动态选项和其他动态选项，如图 6-57 所示。

图 6-56　填充文字选区

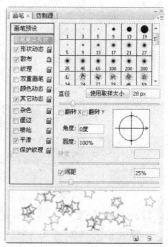

图 6-57　设置笔尖

（15）设置完毕后，在图像上单击或拖动鼠标，添加星形图形，效果如图 6-58 所示。

图 6-58　最终效果

6.4.2　制作婚纱照片

在本节中，将使用 Photoshop CS3 制作婚纱照片效果。通过本例的学习，可以让读者掌握路径的创建、沿路径输入文字效果、移动工具及图章工具等工具和命令的综合运用。其操作步骤如下。

（1）打开素材图像"婚纱背景.jpg"，选择磁性套锁工具，在图像上沿半圆的边缘创建一个选区，效果如图 6-59 所示。

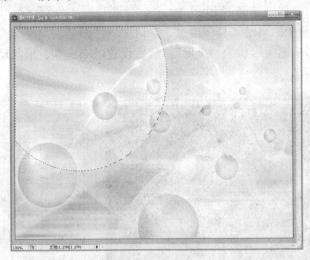

图 6-59　创建选区

（2）打开素材图像"婚纱 1.jpg"，选择工具箱中的图章工具，在其工具选项栏中设置画笔直径为 104 像素，不透明度为 48%，流量为 88%，其他选项为默认设置，如图 6-60 所示。

图 6-60　设置图章工具选项栏

（3）将鼠标移动到图像上，按住 Alt 键，单击鼠标取样，然后单击"婚纱背景"图像，在图像的选区上进行涂抹，效果如图 6-61 所示。

图 6-61 使用图章工具

（4）为选区进行描边：选择"编辑"→"描边"菜单命令，打开"描边"对话框，在该对话框中设置宽度为 3 像素，蓝色，亮光模式，最后单击"确定"按钮，描边对话框及描边效果如图 6-62 所示。

图 6-62 描边效果

（5）打开素材图像"婚纱2.jpg"，选择图章工具，使用与（2）、（3）同样的方法，设置图章的选项栏，在图像上取样，然后选择"婚纱背景"图像，在图像上涂抹，效果如图 6-63所示。

（6）打开素材图像"婚纱3.jpg"，用魔棒工具在背景上单击，选择"选择"→"反向"菜单命令，选取图像上的花，然后选择移动工具，将花拖到"婚纱背景"图像上去，适当调整它的位置和大小，效果如图6-64所示。

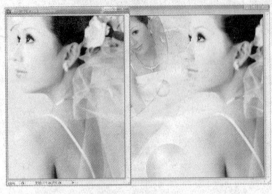 

图6-63　使用图章工具　　　　　　　　　　图6-64　添加花

（7）选择工具箱中的钢笔工具，在图像上绘制一个封闭的路径，如图6-65所示。

（8）打开路径调板，将路径转化为选区，然后，设置前景色为白色，选择油漆桶工具，填充选区，效果如图6-66所示。

图6-65　绘制封闭路径　　　　　　　　　　图6-66　填充选区为白色

（9）选择钢笔工具，使用与（7）、（8）同样的方法，绘制窄条形状路径，将路径变成选区，用灰色填充选区，效果如图6-67所示。

（10）沿下边斜线绘制一条路径，然后选择"横排文字工具"，在其工具栏上设置合适的字号、字体和颜色等选项，然后沿路径输入一段文字："I love you very much I love you for ever!"，效果如图6-68所示。

（11）同样的方法，沿上边斜线输入一段文字："promise me that you will be my sunshine for ever!"，然后，选择"横排文字工具"，输入"3344520"数字两遍，设置文字的颜色为白色，将文字拖到合适的位置，效果如图6-69所示。

（12）使用钢笔工具，沿图中圆形曲线绘制一条圆形路径，然后选择"直排文字工具"，在路径上单击，沿路径上输入文字"今生今世只爱你"，如图6-70所示。

图 6-67　绘制窄条形路径并填充

图 6-68　沿路径输入文字

图 6-69　输入文字效果图

图 6-70　沿路径输入文字

（13）选择文字图层，单击图层上的"图层样式"按钮，打开"图层样式"对话框，在该对话框中选择"内阴影"、"外发光"、"斜面和浮雕"、"渐变叠加"等复选框，如图 6-71所示，最后单击"确定"按钮，最终效果如图 6-72 所示。

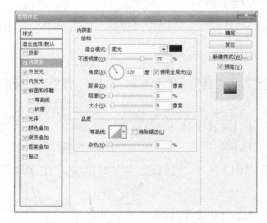

图 6-71　"图层样式"对话框

图 6-72　最终效果

习　题

一、填空题

1. Photoshop 提供了_____、_____、_____和_____4 种文字工具，用于输入横排和直排的文字及文字形的蒙版。

2. _____下拉列表：可以设置文字的大小。

3. "设置消除锯齿的方法" aa [平滑▼] 下拉列表：用于设置是否消除文字锯齿的方式，包括"无"、"锐利"、_____、"犀利"和_____5 个选项。

4. "对齐方式"，可以设置文字的对齐方式，从左到右依次是：_____、_____和_____。

5. "颜色"色块，单击该按钮后，可以打开_____对话框，从中设置文字的颜色。

6. "显示/隐藏字符和段落面板"图标 目：单击该按钮后，可以打开或隐藏_____和_____面板。

7. 判断当前的文字类型是点文字还是段落文字，方法是：用文字工具在文字上单击，有文本框显示，表示该文字是_____；没有文字框显示，表示该文字是_____。

8. 如果将一个段落文字转换为点文字，首先要在"图层"调板中选中要转换的段落文字图层，然后右击，在弹出的快捷菜单中选择_____命令或选择_____菜单命令。

9. 在 Photoshop CS3 中可以添加两种路径文字，一种是_____的文字，一种是_____的文字。

10. 当使用钢笔或直线工具创建路径时，文字将沿着_____的方向排列，当到达路径的末尾时，文字会_____。如果从左至右绘制路径，则可以获得正常排列的文字。如果从右至左绘制路径，则会得到反向排列的文字。

11. _____调板功能主要是为了适应 Photoshop CS3 强大的文本编辑功能而设定的，而且它和_____调板是文本编辑的两个密不可分的工具。

12. "段落"调板用于设置段落文本的_____，如设置段落文本的对齐方式、缩进值等。

二、选择题

1. 文字工具的选项栏基本相似，选择"横排文字工具"，其主要部分选项功能不正确的是（　　）。

　　A. 更改文字方向　　　　　　　　　B. 设置字体
　　C. 字号　　　　　　　　　　　　　D. 斜切

2. "创建文字变形"按钮 工：单击该按钮，可以打开"变形文字"对话框，在该对话框中可以（　　）。

　　A. 设置文字的变形模式　　　　　　B. 改变文字字号
　　C. 艺术字　　　　　　　　　　　　D. 改变文字字体

3. 输入段落文字时，文字基于外框的尺寸自动换行。当你想要创建一个或多个段落时，采用这种方式输入文本十分有用，下面正确的方法是（　　）。

　　A. 选择文字工具并拖拽，松开鼠标后就会创建一个段落文本定界框

　　B. 选择矩形选框工具并拖拽，松开鼠标后就会创建一个段落文本定界框

　　C. 选择裁切工具并拖拽，松开鼠标后就会创建一个段落文本定界框

　　D. 选择抓手工具并拖拽，松开鼠标后就会创建一个段落文本定界框

4. 在 Photoshop CS3 中，还提供（　　）的功能，使用该功能文字图层就由包含基于矢量蒙版的图层替换。

　　A. 图层蒙版　　　　　　　　　　　B. 栅格化文字

　　C. 矢量变形　　　　　　　　　　　D. 转换文字为形状

5. 在 Photoshop CS3 中，用户不能对文本图层中创建的文字对象使用描绘工具或滤镜命令等工具和命令。要想使用这些命令和工具，必须在应用命令或使用工具之前（　　）。该命令可以将文字图层转换为普通图层。

　　A. 栅格化文字　　　　　　　　　　B. 将文字转换为图形

　　C. 文字变形　　　　　　　　　　　D. 将文字转换为矢量文件

三、上机练习题

打开需要修改的素材图像，如图 6-73 所示，根据本章所学内容完成如图 6-74 所示的效果。

图 6-73　素材图像

图 6-74　最后完成效果

第7章　调整图像色彩

　　本章主要介绍了"图像"→"调整"菜单命令下各个调整图像色彩的相关命令。要求掌握使用"图像"→"调整"菜单命令下的"色阶"、"曲线"、"色彩平衡"、"亮度/对比度"、"色相/饱和度"等各种图像色彩调整的相关命令来调整图像的色阶、色相和饱和度等参数。

![]本章重点

 ◆ 使用"色阶"菜单命令；
 ◆ 使用"曲线"菜单命令；
 ◆ 使用"色彩平衡"菜单命令；
 ◆ 使用"亮度/对比度"菜单命令；
 ◆ 使用"色相/饱和度"菜单命令。

　　色彩是最直观的视觉形态，是完美图像画面的主要因素。合理运用色彩，可以对图像色彩偏差进行调整，Photoshop CS3 中提供了强大的图像色彩调整功能对有缺陷的图片进行调整，在数码照片的处理上尤为重要。本章主要学习"图像"→"调整"菜单下各个图像调整命令的运用，如图 7-1 所示。

图 7-1　调整命令子菜单

7.1　手动调整图像色彩

Photoshop CS3 在菜单栏中的"图像"→"调整"菜单命令中提供了多个可以手动可调色彩控制命令，如"色阶"、"曲线"、"色彩平衡"、"亮度/对比度"、"色相/饱和度"、"阴影/高光"、"匹配颜色"、"变化"等。通过这些菜单命令，可以精确地控制画面的变化，以达到理想的画面效果。

7.1.1　色阶调整

"色阶"命令用来调整图像的明暗程度。在选择"图像"→"调整"→"色阶"菜单命令时会弹出"色阶"对话框，如图 7-2 所示。

单击"通道"下拉按钮，将出现如图 7-3 所示的通道下拉列表，其中的选项会因图像的颜色模式的不同而不同，可根据情况选择某个单色通道或复合通道的色阶进行调整。

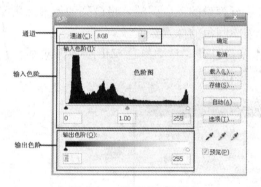

图 7-2　"色阶"对话框

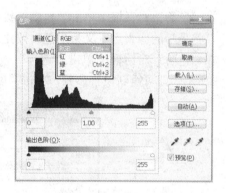

图 7-3　通道下拉列表

图像的色阶图表明图像中像素色调分布的一个图表，它根据图像中每个亮度值（0～255）处的像素点的多少进行区分。

"输入色阶"显示的就是图片当前状态下的数值。色阶图下方右侧的白色滑块控制图像深色部分，左侧的黑色滑块控制图像浅色部分，中间的灰色滑块控制中间色。拖动滑块可以调整改变图像的色点范围、图像的对比度。拖动色阶图下方左侧的黑色滑块向右移动，图像的颜色变深，对比度减弱，如图 7-4 所示为向右拖动黑色滑块前后图像效果对比。

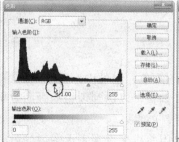

图 7-4　拖动黑色滑块向右移动前后图像效果对比

"输出色阶"的主要作用是调整图像色彩的中间调的参数数值。在它左右两侧分别有一个数值输入框，与前面的"输入色阶"一样，它既可以用鼠标拖动又可以直接输入数值。

　　向左移动"输出色阶"的白色滑块，会使图像色彩的中间调逐渐变暗；向右移动"输出色阶"的黑色滑块，会使图像色彩的中间调逐渐变亮，如图 7-5 所示为向右移动黑色滑块前后的图像效果对比。

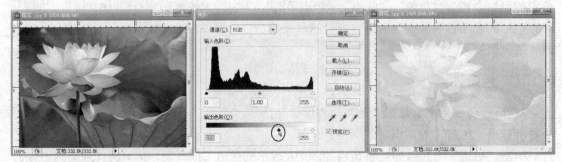

图 7-5　向右移黑色滑块前后的图像效果对比

　　在"色阶"对话框中单击"自动"按钮将执行等量的色阶调整，将最亮的像素点定义为白色，将最暗的像素点定义为黑色，按比例分配中间色的像素数值。

　　在"色阶"对话框中单击"选项"按钮命令，打开"自动颜色校正选项"对话框，如图 7-6所示，即可重新设置参数，单击"确定"按钮确认。

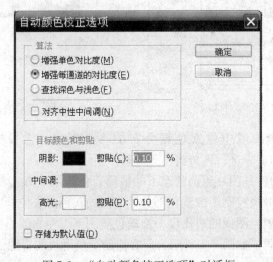

图 7-6　"自动颜色校正选项"对话框

7.1.2　曲线调整

　　"曲线"命令可以调整图像的颜色，也可以调整单个通道或者全部通道的亮度与对比度，可以对图像的任意灰阶进行曲线调整，以达到理想的画面效果。选择"图像"→"调整"→"曲线"菜单命令时会弹出"曲线"对话框，如图 7-7 所示。

　　在"曲线"对话框中，可以用曲线来直观表示图像颜色的色调色阶数值。图表中的横轴代表图像原有亮度值，相当于"色阶"对话框中的"输入色阶"；纵轴代表新的亮度值，相

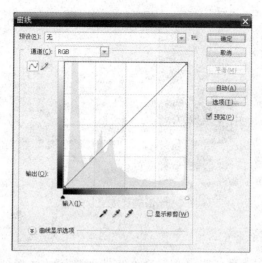

图 7-7　"曲线"对话框

当于"色阶"对话框中的"输出色阶"。对角线用来显示"当前"和"输入"数值之间的关系，在未对"曲线"命令进行调整时，所有像素都有相同的"输入"和"输出"数值。

在 Photoshop CS3 中，"曲线"对话框中增添了"预设"功能。通过"预设"功能能够快速地对图像进行色彩的调整，"预设"命令包含中对比度、反冲、增加对比度、强对比度、彩色负片、线性对比度、负片、较亮和较暗，这都是针对"RGB"模式下的预设，如图7-8所示。另外，用户也可自己存储预设进行使用。

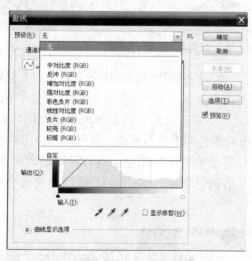

图 7-8　"预设"命令

在"曲线"对话框中可以选择合成的通道进行调整，也可以选择不同的颜色通道来进行个别调整，如果同时调整多个通道，在按住 Shift 键的同时，在通道调板中选择需要调整的通道，再返回曲线命令进行调整。

在"曲线"对话框中有一个铅笔的图标，可以用它在图中直接绘制曲线，如图 7-9 所示。如果需要可以用鼠标单击"平滑"按钮来平滑所画的曲线。

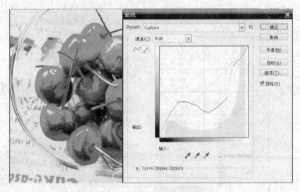

图 7-9 铅笔直接绘制曲线

7.1.3 色彩平衡调整

对于普通的色彩校正，"色彩平衡"命令更改图像的总体颜色混合。选择"图像"→"调整"→"色彩平衡"菜单命令可以打开"色彩平衡"对话框，如图 7-10 所示。

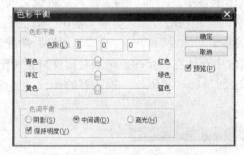

图 7-10 "色彩平衡"对话框

图 7-11 偏蓝色照片

"色阶"后面的数值框中输入数值即可调整 RGB 三原色到 CMYK 色彩模式之间对应的色彩变化。其取值的范围是－100 到＋100。在对话框下部的"色调平衡"组合框中选择"阴影"、"中间调"或"高光"等单选按钮，调整要着重更改的色调范围。同时勾选"保持亮度"以防止图像的亮度值随颜色的更改而改变。该选项可以保持图像的色调平衡。将对话框中的"⌂"滑块拖向要在图像中增加的颜色；或将滑块拖离要在图像中减少的颜色。通过此命令可以调整数码照片的偏色情况，如图 7-11 所示为偏蓝色照片，经过"色彩平衡"命令调整后的照片如图 7-12 所示。

图 7-12 调整后照片

也可以选择"图层"→"新建调整图层"→"色彩平衡"菜单命令。在"新建图层"对话框中单击"确定"按钮，对图像进行调整。

7.1.4　亮度/对比度

"亮度/对比度"命令是对图像明暗度、对比度调整较常用的命令。"亮度"命令可以对图像的色调范围进行简单的调整。将亮度滑块"⌂"向左拖移降低亮度和对比度，向右拖移增加亮度和对比度。滑块值右边的数值反映亮度或对比度值。值的"亮度"范围可以是－150 到＋150，而"对比度"范围可以是－50 到＋100。从而加大或减弱图像的对比度。"亮度/对比度"菜单命令与"色阶"菜单命令和"曲线"菜单命令调整类似，按比例调整图像像素。

选择"图像"→"调整"→"亮度/对比度"菜单命令。会弹出"亮度/对比度"对话框，如图 7-13 所示。当选定对话框右下角"使用旧版（L）"时，"亮度/对比度"菜单命令在调整亮度时只是简单地增大或减小所有像素值。由于这样往往会导致丢失高光或暗部区域中的图像细节，因此对于高端输出，建议不要在"使用旧版（L）"模式中使用"亮度/对比度"菜单命令。

运用"亮度/对比度"菜单命令，对曝光不足的图像（见图 7-14）进行调整，调整后的效果如图 7-15 所示。在"使用旧版（L）"模式中使用"亮度/对比度"菜单命令。调整后，图片效果如图 7-16 所示。

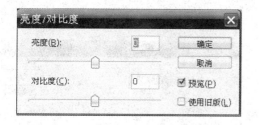

图 7-13　"亮度/对比度"对话框

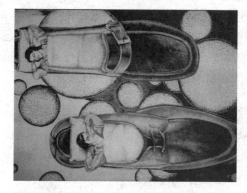

图 7-14　曝光不足的图像

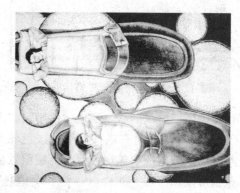

图 7-15　调整后效果

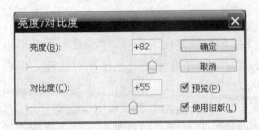

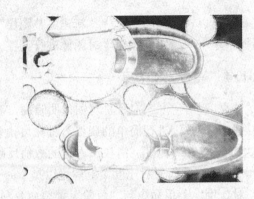

图 7-16 "使用旧版（L）"模式中调整后效果

也可选择"图层"→"新建调整图层"→"亮度/对比度"菜单命令。在"新建图层"对话框中单击"确定"按钮，对图像进行调整。

7.1.5 色相/饱和度

运用"色相/饱和度"菜单命令，可以调整图像中单独颜色成分的色相、饱和度和明度，也可以同时调整图像中的所有颜色。此命令特别适用于微调 CMYK 图像模式中图像的颜色，使它们满足输出设备的色域范围。

选择"图像"→"调整"→"色相/饱和度"菜单命令，会弹出如图 7-17 所示的"色相/饱和度"对话框。"色相/饱和度"对话框的下部有两条色带，上面的色带显示的是图像未调整前的颜色，下面的色带显示的是在全色相在饱和状态调整后的效果。调整图像的"色相/饱和度"首先要从"编辑"下拉列表中进行编辑，如图 7-18 所示。可以对单独颜色成分或全图（所有颜色）进行颜色调整。

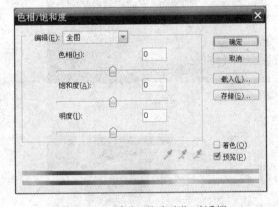

图 7-17 "色相/饱和度"对话框

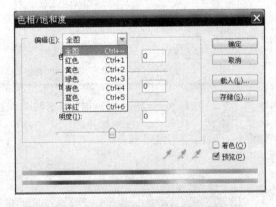

图 7-18 选择"编辑"下拉列表

设置颜色调整范围后，通过"色相"、"饱和度"、"明度"滑块对图像做相应的调整，将"色相"滑块"△"向右拖移，颜色按色轮顺时针旋转，向左拖移，颜色按色轮逆时针旋转。在对话框数值框中体现数值。滑块值数值反映值从－180 到＋180，而"饱和度"、"明度"范围可以是－100 到＋100。饱和度值越高色彩越饱和，反之越弱。明度值越高图像越亮，反之越暗。

　　应用"色相/饱和度"菜单命令可以对要求高品质输出的图像进行输出前调整，对图 7-19 的图像进行调整，调整后的效果及设置如图 7-20 所示。

　　选择"色相/饱和度"对话框右下角"着色"命令按钮时，图像将被转换成与当前"前景色"相同的颜色，但是图像的明度不变，通过调整图像的色相、饱和度和明度，能为图像（RGB）添加丰富的色彩。经"着色"调整后，图片效果如图 7-21 所示。

图 7-19　原图效果

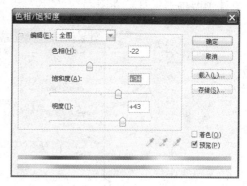

图 7-20　调整后效果

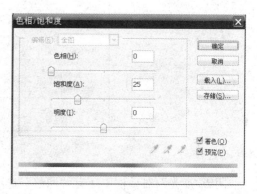

图 7-21　着色效果

7.1.6 阴影/高光

我们在处理数码相片时经常会遇到因强逆光而形成剪影的照片，或者由于拍摄者与被拍摄者距离过近，因相机闪光灯而使相片有些发白的焦点。应用"阴影/高光"菜单命令可以对此类照片进行调整。这种调整可用于使阴影区域变亮，也可用于使亮部变暗。它基于阴影或高光的周围像素增亮或变暗。默认值设置为修复具有逆光问题的图像，如图 7-22 所示。

图 7-22 "阴影/高光"对话框

通过选择"阴影/高光"对话框下部的"显示其他选项"复选框，可以看到此对话框中更多详细的选项设置，如图 7-23 所示。

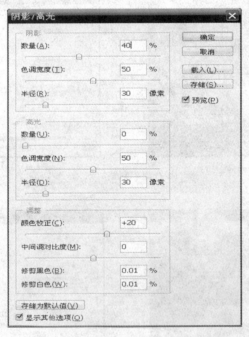

图 7-23 "阴影/高光"对话框设置

"阴影/高光"对话框中还有"调整"选项栏，其中包括"中间调对比度"滑块、"修剪黑色"文本框和"修剪白色"文本框等选项，用于调整图像的整体对比度。例如，打开需要调整的相片，如图 7-24 所示，经过在"阴影/高光"对话框中调整后，最终效果如图 7-25 所示。

图 7-24　逆光照片

图 7-25　处理后照片

7.1.7　匹配颜色、替换颜色

1. "匹配颜色"菜单命令

运用"匹配颜色"命令处理 RGB 模式的图片时，可以将不同的图像或者同一图像的不同图层之间的颜色进行匹配，同时通过更改图片（图层）的亮度和色彩范围来调整、匹配"源图像"与"目标图像"。

下面通过一个具体实例，详细说明"匹配颜色"菜单命令的使用方法。

（1）打开两张素材图像，"向日葵．jpg"如图 7-26 所示，"雪景．jpg"如图 7-27 所示。

图 7-26　源图像"向日葵"

图 7-27　目标图像"雪景"

（2）选择"图像"→"调整"→"匹配颜色"菜单命令，弹出"匹配颜色"对话框，如图 7-28 所示。用鼠标左键单击对话框左下方的"源"下拉按钮，在弹出的列表中选择

"向日葵．jpg"，如图 7-29 所示。

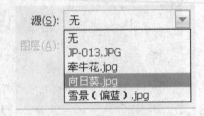

图 7-28 "匹配颜色"对话框   图 7-29 "源"下拉列表

（3）调整对话框的"明亮度"、"颜色强度"和"渐隐"等选项，然后单击"确定"按钮。调整后的效果如图 7-30 所示，将目标图像的"冰天雪地"效果幻化为调整后的"烈日炎炎"效果。

图 7-30 经"匹配颜色"调整后的图像

2."替换颜色"菜单命令

"替换颜色"菜单命令在操作上与"匹配颜色"菜单命令很相近，不同的是它可以创建临时性蒙版，以选择图像中的特定颜色，然后进行颜色替换。通过选定区域的颜色容差，进行选择，颜色容差越大可选的范围就越大。在色版或其他图像中选取颜色进行替换操作，效果如图 7-31 所示，用色版中的红色替代向日葵的黄色。

图 7-31　"替换颜色"命令效果

7.1.8　变化菜单命令

运用"变化"菜单命令可以对图像色彩平衡、对比度和饱和度进行调整，运用此命令的最大优势就在于它更直观、方便、实用。选择"图像"→"调整"→"变化"菜单命令，弹出"变化"对话框，如图 7-32 所示。

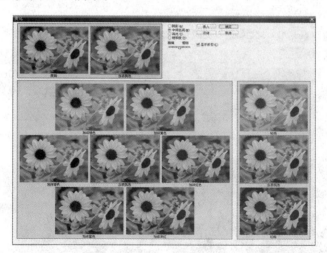

图 7-32　"变化"对话框

在"变化"对话框的左上角是"原稿"，在它右侧的是"调整后的图像"，下面的各图分别代表增加某种颜色的效果。对话框右上角的部分如图 7-33 所示。

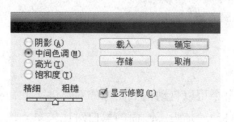

图 7-33　"变化"对话框局部截图

— 137 —

可以对图像的不同色调进行调整，"阴影"单选按钮用于调整较暗区域，"中间色调"单选按钮用于调整中间区域，"高光"单选按钮用于调整较亮区域。"饱和度"单选按钮用于更改图像中的色相强度。拖移"精细/粗糙"滑块确定每次调整值的精细程度。

7.2 自动调整色彩命令组

Photoshop CS3 在菜单栏中的"图像"→"调整"菜单命令中提供了多个自动调整色彩的命令，例如，"自动色阶"、"自动对比度"、"自动颜色"、"去色"等命令。通过这些命令，可以便捷地改变图像的效果而不需要对这些命令进行参数设置，可以达到想要的简单图像处理效果。

7.2.1 自动色阶

运用"自动色阶"命令可以对图像的明暗度进行调整。"自动色阶"命令自动定义图像的每个通道的最亮和最暗分别为白色和黑色，然后按比例分配其像素值，系统自动生成图像。选择"图像"→"调整"→"自动色阶"命令，如图 7-34 所示。图像调整前后对比如图 7-35 所示。

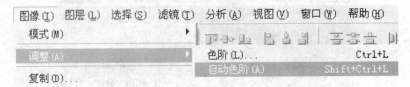

图 7-34　选择"图像"→"调整"→"自动色阶"命令

图 7-35　运用"自动色阶"前后图像效果对比

7.2.2 自动对比度

运用"自动对比度"命令可以自动调节图像的对比度。此命令将图案中最暗的定义为黑色，最亮的定义为白色，自动地加强了画面的黑白对比关系，使亮部显得更亮，暗部显得更暗。选择"图像"→"调整"→"自动对比度"命令，图像调整前后对比如图 7-36 所示。

图 7-36　图像调整前后对比

7.2.3　自动颜色

　　运用"自动颜色"命令可以对图像的颜色进行自动校对。系统自动将颜色根据原设定值，将中间色调均化。选择"图像"→"调整"→"自动颜色"命令，图像调整前后对比如图 7-37 所示。

图 7-37　图像调整前后对比

7.2.4　去色

　　运用"去色"命令可以在图像的颜色模式保持不变的前提下将彩色图像转换为灰度图像，将图像的色彩饱和度和色相全部消除。选择"图像"→"调整"→"去色"命令，图像调整前后对比如图 7-38 所示。

图 7-38　图像调整前后对比

Photoshop CS3 基础与实例教程

7.2.5 反相

运用"反相"命令可以将图像中的颜色反转。在处理过程中，可以使图像与阴片相互转化。图像调整前后对比如图 7-39 所示。

图 7-39　图像调整前后对比

7.3　特效调整色彩命令组

7.3.1　通道混合

使用"通道混合器"命令，可以通过改变当前图像颜色通道的像素与图像其他通道颜色像素相混合，调整出颜色更加细腻的高品质图像效果。选择"图像"→"调整"→"通道混合器"菜单命令，弹出"通道混合器"对话框，如图 7-40 所示。

图 7-40　"通道混合器"对话框

"通道混合器"对话框中的（源）颜色通道即为当前可调节的颜色通道。调节"源通道"相应的滑块。滑块向左移动，"源通道"中相应的颜色在输出通道中所占的比例相应下降，反之上升。调节"常数"滑块对图像的亮度做相应的调整，如图 7-41 所示。

图 7-41 调节"通道混合器"后效果

通过单击对话框左下角的"单色"按钮可以将图像在颜色模式不变的前提下转化为灰度图像，可以通过调节各通道来实现灰度色阶的调节，如图 7-42 所示。

图 7-42 调节"通道混合器"对话框"单色"效果

7.3.2 渐变映射

运用"渐变映射"命令可以将图像相等的图像灰度范围映射（灰度或者是多色渐变）到指定的渐变填充色。选择"图像"→"调整"→"渐变映射"菜单命令，弹出"渐变映射"对话框，如图 7-43 所示。

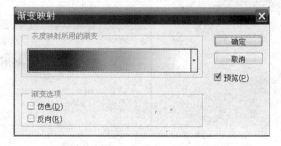

图 7-43 "渐变映射"对话框

运用"渐变映射"命令可以将待调整的图片用多色渐变填充到相对应的图片中，出现不同的画面效果，对比情况如图 7-44 和图 7-45 所示。

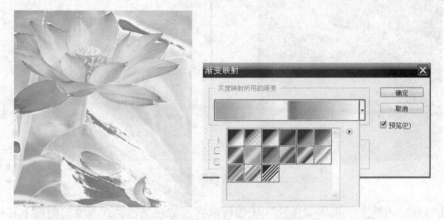

图 7-44　运用双色"渐变映射"命令效果

图 7-45　运用多色"渐变映射"命令效果

"渐变映射"命令对话框中的"仿色"按钮可以对待调整的图像中加入随机颜色平滑"渐变映射"填充效果的外观。"反向"按钮能对渐变填充的效果做反向处理，效果如图7-46所示。

图 7-46　运用"反向"效果

7.3.3　照片滤镜

前面讲过利用"色彩平衡"对图片整体偏色的调整，除此之外，运用"照片滤镜"命令也可以对因环境光影响而使图像偏色的现象进行调整。"照片滤镜"命令功能与照相机镜头安装彩色滤光镜相近，可以通过改变滤镜的颜色对图像的不同偏色进行调整，就如同更换照相机镜头的滤光镜片一样。不同的是，"照片滤镜"的色彩可以进行精细调整。打开偏色照片如图 7-47 所示。

选择"图像"→"调整"→"照片滤镜"菜单命令，弹出"照片滤镜"对话框，如图 7-48 所示。因原图像在暖色光的照射下明显地偏黄色，通过单击滤镜下拉列表右侧的■按钮，在下拉列表选项中选择"冷却滤镜（80）"选项，如图 7-49 所示。再继续调整对话框下部的浓度值（浓度值越大，效果越强烈），最后得到效果如图 7-50 所示。

图 7-47　偏黄色图像

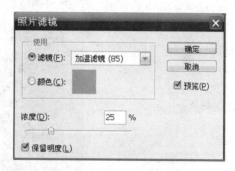

图 7-48　"照片滤镜"对话框

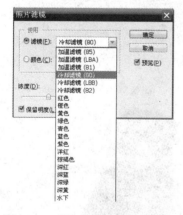

图 7-49　"照片滤镜"对话框设置

图 7-50　调整后效果

7.3.4　曝光度

运用"曝光度"命令，可以调整图像的色调，选择"图像"→"调整"→"曝光度"命令，弹出"曝光度"对话框，如图 7-51 所示。

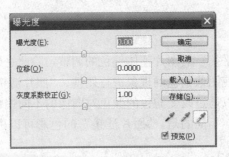

图 7-51 "曝光度"对话框

　　"曝光度"命令的调整中曝光度滑块主要调整亮部，位移滑块主要调整暗部和使中间调变暗。灰度系数校正滑块主要调整中间色。对话框右下角的三个吸管分别为"在图像中取样以设置黑场"、"在图像中取样以设置灰场"、"在图像中取样以设置白场"。通过"图像"→"调整"→"曝光度"命令，将曝光不足的图片，如图 7-52 所示，经过在"曝光度"对话框进行调整，设置如图 7-53 所示，得到调整后的效果，如图 7-54 所示。

图 7-52　曝光不足的图片

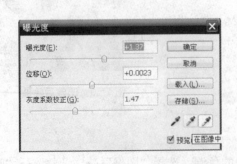

图 7-53　"曝光度"对话框设置　　　　　图 7-54　调整后效果

7.3.5　阈值

　　运用"阈值"命令可以将任意模式的图像转换为强对比度的黑白图像。选择"图像"→"调整"→"阈值"命令，可以弹出"阈值"对话框，如图 7-55 所示，通过对如图 7-56 所示的素材图像进行调整，得到强对比效果，如图 7-57 所示。通过在"阈值"对话框中的可调节滑块，可以指定某个色阶作为阈值，得到想达到的图像处理效果。

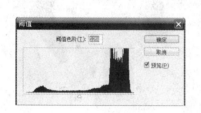

图 7-55　"阈值"对话框

图 7-56　素材图像

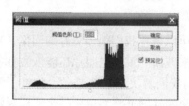

图 7-57　调整后效果

7.3.6　色调均化

　　运用"色调均化"命令可以自动地重新分布图像中像素的亮度值。选择"图像"→"调整"→"色调均化"命令，能够将素材图像如图 7-56 所示图像调整为有油画质感的图像，图像厚重的效果如图 7-58 所示。

图 7-58　调整后效果

通过"色调均化"命令能更均匀地呈现所有范围的明暗。使最亮的值呈现为白色，最暗的值呈现为黑色，中间的值则均匀地分布在整个灰度中。

7.3.7 色调分离

选择"图像"→"调整"→"色调分离"命令，弹出如图 7-59 所示对话框，可以指定图像中每个通道的色阶的数目，然后将像素映射为最接近的匹配色调。将图 7-56 所示的素材图片调整色调分离，效果如图 7-60 所示。

图 7-59　"色调分离"对话框　　　　　　　图 7-60　调整后效果

7.4　实训项目：给黑白照片上色

一张老照片可以记录一个场景，一个故事也可以寄托我们很多美好的回忆、对故去亲人的追思。然而因时间久远，有些照片难免破损，一张破损严重的老照片还能恢复如初，甚至变成彩色照片吗？Photoshop 的强大图像处理功能帮助我们解决了这个难题，弥补了我们心中的缺憾，如何实现呢？现在就来自己动手，在尊重原图的基础上修复美化一张老照片吧。

（1）选择"文件"→"打开"菜单命令，打开素材图像，如图 7-61 所示。

（2）选取工具栏中的裁剪工具沿老照片的外沿进行裁剪，效果如图 7-62 所示。

图 7-61　素材图像"老照片"　　　　　　图 7-62　裁剪后效果

（3）选择"图层复制图层"，命名为"图层 1"。选择"选择"→"全部"菜单命令，再次选择"选择"→"变换选区"菜单命令，将鼠标指针放在选区内，右击选择"斜切"命令，对图像的透视关系进行调整，按 Enter 键确定，然后按快捷键 Ctrl＋D 取消选择，效果如图 7-63 所示。

（4）选择"图像"→"调整"→"去色"菜单命令，去除图片的多余杂色。选择"图像"→"调整"→"色阶"菜单命令，弹出"色阶"对话框，在该对话框中对图像的色阶进行调整，设置如图 7-64 所示，调整后的效果如图 7-65 所示。

（5）对图像中破损部位进行修补。选取工具栏中的"仿制图章"工具和"模糊"工具反复对图像破损部位进行修补，最后得到的效果如图 7-66 所示。

图 7-63　调整图片透视

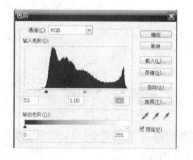

图 7-64　设置"色阶"对话框

图 7-65　调整色阶后的效果

图 7-66　破损部位修补后效果

（6）双眼复明操作。如何使图像中紧闭的双目复明呢？具体操作步骤如下。

①寻找老照片中的人物的其他照片，本例中只找到人物年轻时的一张彩色照片，如图 7-67 所示，这时，同样可以对其进行编辑和处理。在打开图像后，选择"图像"→"调整"→"去色"菜单命令，将彩照变成黑白照。

②选择工具箱中的"矩形选框"工具，在其选项栏中设置"羽化"值为 5 像素，如图 7-68所示，选取双眼部位，得到一个矩形选区，如图 7-69 所示。

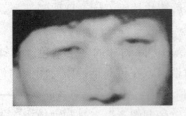

图 7-67　素材图像　　　　　　　　图 7-68　调整矩形选框的羽化值

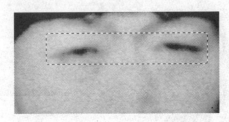

图 7-69　建立选区

③选择"编辑"→"拷贝"菜单命令或按快捷键 Ctrl＋C 复制选区，回到老照片文件的图层 1 中，右击鼠标，选择"粘贴"命令或按快捷键 Ctrl＋V 粘贴选区。

④选择"选择"→"变换选区"菜单命令调整眼睛大小、位置，最终效果如图 7-70 所示。

（7）给图像上色操作。

①选择"图层"→"新建图层"菜单命令，并将新建的图层命名为"图层 2"，在图层 2中选取图像中人物的面部和手，如图 7-71 所示。

图 7-70　复明效果　　　　　　　　图 7-71　建立面部和手的选区

②用鼠标左键双击工具箱中的"前景色"按钮，打开"拾色器"对话框，选择一种与皮肤相似的颜色，如图 7-72 所示。将选取的颜色填充到选区内。

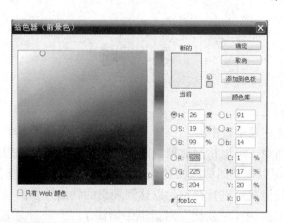

图 7-72　"拾色器"对话框设置

③将图层调板左上角混合模式更改为"颜色"模式，如图 7-73 所示。然后选择"图像"→"调整"→"色彩平衡"菜单命令，对面部和手部的皮肤颜色做精细调整，设置如图7-74所示。

图 7-73　设置颜色混合模式

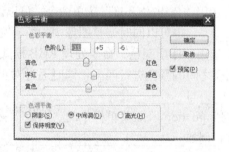

图 7-74　"色彩平衡"对话框设置

④运用同样的方法分别选取人物的衣服、鞋子、树林、天空及土地等对象分别上色、调整。对象选取得越细致，调整得越认真，得到的图像越逼真，色彩也越丰富，图像最终效果如图 7-75 所示。

图 7-75　图像调整完成前后效果对比

习 题

一、填空题

1. Photoshop CS3 在菜单栏中的_____菜单命令中提供了多个可以手动调整色彩控制命令。通过这些菜单命令，可以精确地控制画面的变化，以达到理想的画面效果。

2. _____命令可以调整图像的颜色，也可以调整单个通道或者全部通道的亮度与对比度，可以对图像的任意灰阶进行调整，以达到理想的画面效果。

3. 在 Photoshop CS3 中，"曲线"对话框中增添了_____功能。该命令包含对比度、反冲、增加对比度、强对比度、彩色负片、线性对比度、负片、较亮和较暗。

4. "色阶"后面的数值框中输入数值即可调整 RGB 三原色到 CMYK 色彩模式之间对应的色彩变化。其取值的范围是_____到_____。

5. _____命令是对图像明暗度、对比度调整较常用的命令。

6. 运用"色相/饱和度"菜单命令，可以调整图像中单独颜色成分的_____、_____和_____，也可以同时调整图像中的所有颜色。

7. 运用"匹配颜色"命令处理 RGB 模式的图片时，可以将不同的图像或者同一图像的不同图层之间的颜色进行匹配，同时通过对更改图片（图层）的亮度和色彩范围来调整、匹配_____与_____。

8. Photoshop CS3 菜单栏中的"图像"→"调整"菜单命令中提供了多个自动调整色彩的命令，例如_____、_____、_____、_____等命令。通过这些命令，可以便捷地改变图像的效果而不需要对这些命令进行参数设置，就可以达到想要达到简单的图像处理效果。

二、选择题

1. （　　）命令用来调整图像的明暗程度。
    A. 色相　　　　　　B. 饱和度　　　　　　C. 色阶　　　　　　D. 纯度

2. 对于普通的色彩校正，（　　）命令可更改图像的总体颜色混合。
    A. 色彩平衡　　　　B. 色彩明度　　　　　C. 色彩饱和度　　　D. 色彩纯度

3. 我们在处理数码相片时经常会遇到因强逆光而形成剪影的照片，或者由于拍摄者与被拍摄者距离过近，因相机闪光灯而使相片有些发白的焦点。应用（　　）菜单命令可以对此类照片进行调整。这种调整可用于使阴影区域变亮，也可用于亮部变暗。
    A. 色阶　　　　　　B. 亮度/对比度　　　　C. 阴影/高光　　　D. 色彩平衡

4. 运用（　　）命令可以在图像的颜色模式保持不变的前提下将彩色图像转换为灰度图像，将图像的色彩饱和度和色相全部消除。
    A. 灰度模式　　　　B. 明度/对比度　　　　C. 纯度　　　　　　D. 去色

5. 使用（　　）命令，可以通过改变当前图像颜色通道的像素与图像其他通道颜色像素相混合，调整出颜色更加细腻的高品质图像效果。
    A. 通道混合器　　　B. 匹配屏幕　　　　　C. 颜色取样器　　　D. 混合模式

三、上机练习题

　　打开需要修改的素材图像如图 7-76 所示，根据本章所学内容将颜色偏蓝的照片进行修饰，最终效果如图 7-77 所示。

　　　　图 7-76　素材图像　　　　　　　　　　　　　　图 7-77　最终效果

第8章　Photoshop CS3 重要调板的应用

　　本章主要介绍了图层调板和通道调板等主要调板的使用，并结合实例体现它们的强大功能。要求了解"图层调板"的基本功能和基本操作，掌握各种"图层的混合模式"的应用；掌握"通道"和"图层蒙版"的基本操作。

- ◆ "图层的混合模式"的应用；
- ◆ "添加图层样式"的应用；
- ◆ "通道"的基本操作；
- ◆ "图层蒙版"的应用。

　　第 1 章对 Photoshop 的调板曾经做过简单的介绍，这一章将介绍 Photoshop CS3 的特色功能——调板，其中几个重要、常用的调板如图 8-1 所示。

图 8-1　Photoshop CS3 调板组

调板中设置了一些选项，以方便操作者对图像的修整、监看。为操作者使用方便，Photoshop CS3 根据功能、使用的频率及操作的简便性将多个调板整合在一起，称之为调板组。调板之间的切换可以通过用鼠标的左键单击调板名进行，也可以选择"窗口"命令进行切换。

为了编辑图像的需要，还可以将 Photoshop CS3 调板组通过调板组上部的"折叠为图标"命令，如图 8-2 所示，将部分或全部调板组最小化，放置在面板的左上方。如图 8-3 所示。

图 8-2　"折叠为图标"命令　　　　　图 8-3　最小化调板组

Photoshop CS3 调板共有二十余个，其功能和特点也各有不同，本章主要通过 Photoshop CS3 中两个最重要的调板"图层"调板和"通道"调板来了解、掌握 Photoshop CS3 调板的功用。

8.1　"图层"调板的使用

图层是 Photoshop 中最基本、最重要的概念之一。实际上，在 Photoshop 中图像处理就是在图像的图层上对图像进行的调整，运用 Photoshop 软件制作的图像，一般都是由若干个图层组成的，每个图层就像是透明的玻璃薄片一样，如图 8-4 所示。在这些透明的"玻璃薄片上"绘制图像，再层层叠加在一起，从而形成图像复杂绚丽的效果。如果在制作的作品中有瑕疵，需要改动，那么必须回到瑕疵所在的图层进行处理，不会影响其他图层或者整个画面的效果。

图 8-4　图层模式示意图

8.1.1　图层调板的基本功能简介

图层的各种操作主要是在"图层调板"中进行，如图 8-5 所示是一个 PSD 格式图像的"图层"调板功能示意图。

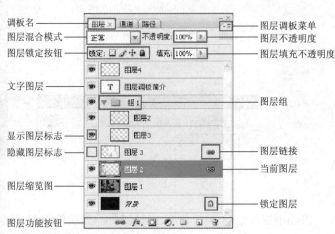

图 8-5　图层调板的各项功能示意图

1. 调板名

调板名在 Photoshop 软件中最重要的调板组"图层、通道、路径"调板组的左上方，主要用于在"图层"、"通道"和"路径"调板之间相互切换。

2. 图层调板菜单

用鼠标左键单击"图层调板菜单"按钮，激活下拉式菜单，如图 8-6 所示。可以对图层进行快捷设置操作，如新建图层、删除图层、合并可见图层等。

3. 图层混合模式

"图层混合模式"按钮位于"图层名"的正下方。用鼠标左键单击"图层混合模式"按钮，激活下拉式菜单，如图 8-7 所示。菜单中显示的是当前图层与下一层的图层混合的模式，通过选择不同的图层混合模式，图像会呈现出不同图像效果，其默认的模式是"正常"。

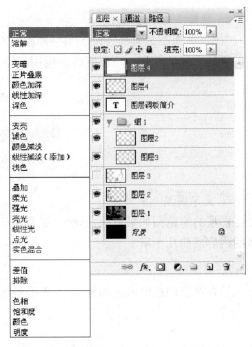

图 8-6　图层调板菜单　　　　　　　　图 8-7　图层混合模式的菜单

4. 图层的不透明度

"图层的不透明度"在图层调板的右上方，如图 8-8 所示。用于设置当前图层与下一图层之间的不透明程度，设置范围从 0%～100%。当不透明程度为 0%时，图像为完全透明；当不透明程度为 100%时，图像将完全遮盖住下一图层。

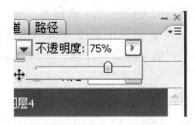

图 8-8　图层不透明度

5. 图层锁定按钮

"图层锁定"按钮位于图层调板的左上方，由四个图标组成，如图 8-9 所示，分别是 表示禁止在透明区内绘制， 表示禁止编辑该图层， 表示禁止移动该图层， 表示禁止对该图层的操作。

图 8-9　图层锁定按钮

6. 图层填充不透明度

"图层填充不透明度"位于图层调板的右上方，如图 8-10 所示。此选项只应用于图层特定的不透明度的填充，不影响已经应用于图层的任何图层样式的不透明度。

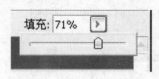

图 8-10　图层填充不透明度

7. 文字图层

图层的缩览图如果是 ⊤ 形状，那么表示此图层为"文字图层"。该图层的名称为图层文本的内容或前几个字。

8. 图层组

如在图层调板中出现如图 8-11 所示的形式，表明这些图层同属相同属性的一组，可以共同管理。

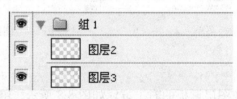

图 8-11　图层组

9. 显示、隐藏图层标志

在图层调板中的图像缩览图前的方框中出现 👁 即为"显示、隐藏图层标志"。如果在作品中要显示或隐藏某个图层；只需在缩览图前的方框中用鼠标左键单击，如果显示为 👁 ，表示显示该图层；如果显示为 　，表示隐藏该图层。

10. 图层链接

在图层调板中的图层名称后如果出现 ∞ 标志，则表明此图层已被链接，与之相链接的图层名称后也会出现同样的标志。对该图层进行编辑时被链接的图层也将被编辑操作。

11. 当前图层

在图层调板中只有一个是以浅蓝色为底色显示的图层，即为"当前图层"。在对图像作品进行编辑时，只对当前图层有效。如果想切换到其他图层，只需用鼠标左键单击要选择的图层即可。

12. 图层缩览图

"图层缩览图"主要用于区别不同图层的内容，将图层内的图像微缩形成的小图标 🖼 ，即为缩览图。用鼠标右击缩览图，可以调整缩览图的大小，如图 8-12 所示，它便于对图像的编辑。

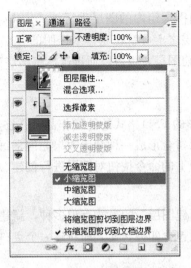

图 8-12　更改图层缩览图的大小

13. 锁定图层

在图层调板中的图层名称后如果出现 ⬛ 标志，表示该图层已经被锁定。在被锁定后的图层中进行编辑，绝大多数是无效的。

14. 图层功能按钮

"图层功能按钮"在图层调板中最下部，由七个按钮组成" ⬛ "，主要负责对图层的编辑和操作。按钮 ⬛ 表示"链接图层"，在图层调板中选中两个或多个图层，单击此按钮即可实现被选中图层的链接。按钮 *fx* 表示"添加图层样式"，单击此按钮激活下拉式菜单，如图 8-13 所示。通过对菜单中选项的应用，可以快速实现对图层各种特殊效果的编辑。按钮 ⬜ 表示"添加图层蒙版"，可以快速在当前编辑的图层中添加图层蒙版。按钮 ⬛ 表示"创建新的填充或调整图层"，单击此按钮可以激活下拉式菜单，如图 8-14 所示。通过对该菜单中各选项的选择，可以实现对图层的色彩和色调的控制。按钮 ⬜ 表示创建新

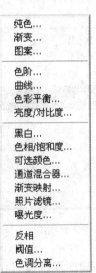

图 8-13　"添加图层样式"按钮　图 8-14　"创建新的填充或调整图层"按钮

— 157 —

组，通过此命令可以方便地对图层组内的图层进行统一编辑、调整。按钮 表示"创建新图层"，单击此按钮在当前图层之上可新建立一个透明的"空图层"。按钮 表示"删除图层"，单击此按钮可以删除当前图层，也可以通过鼠标将图层拖至此按钮中删除。

8.1.2　图层的基本操作

应用 Photoshop CS3 制作的 PSD 格式的图像作品，往往具有多个图层。图层之间通过透叠、覆盖及映衬等各种效果拼合形成一种画面效果，但是每个图层又都是一个相对独立的文件个体，可以通过图层调板上的命令按钮对图层进行创建、编辑和管理图层操作。

1. 新建图层

在 Photoshop 软件中"新建图层"的方式有很多种，新建一个可编辑的图层是处理图像的前提和基础。新建图层一般包含四种含义，即新建一个空白图层、通过选区创建图层、创建文字图层和创建填充图层。

（1）如何创建一个空白图层呢？选择"图层"→"新建"→"图层"菜单命令，会弹出"新建图层"对话框，如图 8-15 所示。

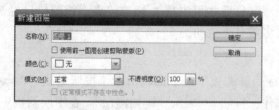

图 8-15　"新建图层"对话框

在当前图层之上就会创建一个新建图层并随之切换为当前层，新建的图层名称默认为图层1，设置为无色的透明图层，如图 8-16 所示。也可以单击图层调板下部的按钮 新建图层1，效果如图 8-16 所示。通过单击"图层调板菜单"按钮，新建图层，如图 8-17所示。

图 8-16　新建图层调板

（2）通过剪贴板新建图层。通过在背景层建立选区，并将选区复制，然后选择"编辑"→"粘贴"命令，会在原图像图层上自动建立以建立选区为内容的新图层，如图 8-18 所示。

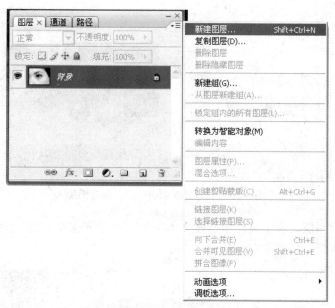

图 8-17 通过单击"图层调板菜单"按钮，新建图层

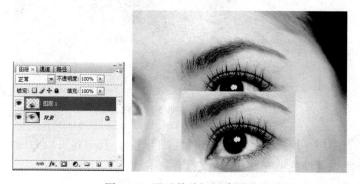

图 8-18 通过剪贴板新建图层

也可以在当前图层中建立选区，然后选择"图层"→"新建"→"通过拷贝的图层"或者选择"图层"→"新建"→"通过剪切的图层"新建一个图层（该层位于建立选区图层之上），通过移动工具移动新建的图层，可以看到二者新建立图层的不同，效果如图 8-19 和图 8-20 所示。

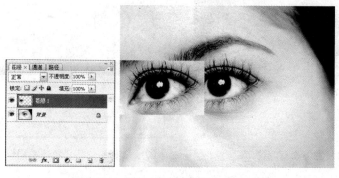

图 8-19 "通过拷贝的图层"新建图层

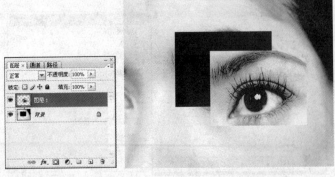

图 8-20 "通过剪切的图层"新建图层

（3）新建文字图层。在工具栏中选择文本工具，在输入文字的同时会在原"当前图层"上自动创建文字图层，如图 8-21 所示。

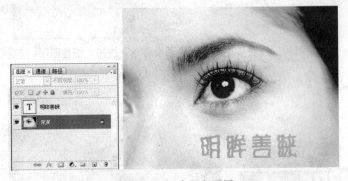

图 8-21 新建文字图层

（4）创建填充图层。填充图层是一种带蒙版的图层，其内容可以为纯色、渐变、图案。下面举例介绍创建纯色填充图层的方法。

①打开一个素材图像，如图 8-22 所示。

②单击"图层"→"新填充图层"，在子菜单中选择"渐变"，出现如图 8-23 所示的对话框。

图 8-22 素材图像

图 8-23 "新建图层"对话框

③单击"确定"按钮后出现"渐变填充"对话框，如图 8-24 所示。

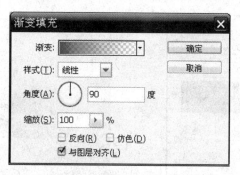

图 8-24　"渐变填充"对话框

④在"渐变填充"对话框中双击渐变颜色条，对弹出的渐变编辑器进行设置，如图 8-25所示。双击"渐变编辑器"窗口中的渐变工作条下部的 ■ 按钮，得到"拾取实色"对话框，如图 8-26 所示，对拾色器进行设置，单击"确定"按钮，如图 8-27 所示。

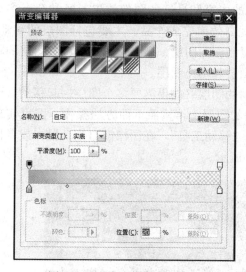

图 8-25　"渐变编辑器"窗口

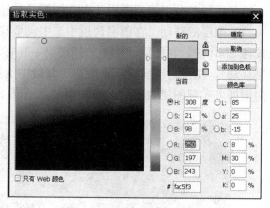

图 8-26　"拾取实色"对话框

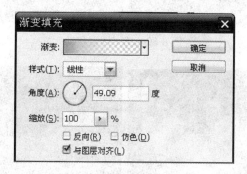

图 8-27　"渐变填充"对话框

⑤通过对原始图像的调整，图像的图层面板的变化如图 8-28 所示。源图像经过新建"渐变填充"得到的图像效果如图 8-29 所示。

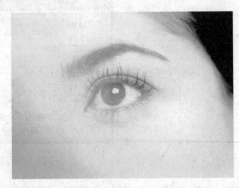

图 8-28　添加渐变后的图层面板　　　　图 8-29　经过新建"渐变填充"调整后的效果

2. 对图层文件的编辑和管理

在 PSD 格式的图像作品中，为达到图像丰富的内容和良好的图像效果，经常会有多个图层，这就要求我们要学会对图层的编辑，以实现高效率完成作品。主要包括图层的移动、更改图层名称、如何运用剪贴蒙版、隐藏图层、复制删除图层、栅格化图层、调整图层的顺序、链接图层、分组管理图层、合并图层及调整图层和填充图层。

（1）图层的移动。在图层调板中选中需要移动的图层（如果需要多个图层一起移动，可先按住 Shift 键，在图层调板中选择需要一起移动的图层，再按照下面方法操作，即可实现多层移动），切换为当前层，之后在工具箱中选择"移动工具"，在图像窗口拖动鼠标或者按方向键即可实现图层的移动，如图 8-30 和图 8-31 所示。

图 8-30　单个图层移动

图 8-31　多个图层移动

（2）更改图层名称。在图层调板中图层名称处双击鼠标，当图层名称反白显示时，即可输入新的名称，实现图层的更改，如图 8-32 所示。

图 8-32　更改图层名称

（3）运用剪贴蒙版。在图像的处理中，蒙版用来保护被遮蔽的区域，与选区之间能相互转化。可以对蒙版进行编辑处理，然后把它转化为选区，应用到图像中。图层的剪贴蒙版能实现使用某个图层的内容来遮盖其上方的图层，遮盖效果由底部图层或基底图层决定。基底图层上的图像信息将在剪贴蒙版中显示它上方的图层的图像。剪贴图层中的所有其他内容将被遮盖掉。可以在剪贴蒙版中使用多个图层，但它们必须是连续的。剪贴蒙版中"基底图层"名称带有下画线，上层图层的缩览图是缩进的。叠加图层将显示一个剪贴蒙版图标。

首先，创建剪贴蒙版，打开一个具有 4 个图层的 PSD 格式的素材图像，如图 8-33 所示。

图 8-33　素材图像

图层 1 为含有一个心型形状的形状图层——形状 1，按住 Alt 键将鼠标指针移到图层调板中形状 1 图层和图层 2 之间的分界线上。当鼠标指针变成 时，单击左键即可将形状 1 图层与图层 2 编为一个剪贴蒙版，下面的一层形状 1 图层作为基底层。也可以通过选择"图层"→"创建剪贴蒙版"命令，将当前图层与其下一层图层编为一个剪贴蒙版。如果想再次向已经编组的剪贴蒙版中添加图层，可以重复上述操作，按住 Alt 键将鼠标指针移到图层调板中图层 3 和图层 2 之间的分界线上。当鼠标指针变成 时，单击左键即可将图层 3 也编辑到剪贴蒙版中。剪贴蒙版中"基底图层"名称带有下画线，形状 1 图层即为基底图层，上层图层的缩览图是缩进的。叠加图层将显示一个剪贴蒙版图标，如图 8-34 所示。如果将剪贴蒙版中的图层退出剪贴蒙版组，可以按住 Alt 键将鼠标指针移到图层调板中图层 3 和图层 2 之间的分界线上，当鼠标指针变成 时，单击左键即可将图层 3 分离出来。如果想取消剪贴蒙版组，可以按住 Alt 键将鼠标指针移到图层调板中形状 1 图层和图层 2 之间的分界线上，当鼠标指针变成 时，单击左键即可退出剪贴蒙版组。通过上面"剪贴蒙版"命令的调整，原图像被编辑为新图像，如图 8-35 所示。

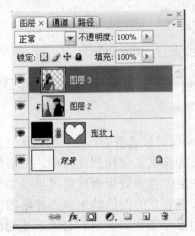

图 8-34　"创建剪贴蒙版"调板　　　　　图 8-35　经"剪贴蒙版"命令调整的图像

　　（4）隐藏图层、复制删除图层。①隐藏图层、显示图层。在图层调板中，缩览图前方如果有一个 按钮，表示该图层处于显示状态。如果想隐藏该层，可以直接单击 按钮，显示图层、隐藏图层可直接切换。②复制图层。在图像中可以复制任何图层（包括背景层），也可以从一个图像到另一个图像复制任何图层（包括背景层）。将图层控制面板中的图层名称栏拖到控制面板底部的 按钮。新图层根据其创建图层被命名为该图层副本。运用菜单命令也可以实现图层的复制。首先在图层控制调板中选中该图层，然后选择"图层"→"复制图层"命令，或在"图层调板的菜单"中选择"复制图层"，如图 8-36 所示。

图 8-36　图层调板的菜单

要删除当前图层，可以先选中要删除的图层，执行"图层"→"删除"→"图层"命令或在"图层调板菜单"中选取删除图层。或者将图层控制面板中的图层名称栏拖到控制面板底部的 🗑 按钮。

　　(5) 栅格化图层。在图层中包含矢量数据（如文字图层、形状图层、矢量蒙版或智能对象）和生成数据（如填充图层）的图层（如图像 8-34 中的形状 1 图层）上，不能使用绘画工具或滤镜对这些图层进行编辑。通过右击选择栅格化图层可以将其转换为平面的光栅图像，如图 8-37 所示。调整后的调板如图 8-38 所示。

图 8-37　"栅格化图层"菜单调板

图 8-38　栅格化后的图层调板

　　(6) 调整图层的顺序。在图层调板中图层按产生的先后顺序，自动排列在图层调板中。可以通过选择菜单"图层"→"排列…"，也可以直接拖动图层到两个图层之间，出现一条粗直线即可实现调整图层的顺序。通过调整图层顺序可实现不同的图像效果，如图 8-39 和图 8-40 所示。

　　(7) 链接图层。在图层调板中，将图层链接到一起。对其中任何一层的操作对其他层也有同样效果。如何链接图层呢？先选中当前图层，按住 Shift 键，在图层调板的图层栏中选择另外一个图层单击即可实现两个图层的链接，如图 8-41 所示。再单击链接标记，则链接会取消。

图 8-39　图层顺序未调整时的图像效果　图 8-40　"图层 3"调整至"图层 2"下的图像效果

图 8-41　选中的两个图层被链接在一起

　　如果图层已经链接，选中被链接的图层时，被链接的图层和当前层的名字后面就会同时出现链接标志 ⇔，表明该图层已与当前层链接在了一起。如果没有 ⇔ 标志，表示该图层没有链接。

　　(8) 分组管理图层。"图层组"是非常有效的图层管理功能，在涉及多个图层时，可以运用图层组功能对图层分类编制，这样更有利于图层编辑，从而大大提高了工作效率。选择"图层"→"新建"→"组"命令或者单击"图层调板菜单"按钮选择"新建组"命令。将要编辑的图层逐一拖拽至新建的组中。如果取消图层编组，选择要取消编组的组，选择"图层"→"取消图层编组"命令即可，或者选中要取消的组右击，在弹出的对话框菜单中选择"取消编组"命令。将图 8-42 中的"文字图层"与"图层 4"编辑为"图层组 1"。将"图层 2"、"图层 3"编辑为"图层组 2"。单击"图层组 2"名字前的 ◉ 按钮，包含在组 2 中的"图层 2"、"图层 3"也将不可见，如图 8-43 所示。

　　(9) 合并图层。合并图层就是把多个图层合并在一起形成一个新的图层，合并之后，未合并的图层仍然存在。选择"图层"→"合并可见图层"或者单击"图层调板菜单"按钮，在弹出的菜单中选择"合并可见图层"命令。合并图层有以下几种情况：合并所有可见图层（合并所有当前可见状态下的图层，被隐藏的图层将不被合并）、合并链接图层（将所有链接

图 8-42　图层编组调板、图像效果

图 8-43　图层编组中隐藏组 2 的图像效果

起来的图层进行合并)、合并编组的图层(将图层组包含的所有图层合并成一个图层。在图层面板中,只有选择图层组,才能使用菜单)、合并上下两层、拼合图层(可将所有可见图层合并到背景层)。合并后,所有合并的图层将不存在,被合并到背景层或当前层。如果用户想在合并后仍保留原来的图层,可以先建立一个新图层,并使之成为当前层,链接要合并的图层,再合并链接图层,这样,图层合并到新的图层,而原来的图层也保留下来了。

8.1.3　设置图层的混合模式

图层的混合模式,是指在多层图像文件中,当前图层图像信息数据与位于其下面的图层的图像信息数据经过各种样式的混合,形成不同的图像合成效果的方法。因为相重叠图像的颜色、饱和度、亮度等多种元素不同,混合模式的结果很难预测。混合模式合成图像进行显示的最大优点,就是对原图层图像没有任何损伤,恰当地使用混合模式,可以表现出一些意想不到的精彩图像效果。

在图层混合样式菜单中共有二十余种混合模式,如图 8-44 所示,在处理图像中起着重要的作用。

(1)正常。正常模式是图层混合模式默认的模式,是将图像的当前图层颜色数据直接叠加在下一图层的颜色数据上,如图 8-45 所示。

图 8-44　图层混合模式菜单

（2）溶解。当前图层的颜色数据溶解到下一图层的颜色数据中的一种模式，产生的效果受图层的羽化程度和不透明度影响，如图 8-46 所示。

（3）变暗。当前图层的颜色数据与下一图层的颜色数据的颜色值进行比较，将两图层中暗色进行混合，混合后整体颜色会降低，如图 8-47 所示。

图 8-45　正常模式　　　　　　图 8-46　溶解模式　　　　　　图 8-47　变暗模式

（4）正片叠底。当前图层的颜色数据和下一图层的颜色数据中的灰度级进行乘法计算，得到灰度级更低的颜色，产生类似正片叠加的效果，如图 8-48 所示。

（5）颜色加深。当前图层的颜色数据和下一图层的颜色数据混合时用于加深图像的颜色值，当前图层越亮，效果越细致，如图 8-49 所示。

（6）线性加深。当前图层和下一图层的颜色数据信息在图像通道中，通过减少亮度产生变暗的混合效果，与白色混合不会产生效果，如图 8-50 所示。

图 8-48　正片叠底模式　　　　图 8-49　颜色加深模式　　　　图 8-50　线性加深模式

（7）深色。当前图层的颜色数据和下一图层的颜色数据相混合时呈现出相对暗一级的图像数据产生的效果，如图 8-51 所示。

（8）变亮。当前图层的颜色数据和下一图层的颜色数据相混合时呈现出相对亮一级的图像数据产生的效果，如图 8-52 所示。

（9）滤色。当前图层的颜色数据和下一图层的颜色数据相混合时体现在图像的每个通道的颜色信息，将混合色的互补色与基色正片叠底，得到的总是较亮的颜色，用黑色过滤时不产生变化，如图 8-53 所示。

图 8-51　深色模式　　　　　　图 8-52　变亮模式　　　　　　图 8-53　滤色模式

（10）颜色减淡。当前图层的颜色数据和下一图层的颜色数据相混合时加亮图层的颜色值，当前层明度越高，效果越好，如图 8-54 所示。

（11）线性减淡（添加）。当前图层的颜色数据和下一图层的颜色数据相混合时查看每个通道中的颜色信息，增加亮度使基色变亮，与黑色混合时不产生变化，如图 8-55 所示。

（12）浅色。当前图层的颜色数据和下一图层的颜色数据相混合时，比较通道中的颜色值，显示出颜色值大的颜色，如图 8-56 所示。

图 8-54　颜色减淡模式　　　图 8-55　线性减淡(添加)模式　　　图 8-56　浅色模式

（13）叠加。当前图层的颜色数据和下一图层的颜色数据相混合时，显示两个图层中较高的灰阶，有类似漂白的效果，如图 8-57 所示。

（14）柔光。当前图层的颜色数据以柔光的方式和下一图层的颜色数据相混合时使颜色变暗或变亮，取决于混合色，如图 8-58 所示。

（15）强光。当前图层的颜色数据和下一图层的颜色数据相混合时复合或过滤颜色，具体取决于混合色，如图 8-59 所示。

图 8-57　叠加模式　　　　图 8-58　柔光模式　　　　图 8-59　强光模式

（16）亮光。当前图层的颜色数据和下一图层的颜色数据相混合时通过增加和减小对比度来加深或减淡颜色，如图 8-60 所示。

（17）线性光。当前图层的颜色数据和下一图层的颜色数据相混合时通过增加和减小亮度来加深或减淡颜色，如图 8-61 所示。

（18）点光。当前图层的颜色数据和下一图层的颜色数据相混合时，根据混合色来替换颜色，如图 8-62 所示。

图 8-60　亮光模式　　　　图 8-61　线性光模式　　　　图 8-62　点光模式

（19）实色混合。当前图层的颜色数据和下一图层的颜色数据相混合时，以混合色覆盖基色，如图 8-63 所示。

（20）差值。当前图层的颜色数据和下一图层的颜色数据相混合时，将两个图层的每个颜色值进行比较，用高值减去低值作为合成后的颜色，如图 8-64 所示。

（21）排除。产生一种与"差值"相似的效果，但是对比度更低，如图 8-65 所示。

图 8-63　实色混合模式　　　　图 8-64　差值模式　　　　图 8-65　排除模式

（22）色相。用当前图层的颜色数据的色相值和饱和度值与下一图层的颜色数据的色相值和饱和度值相互替换，亮度值保持不变，如图 8-66 所示。

（23）饱和度。用当前图层的颜色数据的饱和度值与下一图层的颜色数据的饱和度值相互替换，色相值和亮度值不变，如图 8-67 所示。

（24）颜色。用当前图层的颜色数据的色相值和饱和度值与下一图层的颜色数据的色相值和饱和度值相互替换，亮度值不变，如图 8-68 所示。

（25）明度。用当前图层的颜色数据的亮度值与下一图层的颜色数据的亮度值相互替换，色相值与饱和度值不变，如图 8-69 所示。

图 8-66　色相模式　　　　　　　　　　图 8-67　饱和度模式

图 8-68　颜色模式　　　　　　　　　　图 8-69　明度模式

8.1.4　各种图层效果和样式的运用

在处理图像时为达到特定的图像画面效果，经常会应用到"添加图层样式"和"使用预设样式"，因为应用图层样式的时候并不修改原图像，随时都可以隐藏、修改，操作方便，也很实用，即使删除了图层样式，原图层图像也不会发生什么变化。

1．添加图层样式

图层效果是专为图层而设置的图层样式。有了图层样式，图像、文字特殊效果的处理将变得更加得心应手。那么如何对图层在添加了样式后进行复制、隐藏、清除及如何将之转化为普通图层呢？

（1）图层样式的编辑。

①复制图层样式。把一个图层上的样式复制到另外的图层上，具体操作是：在素材图像中选定有图层样式的图层 1 为当前层，然后选择"图层"→"图层样式"→"拷贝图层样式"命令，把图层样式复制到剪贴板上，然后选择目标图层——文字图层为当前图层。再选择"图层"→"图层样式"→"粘贴图层样式"命令，把图层样式粘贴到目标图层。如图 8-70 和图 8-71 所示。

图 8-70　素材图像　　　　　　　　图 8-71　文字图层被粘贴图层样式后的效果

　　若要把图层样式粘贴到多个图层上，则需要先把这些目标图层链接起来，然后应用"图层"→"图层样式"→"将图层样式粘贴到链接的图层"命令。

　　②隐藏图层样式。先选定有图层样式的图层"图层 1"为当前层，然后选择"图层"→"图层样式"→"隐藏所有效果"命令。隐藏前后效果如图 8-72 所示。隐藏以后"隐藏所有效果"命令变成"显示所有效果"，选择它又可以重新显示原有图层样式。

图 8-72　隐藏图层样式前后图像效果对比

　　③清除图层样式。在图像处理过程中，要想清除图层样式，选择"图层"→"图层样式"→"图层"→"清除图层样式"命令或者在图层控制面板中的该图层样式上右击，在弹出的菜单中选择"清除图层样式"命令，如图 8-73 所示。

　　④将图层样式转化为普通图层。把图层样式转化成普通图层后，图像中应用图层样式后产生的效果不变，但不可再修改图层样式。选定有图层样式的图层为当前层，然后选择"图层"→"图层样式"→"创建图层"命令，弹出如图 8-74 所示对话框，单击"确定"按钮。图 8-75 所显示的是转化为普通图层后的调板，效果复杂的图层效果将转化为多个图层，这些图层将分为一组。

图 8-73　清除图层样式菜单　　　图 8-74　提示对话框　　　图 8-75　转化为普通图层后的调板

　　（2）图层样式的应用。在制作、调整图像时，如何恰当地运用"图层样式"，以及每种图层样式都会产生什么样的效果呢？选择单击"图层"面板下方的 *fx.* 按钮或执行"图层"→"图层样式"命令，都可以弹出图层样式列表，如图 8-76 所示。单击其中的任何选项（双击"图层"调板上图层的名字，或右击，在弹出的菜单中选择"图层样式"项）都会弹出"图层样式"对话框，如图 8-77 所示。

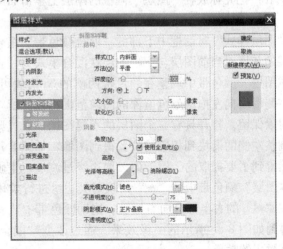

图 8-76　图层样式列表　　　　　　图 8-77　"图层样式"对话框

①混合选项。在"图层样式"对话框中选择左侧的"混合选项"时，右侧出现的对话框中的参数选项是用来设置当前图层内容与下一图层是如何混合的。如图 8-78 所示。

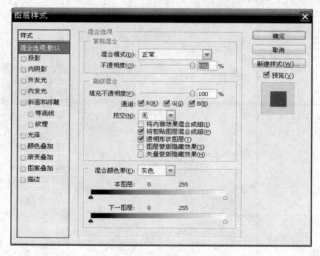

图 8-78　"混合选项"对话框

"混合选项"也是图层样式之一，其作用与"图层"调板中的颜色混合有些相似，但混合效果更加丰富多彩。图层混合选项命令的执行可以通过以下五个途径实现。

方式一：选择"图层"→"图层样式"→"混合选项"菜单命令。

方式二：双击"图层"调板中的图层的空白区域，在弹出的"图层样式"对话框中选择"混合选项"。

方式三：单击"图层"调板下方的 *fx.* 按钮，在弹出的下拉菜单中选择"混合选项"命令。

方式四：单击"图层"调板右上方的"图层调板菜单"按钮，在弹出的调板菜单中选择"混合选项"。

方式五：把光标放在"图层"调板的图层上单击右键，在弹出的快捷菜单中选择"混合选项"。

在"图层样式"对话框中下部的"混合颜色带"组合框，默认值是灰色，该命令是根据当前图层的灰度对当前图层与下一图层在混合模式为"正常"的前提下进行叠加的模式。通过对"本图层"颜色带中调整在颜色带两侧的 滑块可以对上一图层的颜色值范围进行取舍，将右侧滑块向左拖动颜色值深的图像范围得以保留，将左侧滑块向右拖动颜色值浅的图像范围得以保留。打开具有三个图层的素材图像，通过调整将最上面一层"图层 3"中的云保留。调整左侧的滑块到相应的位置得到图像，如图 8-79 所示。

虽然得到了要提取的云层，但云层边缘过渡过于生硬，可以通过调整"混合颜色带"组合话"本图层"颜色带中的"▲"滑块对其边缘进行柔化，具体操作是：按住 Alt 键时拖动颜色带中"▲"的右半部分向右拖动，拖动颜色带中"▲"的左半部分向左拖动，并对之进行调整得到如图 8-80 所示的图像效果。通过改变"混合选项"中各项默认值，可以改变图层的混合样式的效果。

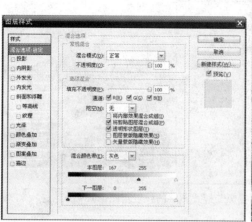

图 8-79 调整"混合颜色带"组合框得到的图像效果

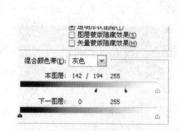

图 8-80 调整"混合颜色带"组合框得到的最终图像效果

②投影。投影是模拟了太阳光和灯光照在物体上所产生的光影效果，在图像的图层中添加投影以使图像具有立体效果，如图 8-81 所示。图像中的"文字图层"应用了"投影"特效，通过对"图层样式"对话框中"投影"内容选项调整得到如图 8-81 所示效果。"混合模式"数值框，是对当前图层产生的投影与下一图层混合的样式。"不透明度"数值框，是用来设置投影的不透明度。"角度"数值框，是设置阴影产生的角度。使用"全局光"复选框，是指所有图层应用统一光源。"距离"数值框，是设置投影产生偏移值。"扩展"数值框，是指投影的扩散程度。"大小"数值框，是指阴影的模糊程度。"投影"组合框下部的"品质"组合框是对图层产生投影效果的更加细腻的控制。

③内阴影。在图像的边缘的内部增加投影，内阴影使图像产生凹陷的效果。文字的投影效果如图 8-82 所示。

④外发光。在图像边缘加入光晕的特殊效果，如图 8-83 所示。

⑤内发光。使图像边缘向内增加发光效果，如图 8-84 所示。

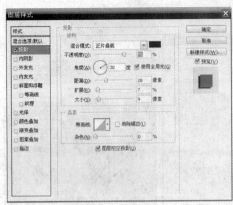

图 8-81　应用"投影"样式图层的设置与图像效果

　图 8-82　内阴影效果　　　　　　图 8-83　外发光效果　　　　　　图 8-84　内发光效果

⑥斜面和浮雕。"斜面和浮雕"可以说是图层样式中最为复杂的效果，更是图像处理中应用最为广泛的效果。为图层中图像添加不同组合方式的高亮和阴影，以产生突出或凹陷的斜面或浮雕的效果，它兼"内阴影"和"内发光"效果于一身，但又比它们复杂得多。使用该项可以编辑图像的立体浮雕效果。效果如图 8-85 所示。

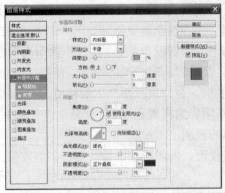

图 8-85　斜面和浮雕效果

其中的"样式"下拉列表框，内斜面表示沿图像的边缘向内创建斜面；外斜面表示沿图像的边缘向外创建斜面；浮雕，产生一种突出的效果；枕状浮雕，用于创建图像的边缘陷入下一层图层的效果；描边浮雕，主要用于对文字产生一种描边的浮雕效果。

　　"方法"下拉列表框，选择斜面或浮雕的硬度。

　　"深度"数值框，控制斜面或浮雕的深度。

　　"角度"数值框，设置光源的高度与角度。

　　⑦光泽。在图像表面附一层颜色，通过对其中的选项设置使图像表面出现滑润的绸缎效果，如图 8-86 所示。

　　⑧颜色叠加。用所选定的图层颜色填充图层内容，如图 8-87 所示。

　　⑨渐变叠加。用渐变填充图层内容，如图 8-88 所示。

　　⑩图案叠加。用某种图案来覆盖图层中的内容，如图 8-89 所示。

　　⑪描边。是使用单色、渐变色或图案为图像描边，如图 8-90 所示。

图 8-86　光泽效果　　　　　　图 8-87　颜色叠加效果　　　　　　图 8-88　渐变叠加效果

图 8-89　图案叠加效果　　　　　　　　图 8-90　描边效果

2. 使用预设样式

　　在 Photoshop CS3 中，还可以通过"样式"调板对目标图像图层或文字图层应用预设样式。选择需要添加样式的目标图层，在 Photoshop CS3 界面右侧激活"样式"调板，选择需要的样式单击即可，效果如图 8-91 所示。

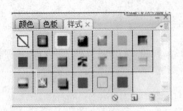

图 8-91　预设样式的选择与效果

　　"样式"调板中自带很多预设样式，可以通过单击"样式"调板右上角的"样式调板菜单"按钮在打开的下拉菜单中选择需要的预设样式库，在弹出的对话框中单击"确定"或者"追加"按钮，即可添加选中的样式库，如图 8-92 所示。

图 8-92　添加样式库

8.2　"通道"调板与"蒙版"的使用

8.2.1　认识"通道"

　　通道是 Photoshop 最强大的特点之一，是图像处理中不可缺少的重要工具。它主要是用来存储图像颜色信息的，由存储色彩信息的多个通道叠加就可以组成一幅色彩丰富的图像。利用它能创建一些特殊的图像效果。通道的操作具有独立性，可以分别针对单个通道进行颜色、图像的加工。此外，通道还可以用来保存蒙版，建立临时性通道，通道可以分为两类：一类是用来存储图像色彩资料的，属于内建通道，即颜色通道，无论是哪种色彩模式的文件，通道调板上都会有相应的色彩资料；一类可以用来固化选区和蒙版，创建新选区等操作，也就是 Alpha 通道。在 Photoshop 软件中，不同模式的图像格式有不同的通道数目和类型，主要接触的有灰度、RGB 模式、CMYK 模式的通道，通过对同一图像的不同色彩模式产生的效果进行对比（注意观察图像缩览图上的图像及直方图）如图 8-93、图 8-94 和图 8-95 所示。

图 8-93　灰度模式的图像及其通道面板

图 8-94　RGB 模式的图像及其通道面板

 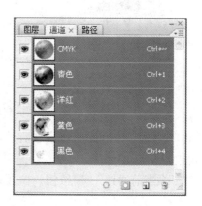

图 8-95　CMYK 模式的图像及其通道面板

下面介绍"通道"调板，如图 8-96 所示。

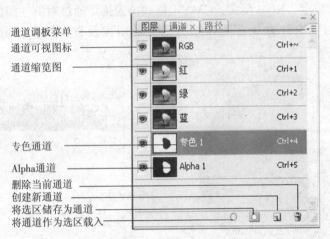

图 8-96　"通道"调板

（1）通道调板菜单。左键单击位于通道调板右上角的"通道调板菜单"按钮，激活下拉菜单，如图 8-97 所示。可以对通道进行快捷设置操作，如新建通道、删除通道、复制通道，等等。

（2）通道可视图标。在"通道"调板中的图像缩览图前的方框中出现的 即为"显示、隐藏通道标志"。如果在作品中要显示或隐藏某个通道，只需在缩览图前的方框中用鼠标左键单击，如果显示为 表示显示该通道，如果显示为 表示隐藏该通道。

（3）通道缩览图。主要用于区别不同通道的颜色信息，是将通道内的图像微缩形成灰度值小图标（全色通道除外），即为缩览图。单击"通道调板菜单"按钮，选择"通道调板选项"，在弹出的对话框中进行选择，调整缩览图的大小，如图 8-98 所示。便于通道的编辑。

图 8-97　通道调板菜单的下拉菜单　　图 8-98　调整缩览图的大小

（4）专色通道、Alpha 通道。这两种通道是在对图像印刷和调整时创建的通道，主要用于印刷和建立选区。

（5）"删除当前通道" 按钮。位于通道调板下部，单击该按钮，可以将当前选择的通道删除。

（6）"创建新通道" 按钮。位于通道调板下部，单击该按钮，可以创建一个新通道，

系统默认名称为 Alpha 通道。

（7）"将选区储存为通道" □ 按钮。位于通道调板下部，单击该按钮，可以将当前选区以图像的方式存储在新创建的通道中。

（8）"将通道作为选区载入" 按钮。位于通道调板下部，单击该按钮，可以将通道中的图像转化为选区。

8.2.2　通道的基本操作

通道的基本操作包括创建新通道、复制通道、删除通道和分离与合并通道，通过通道调板可以完成所有与通道有关的操作。

1. 创建新通道

在 Photoshop 中创建新通道有两种方法：一种方法是选择"通道调板菜单"中的"新建通道"项，如图 8-99 所示。单击新建通道命令会弹出"新建通道"对话框，如图 8-100 所示，单击"确定"按钮即可；另一种方法是单击"通道"调板下面的"新建"按钮，则自动建立一个以 Alpha 1 命名的通道。

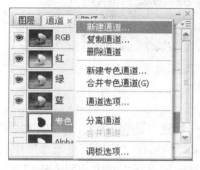

图 8-99　通道调板菜单

图 8-100　"新建通道"对话框

Alpha 通道是不会对构成整体图像的颜色产生直接影响的，以 8 位灰度图像存储选择区域，是一种主要目的在于保存选区的通道。通过 Alpha 通道可以看到图像部分是白色，背景是黑色。按住 Ctrl 键的同时单击"Alpha 1"通道，返回到图层调板会发现，此时在图像上建立了形状和白色部分相同的选区，如图 8-101 和图 8-102 所示。

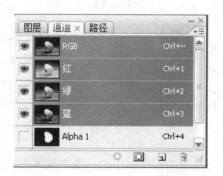

图 8-101　建立选区的图像效果

图 8-102　含"Alpha 1"通道调板

通道调板上显示的 Alpha 通道在制作过程中，可随时通过选区打开使用。利用通道调板，可以生成最多二十一个 Alpha 通道，但通道数量越多，图像的文件也会越大。还可以通过和创建新通道的命令类似的方法创建专色通道。所谓专色通道是为了印刷的需要在"CMYK"四色通道之外根据需要创建的新的通道。如果想在图 8-101 中海螺内部的不规则亮部在印刷时施以金属银色,但是"CMYK"四色无法印出想要的效果,这样就一定要通过建立一个"银色"的专色通道来完成,如图 8-103 所示。最终效果如图 8-104 所示。

图 8-103 建立"银色"专色通道

图 8-104 建立"银色"专色通道最终效果

2. 通道的复制与删除

(1) 复制通道。直接将需要复制的通道拖到"新建"按钮 上,就可以将该通道复制在同一图像中。另外,还可以先选中要复制的通道,然后在"通道调板菜单"中选择"复制通道"命令,如图 8-105 所示。或在按下 Alt 键的同时用鼠标将选中的通道拖到通道控制面板底部的"创建通道"按钮上,释放鼠标,均可弹出"复制通道"对话框,如图 8-106 所示。

图 8-105 复制通道   图 8-106 "复制通道"对话框

复制通道的对话框中的"为"文本框,设置新复制的通道名称;在目标选项区中的"文档"下拉式菜单中选择复制通道的目标文档。

(2) 删除通道。要删除通道,选中要删除的通道,然后用鼠标将其拖到通道控制面板底部的"删除通道"按钮 上,再释放鼠标,即可将该通道删除。还可以在选中要删除的通道后，直接单击"删除通道"按钮或直接单击"通道调板菜单"按钮，在弹出的下拉式菜单中选择"删除通道"命令，如图 8-107 所示。都可以将选择的通道删除。

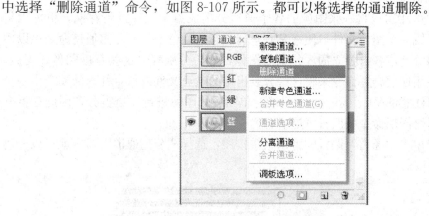

图 8-107　删除通道

在图像的通道中将其中一种颜色的通道删除，RGB 模式通道也会随之消失一部分，而图像将由删除颜色和相邻颜色的混合色组成，如图 8-108 和图 8-109 显示的是删除通道后调板的变化和图像效果的变化。而对于 CMYK 模式的图像，删除的颜色通道会使一种颜色消失，同时 CMYK 模式通道也将消失。这种颜色通道形成的模式称为多通道模式。如果用户删除通道蒙版，会弹出对话框，提示在删除通道蒙版时是否对图形应用该蒙版。如果应用该蒙版，则单击"应用"按钮；如果不用该蒙版删除通道，则单击"放弃"按钮。

在 Photoshop CS3 中，能保存通道信息的文件格式有 PSD、PDF、RAW、TGA 等，因此用户在期望保存通道信息时，一定要选择这些文件格式中的一种。

图 8-108　RGB 模式图像删除通道前图像效果及通道

图 8-109　RGB 模式图像删除通道后图像效果及通道

3. 通道的分离与合并

在 Photoshop CS3 中可以将一张图像的各个通道分离成单个文件进行存储，也可以将不同灰度的文件合并成一个图像文件，使之具有丰富多彩的颜色信息。分离通道命令可以用来将图像的每个通道分离成各自独立的 8 位灰度图像，然后分别存储这些灰度图像。当然，被拆分的通道可以使用通道合并命令来将这些分裂出来的通道文件进行合并，从而产生一个多通道的图像。需要注意的是，Photoshop 只能对单图层的图像进行通道拆分，因此在拆分通道前一定要使用拼合图层命令将所有图层拼合为一个图层。

（1）分离通道。单击"通道"调板的弹出菜单按钮，选择"分离通道"命令就可以分离通道，如图 8-110 所示。

图 8-110　分离通道

（2）合并通道。选择"通道调板菜单"中的"合并通道"命令，可根据图像模式，将各个颜色通道合并显示，通过"合并通道"不但能把被分离的通道合并成一个，如图 8-111 和图 8-112 所示，还可以改变图像模式，合并成完全另一种感觉的图像。

图 8-111　打开"合并通道"对话框

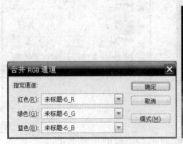

图 8-112　"合并 RGB 通道"对话框及效果

8.2.3　认识"图层蒙版"

　　图层蒙版是在当前图层上创建的蒙版（一个图层只能有一个蒙版），覆盖在图像上保护某一特定的区域，用来控制图层的显示范围，把图像分成两个区域：一个是可以编辑处理的区域；另一个是被蒙版"保护"的区域，在这个区域内的所有操作都是无效的。就像图像被蒙住了一样。但是选区与蒙版又有一定的区别，选区是暂时的，而蒙版可以在图像的编辑过程中一直存在。蒙版用来保护被遮蔽的区域，在不改变原图层的前提下实现多种编辑。

　　如图 8-113 所示，图层蒙版中的白色区域就是图层中的显示区域，图层蒙版中的黑色区域就是图层中的隐藏区域，图层蒙版中的灰色渐变区域就是图层中的不同程度显示的区域。在建立了图层蒙版的图像上进行编辑，被"蒙版"保护区域的图像不受任何破坏。图层蒙版与选区之间也可以相互转化，使用编辑或绘图工具在图层蒙版上涂抹以扩大或缩小选区，再应用到图像中，如图 8-114 所示，用白色在图层蒙版上进行描绘，蒙版的范围就会相应减少。事实上，将选区保存之后，它就变成了一个临时通道，打开"通道"调板，就可以发现它。相反也可以把蒙版通道载入为选区。

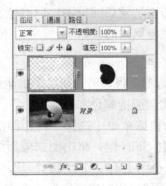 

图 8-113　建立"图层蒙版"的图像

图 8-114　编辑"图层蒙版"

　　"矢量蒙版"可以混合图层蒙版使用，但不能用"画笔"工具进行修改，如果进行修改要使用"钢笔"工具或"矩形"工具。

8.2.4　图层蒙版的基本操作

1. 创建图层蒙版

(1) 创建一个显示整个图层的蒙版。单击"添加矢量蒙版"按钮□；或执行"图层"→"添加矢量蒙版"→"显示全部"菜单命令。

(2) 建立一个隐藏图层蒙版。按住 Alt 键，单击"添加矢量蒙版"按钮□；或选择"图层"→"添加矢量蒙版"→"显示全部"菜单命令；再或者执行"图层"→"添加矢量蒙版"→"隐藏全部"菜单命令。

(3) 创建一个显示所选选区并隐藏图层其余部分的蒙版：创建选区然后单击□按钮；或执行"图层"→"添加矢量蒙版"→"显示选区"菜单命令。

(4) 创建一个隐藏所选选区并显示图层其余部分的蒙版：创建选区，然后按住 Alt 键，单击□按钮；或执行"图层"→"添加矢量蒙版"→"隐藏选区"菜单命令。

2. 显示图层蒙版

按住 Alt 键，并单击图层蒙版缩览图，查看灰度蒙版，这时所有图层被隐藏，显示的就是我们建立的图层蒙版。按住 Alt 键，再次单击缩览图或直接单击虚化的 👁 按钮，将恢复原来的状态。另外也可以按快捷键 Alt+Shift，再单击图层蒙版缩览图，以红色蒙版显示图层蒙版。按快捷键 Alt+Shift，再次单击缩览图，将恢复原来的状态。

3. 隐藏图层蒙版

在显示图层蒙版的操作基础上，双击图层蒙版缩览图，将弹出"图层蒙版显示选项"对话框，如图 8-115 所示，在此对话框中可以选择红色覆盖膜的颜色和透明度。

在图层调板的图层蒙版缩览图上右击，在弹出的快捷菜单中选择"停用图层蒙版"命令，或选择"图层"→"停用图层蒙版"命令，或按住 Shift 键，单击图层蒙版缩览图，都可以暂时停用（隐藏）图层蒙版，此时，图层蒙版缩览图上有一个红色"×"，如图 8-116 所示。如果想要再重新显示图层蒙版，选择"图层"→"启用图层蒙版"命令即可。

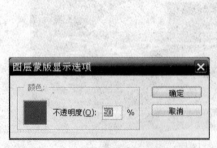

图 8-115　"图层蒙版显示选项"对话框

图 8-116　停用（隐藏）图层蒙版

4. 编辑图层蒙版

(1) 编辑选区。图层蒙版创建后可以根据黑色遮盖图像、白色显示图像的原理，使用绘图工具、绘画工具对其进行随意编辑。用黑色涂抹图层上蒙版以外的区域时，涂抹的地方就会变成蒙版区域，从而扩大图像的透明区域；而用白色涂抹被蒙住的区域时，蒙住的区域就会显示出来，蒙版区域就会缩小；而用灰色涂抹将使得被涂抹的区域变得半透明，如图 8-117 和图 8-118 所示。

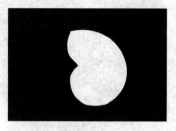

图 8-117　对图层蒙版编辑前

图 8-118　对图层蒙版编辑后

　　（2）图层蒙版的链接与取消。创建图层蒙版后，在"图层"调板中的图层缩览图和图层蒙版缩览图之间有一个链接符号 ⚬，位置如图 8-119 所示。当链接符号图标存在时，图层图像和图层蒙版被链接在一起，同时移动。单击链接符号 ⚬，可以取消图层图像和图层蒙版的链接，此时可以单独移动图层图像或图层蒙版，如不取消链接符号 ⚬，则只能移动图层蒙版，并且移动到新图层之后，立刻与之链接在一起。

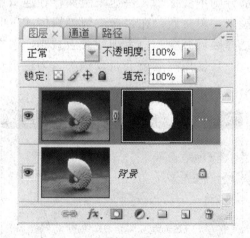

图 8-119　创建图层蒙版后的图层调板

图 8-121 是运用如图 8-120 所示的图层蒙版制作的图像效果。

| 图 8-120　图层调板 | 图 8-121　运用图层蒙版制作的图像效果 |

首先将两个素材文件导入，使有花环图像的图层作为背景层，将有女孩头像的白色空白区域用"魔棒"工具选中，并将选中的区域清除。将花环图层复制出一个图层副本，再将花环内部的空白区域用"魔棒"工具选中，将选中的区域删除。在得到的图层上建立一个"显示全部"的"图层蒙版"。最后根据画面的需要运用黑白渐变在图层蒙版上进行编辑，稍做调整，就完成了作品。

（3）建立"快速蒙版"。在建立好选区之后，单击工具栏的下方的"快速蒙版"按钮□，就会产生一个暂时性的蒙版和一个暂时的 Alpha 通道，如果希望改变快速蒙版的颜色或范围，可以双击"快速蒙版"按钮□，或者在通道控制板中双击快速蒙版通道，或直接选择"通道调板菜单"中的"快速蒙版选项"命令，则此时弹出如图 8-122 所示的对话框。在打开的对话框中调整快速蒙版的设置。当图形的编辑模式转化为蒙版编辑模式时，快速蒙版可以通过一个红色、半透明的覆盖层观察图像。图像上被覆盖的部分是被保护起来不受改动的，其余部分则不受保护。快速蒙版保存在通道中，可以用绘图工具或编辑工具，甚至可以用滤镜来编辑蒙版。在快速蒙版编辑模式下时，要注意对前景色的选择。黑色使蒙版增大，选择区域减少；白色则使蒙版减小，选择区域增大。快速蒙版适用于建立临时性的蒙版，一旦使用完后就会自动消失，当退出快速蒙版模式时，非保护区域将转化为一个选区。

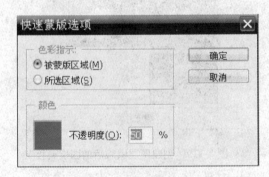

图 8-122　"快速蒙版选项"对话框

5. 停用和删除图层蒙版

在"图层"调板中的图层蒙版处右击鼠标，弹出图层蒙版编辑的快捷菜单，如图 8-123 所示。从中可以根据需要选择是停用图层蒙版还是删除图层蒙版。如果要删除图层蒙版，将要删除的图层蒙版拖拽到"删除图层"按钮 🗑 上，会弹出对话框，如图 8-124 所示。如果选择"应用"，图像会根据"图层蒙版"的作用而改变。也可以用"通道调板"进行删除，在应用图层蒙版后，会在通道调板中生成一个新的蒙版通道，直接将其拖动到"删除通道"按钮上也可以达到删除图层蒙版的目的。

图 8-123 图层蒙版命令

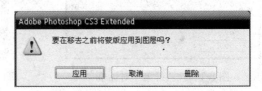

图 8-124 应用调板命令

8.3 实训项目：制作啤酒宣传海报

应用本章所学习的主要知识点制作一幅"啤酒宣传海报"，以了解掌握通道和图层蒙版的强大功能。

（1）选择"文件"→"新建"菜单命令，新建文件，设置如图 8-125 所示。

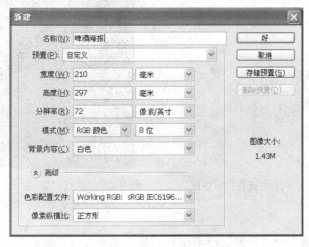

图 8-125 "新建"对话框

（2）设置前景色为黑色，背景色为白色，执行"滤镜"→"渲染"→"纤维"菜单命令，默认参数设置不变，如图 8-126 所示，执行效果如图 8-127 所示。

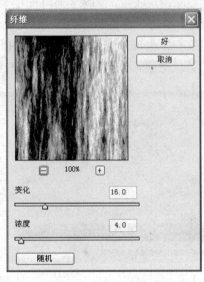

图 8-126　"纤维"对话框　　　　　　图 8-127　执行"滤镜"→"渲染"→
"纤维"效果

（3）执行"滤镜"→"纹理"→"染色玻璃"菜单命令，参数设置如图 8-128 所示，执行效果如图 8-129 所示。

图 8-128　"染色玻璃"对话框　　　　图 8-129　执行"滤镜"→"纹理"→
"染色玻璃"效果

（4）执行"滤镜"→"素描"→"塑料效果"菜单命令，参数设置如图 8-130 所示，执行效果如图 8-131 所示。

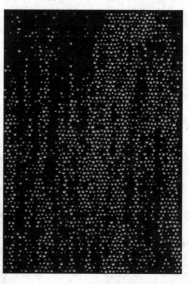

图 8-130　"塑料效果"对话框

图 8-131　执行"滤镜"→"素描"→
"塑料效果"效果

（5）双击背景图层，命名为"水滴"，用魔棒工具，设置容差值为"32"，勾选"连续的"，选择图 8-131 中黑色部分，单击 Delete 键删除，执行"选择"→"取消选择"命令。执行效果如图 8-132 所示。

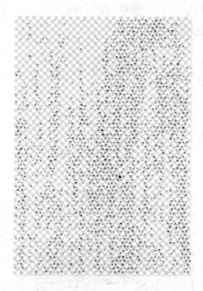

图 8-132　删除黑色部分效果

（6）选择"文件"→"打开"菜单命令，打开素材图片"啤酒 .jpg"，观察通道中酒瓶透明区域，蓝色通道比较清晰，选择蓝色通道并复制，如图 8-133 所示。

（7）用钢笔工具沿啤酒瓶轮廓勾选，如图 8-134 所示。

（8）完成闭合路径，激活路径调板，单击其下部的"将路径作为选区载入"按钮 ○，将路径转换成选区，选择"选择"→"反选"菜单命令，将选区反选，利用工具箱中的油漆

桶工具 填充黑色，效果如图 8-135 所示。

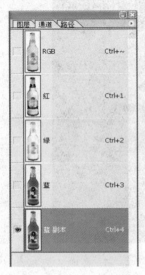

图 8-133　复制蓝色通道　　　　图 8-134　用钢笔工具沿啤酒　　　图 8-135　填充黑色效果

瓶轮廓勾选

（9）选择"选择"→"反选"菜单命令，将选区反选，利用工具箱中的油漆桶工具，填充白色，透明部位用曲线调整明暗，效果如图 8-136 所示。

（10）按住 Ctrl 键同时单击通道"蓝副本"，载入通道，选择"编辑"→"复制"菜单命令，回到"图层"调板，激活背景图层，选择"图层"→"新建"→"通过拷贝的图层"菜单命令，如图 8-137 所示。

（11）用移动工具把图层 1 拖动到文件"啤酒海报"中并置于底层，如图 8-138 所示。

图 8-136　填充白色效果　　　图 8-137　选择"图层"→"新建"→　　　图 8-138　图层 1 做

"通过拷贝的图层"菜单命令　　　　　　底层的效果

（12）设置"水滴"图层混合模式为"叠加"，按住 Ctrl 键同时单击"图层 1"，选择啤酒瓶区域，如图 8-139 所示，添加图层蒙版，并选择笔刷工具，在蒙版中调整多余的水珠部分，最后效果如图 8-140 所示。

图 8-139　添加图层蒙版　　　　　　　　图 8-140　调整图层蒙版效果

（13）选择"图层"→"新建图层"菜单命令生成"图层 2"，将"图层 2"置于底层，选择使用渐变工具，设置径向渐变，颜色设置如图 8-141 所示。完成效果如图 8-142 所示。

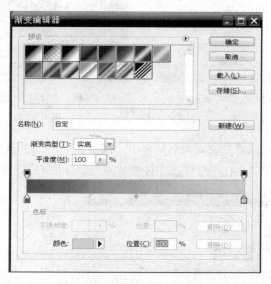

图 8-141　"渐变编辑器"窗口　　　　　　图 8-142　径向渐变完成效果

（14）用鼠标拖拽图层 1 至调板下方的"新建图层按钮"复制图层 1，得到图层 1 副本，垂直翻转并移动，添加图层蒙版如图 8-143 所示，调整啤酒瓶倒影，效果如添加图层蒙版，如图 8-144 所示。

（15）选择"文件"→"打开"菜单命令，在打开的"打开"对话框中选择"水纹 .jpg"素材图片，并用移动工具拖入啤酒海报中，置于图层 2 上方，图像效果如图 8-145 所示。

（16）在图层调板上调整图层混合模式为"正片叠底"，在工具箱中选择"橡皮工具"擦除整理边缘痕迹，曲线调节明暗，效果如图 8-146 所示。

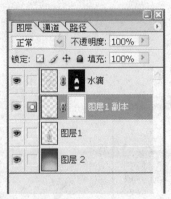

图 8-143　为图层 1 副本添加图层蒙版

图 8-144　添加倒影效果图

图 8-145　在啤酒海报中
打开水纹图片

图 8-146　在文件中添加
图片效果

（17）打开素材图片"标志.jpg"，用鼠标将其拖入啤酒海报中，调整大小，用文字工具打上文字，调整字体及文字大小，双击文字图层，在图层样式中设置外发光，如图 8-147 所示。

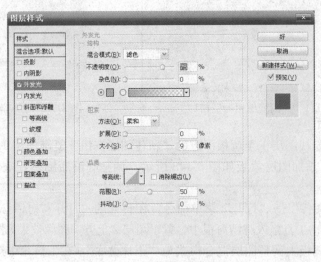

图 8-147　对图像设置图层样式

（18）调整各元素位置，最后完成效果如图 8-148 所示。

图 8-148　最后完成效果

习　　题

一、填空题

1. 运用 Photoshop 软件制作的图像，一般都是由若干个_____组成的，每个_____就像是透明的玻璃薄片一样。在这些透明的"玻璃薄片上"绘制图像，再层层叠加在一起，从而形成图像复杂绚丽的效果。

2. 在图层调板中的图像缩览图前的方框中出现 　　 即为_____标志。

3. _____，是指在多层图像文件中，当前图层图像信息数据与位于其下面的图层的图像信息数据经过各种样式的混合，形成不同的图像合成效果的方法。

4. 通道是 Photoshop 最强大的特点之一，是图像处理中不可缺少的重要工具。它主要是_____。

5. 通道的基本操作包括_____、_____、_____和_____，通过通道调板可以完成所有与通道有关的操作。

二、选择题

1. Photoshop CS3 根据功能、使用的频率及操作的简便性将多个调板整合在一起，我们称之为（　　）。

　　A. 菜单栏　　　　　　　B. 调板组　　　　　　　C. 状态栏　　　　　　　D. 工具栏

2. 在 Photoshop CS3 软件中如何创建一个空白图层呢？选择（　　）菜单命令，会弹出新建图层对话框。

　　A. "图层"→"新建"→"图层"　　　　　B. "图层"→"插入"→"图层"

　　C. "选择"→"新建"→"图层"　　　　　D. "图层"→"编辑"→"图层"

3. 在图层中包含矢量数据和生成的数据（如填充图层）的图层上，不能使用绘画工具或滤镜对这些图层进行编辑。通过右击选择（　　）可以将其转换为平面的光栅图像。

    A. "新建"→"图层"　　　　　　　　B. 创建新通道

    C. 栅格化图层　　　　　　　　　　D. 栅格化通道

4. （　　）是模拟了太阳光和灯光照在物体上所产生的光影效果，在图像的图层中添加投影以使图像具有立体效果。

    A. 内发光　　　　　B. 投影　　　　　C. 浮雕　　　　　D. 斜面浮雕

5. （　　）可以混合图层蒙版使用，但不能用"画笔"工具进行修改，如果进行修改要使用"钢笔"工具或"矩形"工具。

    A. 图层蒙版　　　　　　　　　　　B. 混合选项

    C. 智能蒙版　　　　　　　　　　　D. 矢量蒙版

三、上机练习题

打开需要修改的素材图像，如图 8-149 所示，根据本章所学内容完成如图 8-150 所示的效果。

图 8-149　素材图像　　　　　　　　图 8-150　最后完成效果

第9章 Photoshop 的滤镜特效

滤镜被称为 Photoshop 图像处理的"灵魂",是 Photoshop 中制作图像特效较常用的方式。本章主要介绍在 Photoshop CS3 中各种滤镜的效果和功能。要求了解"滤镜"的各种效果和功能,掌握运用"滤镜"的技巧。

- 了解"滤镜"的各种效果;
- "滤镜"在图像编辑和修饰中的应用;
- 常用滤镜的功能和应用。

Photoshop CS3 的滤镜是功能最丰富,效果最神奇的工具,使用起来也比较简单,在图像处理过程中是应用最为广泛的工具之一。通过滤镜可以对当前可见图层或图像选区的像素数据进行各种特效的处理,是为图像增加特定效果的有效工具。除了软件自身提供的内置滤镜效果外,还有许多第三方的软件开发商生产的外挂滤镜效果,应用这些外挂滤镜也很简单,直接将第三方滤镜放在"增效工具"文件夹中,再次启动 Photoshop 软件的时候就可以使用这些滤镜效果了。本章主要介绍滤镜的基础知识,以及主要的内置滤镜的使用方法和功能。

9.1 初识滤镜

所谓"滤镜"是指以特定的方式处理图像文件的像素特性的工具。就如同摄影时使用的过滤镜头,能使图像产生特殊的艺术效果。通过对滤镜效果的运用,可以修饰照片,可以制作出图像特殊的、丰富多彩的画面艺术效果。Photoshop CS3 提供了多种滤镜,根据这些滤镜效果的不同,经过分组归类存放在菜单栏的"滤镜"主菜单中,如图 9-1 所示。

9.2 滤镜的使用

Photoshop CS3 本身提供了很多种滤镜,其种类繁多,效果也各有不同,只有通过不断

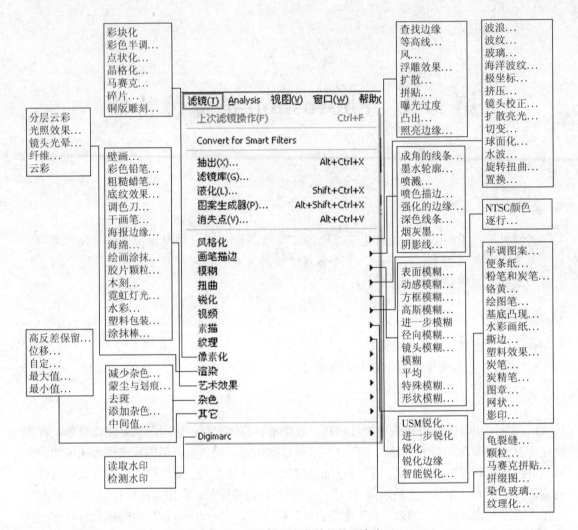

图 9-1 "滤镜"主菜单及扩展命令

实践，在实践中积累经验认识它们各自的特性，才能掌握好各种滤镜的使用方法，制作出绚丽的特殊效果。

  滤镜的应用方法很简单，只需在菜单栏中单击"滤镜"，在弹出的"滤镜"下拉菜单中选择所需要的滤镜命令，然后在打开的对话框中设置相应的参数，最后按"确定"按钮即可。例如，要对素材图像 9-2 执行"波浪命令"，可以选择"滤镜"→"扭曲"→"波浪"命令，在弹出的"波浪"对话框中进行参数设置。在一侧的预览图中观察，达到想要的效果即可，其设置和效果如图 9-3 所示。

  应该注意的是，"滤镜"命令在处理图像的过程中需要进行大量的数据运算，越复杂的滤镜效果相应的处理过程就越复杂，尤其是处理较大图像文件时处理的时间会很缓慢。为提高工作效率，在滤镜设置对话框中，可以看到一个和原图一样的缩小图像，通过看它可以预览该命令达到的处理效果。

图 9-2　素材图像

图 9-3　"滤镜"→"扭曲"→"波浪"命令的设置和效果图

　　有些滤镜命令在缩小预览框内的图像时，可以通过调整对话框中"缩览图"下方的"－"、"＋"按钮放大或缩小预览图，如图 9-4 所示"扩散"对话框。

图 9-4　"扩散"对话框

9.2.1 直接运用滤镜效果

在 Photoshop 软件中有一些滤镜命令在执行时不会显示参数选项或者弹出对话框，不需要对这些命令进行设置，直接执行滤镜命令。如"滤镜"→"风格化"→"曝光过度"命令、"滤镜"→"模糊"→"平均"命令等。它们都有一个共同的特点，在该命令选项后没有"…"符号。在 Photoshop 内置滤镜命令中共有十余项类似的命令。

9.2.2 通过滤镜对话框设置滤镜效果

在 Photoshop 软件中大部分的命令都是这种形式。在执行时会显示参数选项或者弹出对话框，根据需要对这些命令进行设置。在这些命令选项后有"…"符号。如"滤镜"→"风格化"→"浮雕效果…"菜单命令，如图 9-5 所示，需要对该命令对话框下的"角度"、"高度"和"数量"进行设置才能调整出更加细腻、丰富的图像效果。

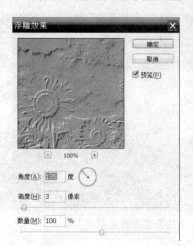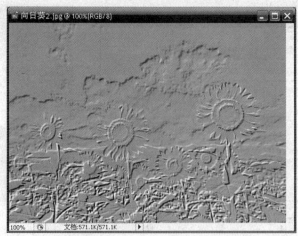

图 9-5 "浮雕效果"命令对话框及产生的浮雕效果

9.2.3 运用滤镜库

在 Photoshop CS3 中"滤镜库"是所有滤镜中功能最为强大的命令，为了使用户操作方便，它将滤镜中大部分比较常用的命令集中在一起，其命令对话框如图 9-6 所示。

选择"滤镜"→"滤镜库"菜单命令，打开"滤镜库"对话框，该对话框中的主要选项如下所示。

（1）"隐藏滤镜库命令"按钮 ⊗。位于滤镜库对话框的右上角，单击它可以将所有滤镜库内的命令列表隐藏，便于放大查看"滤镜预览图"。

（2）滤镜库下拉列表。位于滤镜库对话框的右上角，单击命令按钮 ▽ 会弹出滤镜库内所有滤镜命令，通过对这些选项的选择也可以达到执行滤镜命令的效果。正常状态下菜单内显示的是正在执行的滤镜名称。

（3）"当前滤镜设置"选项。位于"滤镜库下拉列表"下，是对当前执行的滤镜命令的调整。

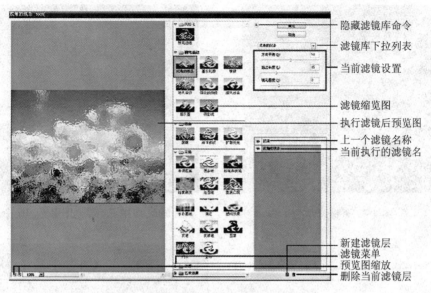

图 9-6　"滤镜库"对话框

（4）"滤镜缩览图"。是同一图像在滤镜命令执行后效果的缩小显示。

（5）"执行滤镜后预览图"。是对图像在执行滤镜命令之后的预览显示，可显示多次滤镜之后的效果。

（6）"上一个滤镜名称"。当被处理的图像需要执行多个滤镜命令时，滤镜的效果都是建立在对前一个滤镜效果之上的。如果单击该命令前的"👁"，可以使该滤镜命令效果隐藏。

（7）"新建滤镜层"按钮。单击位于"滤镜库对话框"右下角的"🔳"，可以在滤镜列表中通过该命令添加一个新的滤镜效果。

（8）"预览图缩放"按钮➖➕。是对被执行滤镜的图像缩览图的大小调整的按钮。通过单击位于"滤镜库对话框"左下角的➖➕按钮，可以实现对预览图显示范围的调整。

（9）"删除当前滤镜层"按钮🗑。位于对话框的右下角，单击它，可以删除正在编辑的滤镜层。

9.2.4　滤镜运用的技巧

需要注意的是，"滤镜库"虽然非常灵活，通常它也是应用滤镜的最佳选择。但是并非"滤镜"菜单中列出的所有滤镜在"滤镜库"中都可用。另外，该命令对某些图像模式，如"位图"、"索引"模式和 16 位通道模式不能应用。对于"文字图层"，只有在栅格化之后才可应用。滤镜只能用于当前正在编辑的可见图层或被选定的区域。该命令也可配合"编辑"→"渐隐"命令和"混合模式"命令共同使用，会出现一些特殊效果。运用如图 9-7 所示素材图像，执行了"滤镜"→"素描"→"半调图案"滤镜命令效果如图 9-8 所示，再次选择"编辑"→"渐隐"菜单命令，在弹出的对话框中进行设置，如图 9-9 所示。最终形成的图像效果如图 9-10 所示。

图 9-7　素材图像

图 9-8　应用了"半调图案"滤镜命令

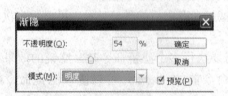

图 9-9　对"渐隐"对话框设置

图 9-10　完成的效果图

9.3　滤镜在图像编辑和修饰中的应用

9.3.1　抽出滤镜

　　"抽出"滤镜多用来对复杂图像建立选区。通过该命令可以将图像与其周围的图像自动分离出来。"抽出"命令功能与"魔棒"工具有相似之处，也是图像选取的一种特殊方式，但建立的选区要远比魔棒效果好得多。很多用"魔棒"工具完成起来很困难的图像在运用"抽出"滤镜后就会显得简单、实用。例如，对"毛发"的选取，如图 9-11 所示，对素材图像"小狗"建立选区。

　　首先，选择"滤镜"→"抽出"命令，会弹出对话框，如图 9-12 所示。根据图像的大小和性质，在对话框右半区的"工具选项"、"抽出"和"预览"组合框中进行相应的设置。然后单击"边缘高光器工具"，沿图像边缘进行覆盖，完成封闭区域后，单击"填充工具"对封闭区域进行填充。得到图像如图 9-13 所示，单击"确定"按钮，可以得到抽出的图像，如图 9-14 所示。可以用它来进行随意编辑，如更换背景，如图 9-15 所示。

图 9-11　素材图像"小狗"　　　　　　　　图 9-12　"抽出"对话框

图 9-13　应用"抽出"命令　　　　　　　图 9-14　应用"抽出"命令后的效果

图 9-15　为素材图像更换背景

　　在应用"抽出"滤镜得到效果图时，画面如果出现缺失，可以用"历史画笔工具"进行修复。

9.3.2 液化滤镜

"液化"命令可以对图像制作液体仿真的变形效果。它可以运用画笔制作各种变形效果，实现对图像区域进行位移、旋转、挤压、膨胀、镜像等变换处理。类似"编辑"→"变形"命令，但是"液化"命令具有更大的自由度。

选择"滤镜"→"液化"菜单命令会弹出"液化"对话框，如图 9-16 所示。在对话框的左侧有一竖排工具选项，通过对这些工具选项的选择，如"向前变形工具"、"顺时针旋转扭曲工具"、"褶皱工具"等，然后进行"液化"对话框右侧的"工具选项"、"重建选项"、"蒙版选项"和"视图选项"等组合框选项的设置，调整画笔，可以出现不同的"液化"图像效果。

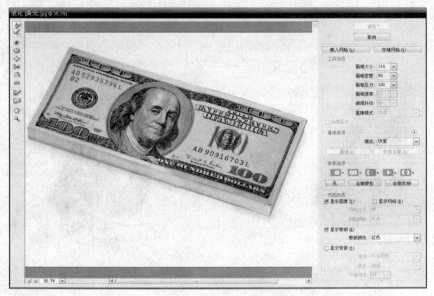

图 9-16　"液化"对话框

对素材图像"货币"右半部分进行"液化滤镜"命令设置：选择"滤镜"→"液化"命令，选择"液化"工具箱的"向前变形工具"和"褶皱工具"分别对之进行设置，调整至合适笔刷，在素材图像的预览图上进行"拖拽"达到如图 9-17 所示图像效果。

图 9-17　执行"液化"滤镜命令的图像前后对比图

9.3.3 图案生成器滤镜

"图案生成器"滤镜命令是一个可以在图像中提出样本，用来制作无缝平铺图案的工具，该命令与"编辑"→"定义图案"命令有相似之处，但通过"图案生成器"滤镜命令生成的图案是利用素材图像中的局部无序的排列在一起形成的图案，与"定义图案"命令的规整图形不同。

通过"图案生成器"滤镜命令，将图 9-18 素材图像生成新图像：选择"滤镜"→"图案生成器"命令，会弹出"图案生成器"对话框，如图 9-19 所示。通过对右侧"拼贴生成"组合框中选项参数进行设置，就会产生如图 9-20 所示图像效果。

图 9-18 素材图像

图 9-19 "图案生成器"对话框

图 9-20 通过"图案生成器"滤镜命令生成的图像效果

9.3.4　消失点滤镜

"消失点"滤镜，可以在对图像进行编辑时，根据图像的透视对图像进行编辑。在"消失点"滤镜执行过程中，可以对图像特定的平面执行仿制、复制和自由变换等命令。也可以用这些命令来修改和添加图片内容，其效果符合透视规律，图像效果更加逼真。

通过以下实例，来学习"消失点"滤镜的用法。

【例 9-1】在一幅素材图像的建筑物上添加一个学校名称。

①分别打开需要修改的两张素材图像如图 9-21 和图 9-22 所示，在图 9-22 中应用"魔棒"工具将字体选中，并进行复制后关闭该图像。

图 9-21　素材图像　　　　　　　　　　　图 9-22　素材图像

②返回图 9-21 图像窗口，对该图层进行图层复制，选择"滤镜"→"消失点"菜单命令，弹出"消失点"对话框，如图 9-23 所示。该命令默认的工具为"创建平面"工具，位于"消失点"对话框的左上角。用此工具在图像上建立一个平面选区，如图 9-24 所示。

图 9-23　"消失点"对话框　　　　　　　图 9-24　创建平面选区

③调整"消失点"对话框上部的"网格大小"滑块，拖拽网格上部的白色控制点，将网格拉高，效果如图 9-25 所示。

④按快捷键 Ctrl+V 将学校名称粘贴到图像上，然后单击对话框左侧的"变换工具"命令按钮，调整字体到合适位置，最后单击"确定"按钮，即可达到最后效果，如图 9-26 所示。

图 9-25　调整"网格大小"滑块

图 9-26　图像最后效果

9.4　常用滤镜的功能及应用

9.4.1　校正性滤镜

在应用 Photoshop 软件过程中，经常会碰到图像模糊、杂点过多或需要做变焦处理的情况。这时可以应用"校正性滤镜"对这些图像进行处理。这些滤镜的效果往往能达到非常细致的处理效果。校正性滤镜包含"模糊"、"杂色"、"锐化"和"其他"滤镜组。

1．"模糊"滤镜组

该命令组下的命令可以达到柔和、淡化图像中不同色彩、明度的边界，创造出各种特殊模糊效果。可以多次使用该滤镜来观察处理的效果。"模糊滤镜组"应用非常广泛，是设计师最常用的滤镜组之一。模糊滤镜组包含"表面模糊、动感模糊、方框模糊、高斯模糊、进一步模糊、径向模糊、镜头模糊、模糊、平均、特殊模糊、形状模糊"。在处理图像的过程中经常应用的主要有以下几项。

（1）表面模糊滤镜。"表面模糊"滤镜多用来处理粗糙的人物面部皮肤，此命令可在保留图像边缘的同时模糊图像，消除杂色或粒度。

打开需要修改的素材图像，如图 9-27 所示，选择"滤镜"→"模糊"→"表面模糊"菜单命令，弹出"表面模糊"对话框，如图 9-29 所示。在对话框中调整"半径"、"阈值"，同时在图像预览框中查看图像效果，命令执行后，面部粗糙的皮肤会变得相当光滑，效果如图 9-28 所示。

图 9-27　素材图像

图 9-28　执行"表面模糊"滤镜后的效果

图 9-29 "表面模糊"对话框

　　对话框中的"半径"选项值，指定模糊取样区域的大小。数值越小模糊的范围越大。"阈值"选项控制相邻像素色调值与中心像素值模糊的程度。

　　（2）动感模糊滤镜。"动感模糊"滤镜是模仿对高速运动的物体进行拍照的图像效果，类似于以固定的曝光时间给一个移动的对象拍照。

　　打开需要修改的素材图像，如图 9-30 所示，选择"滤镜"→"模糊"→"动感模糊"菜单命令，弹出"动感模糊"对话框，如图 9-32 所示。在对话框中调整"角度"、"距离"，同时在图像预览框中查看图像效果，命令执行后，静止的跑车会变得动感十足，效果如图 9-31 所示。

图 9-30　素材图像

图 9-31　执行"动感模糊"命令后的效果

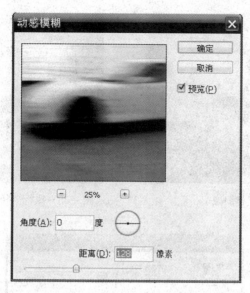

图 9-32　"动感模糊"对话框

（3）高斯模糊滤镜。"高斯模糊"滤镜添加低频细节可以快速模糊选区，用于制作阴影、消除边缘锯齿、去除明显边界。该滤镜通过调整产生一种朦胧效果，可以掩盖图像的某些不足。

打开修改的素材图像，选择"滤镜"→"模糊"→"高斯模糊"菜单命令，弹出"高斯模糊"对话框，在对话框中调整"半径"数值，同时在图像预览框中查看图像效果，命令执行后，原本清晰的图像变得很模糊，效果如图 9-33 所示。

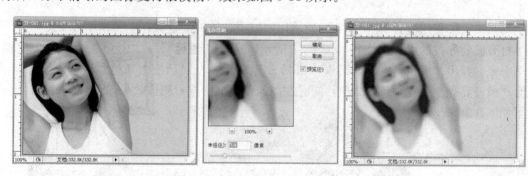

图 9-33　执行"高斯模糊"命令前后效果

（4）径向模糊滤镜。"径向模糊"滤镜，会产生向四周散射或旋转的模糊效果，用来突出中心点图像。当在该滤镜对话框中选中"旋转"选项时，图像沿同心圆环线模糊。选中"缩放"选项时，沿径向线模糊，产生冲出画面的效果。

打开需要修改的素材图像，如图 9-34 所示。选择"滤镜"→"模糊"→"径向模糊"菜单命令，弹出"径向模糊"对话框，如图 9-36 所示。在对话框中选中"缩放"，品质"好"，然后调整"半径"数值，同时在图像预览框中查看图像效果，命令执行后，得到效果如图 9-35 所示。

图 9-34 素材图像   图 9-35 执行"径向模糊"命令后的效果

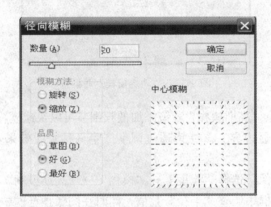

图 9-36 "径向模糊"对话框

（5）镜头模糊滤镜。"镜头模糊"滤镜用来模拟各种镜头景深产生的模糊效果。

打开需要修改的素材图像，如图 9-37 所示，选择"滤镜"→"模糊"→"镜头模糊"菜单命令，弹出"镜头模糊"对话框，如图 9-39 所示。在对话框中调整"映射深度"、"光圈"、"镜面高光"及"杂色"数值，同时在图像预览框中查看图像效果，命令执行后，得到效果如图 9-38 所示。

图 9-37 素材图像   图 9-38 执行"镜头模糊"命令后的效果

图 9-39　"镜头模糊"对话框

（6）模糊滤镜。"模糊"滤镜可以减少相邻像素之间的颜色差异来平滑图像。应用该滤镜命令速度较快，效果柔和。

打开需要修改的素材图像，如图 9-40 所示。选择"滤镜"→"模糊"→"模糊"菜单命令，得到效果如图 9-41 所示。

图 9-40　素材图像

图 9-41　执行"模糊"命令后的效果

2. "杂色"滤镜组

该命令组下的命令主要用来为所处理的图像添加带有随机分布色阶的像素点或去除图像中的杂点，从而达到丰富画面的效果。杂色滤镜组包含"减少杂色"、"蒙尘与划痕"、"去斑"、"添加杂色"和"中间值" 5 个滤镜命令，在处理图像的过程中经常应用的主要有以下几项。

（1）减少杂色滤镜。"减少杂色"滤镜多是用来消除图像因各种原因产生的杂点的命令，此命令可以在保留图像边缘的同时减少杂色。

打开需要修改的素材图像，如图 9-42 所示。选择"滤镜"→"杂色"→"减少杂色"菜单命令，弹出"减少杂色"对话框，如图 9-44 所示。在对话框中有"基本"和"高级"两个单选按钮，选择"高级"选项后可以在下面的复选框中对图像的每个通道进行细致的调整，这样处理的图像效果更加细腻，成片质量更高。而选择"基本"选项后，只能对图像进行一般的调整。在对复选框调整的同时在图像预览框中查看图像效果，命令执行后，长了很多雀斑的儿童面部变得非常光滑，雀斑消失了，效果如图 9-43 所示。

图 9-42　素材图像

图 9-43　执行"减少杂色"命令后的效果

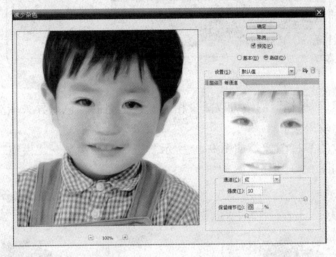

图 9-44　"减少杂色"对话框

（2）蒙尘与划痕滤镜。"蒙尘与划痕"滤镜多用来查找图像中小的"瑕疵"，通过命令调整将其融入周围的图像中，在锐化图像和隐藏瑕疵之间取得平衡。

打开需要修改的素材图像，如图 9-45 所示。选择"滤镜"→"杂色"→"蒙尘与划痕"菜单命令，弹出"蒙尘与划痕"对话框，如图 9-47 所示。在对话框中调整"半径"、"阈值"，同时在图像预览框中查看图像效果，命令执行后，蒙尘消失了，效果如图 9-46 所示。

图 9-45　素材图像

图 9-46　执行"蒙尘与划痕"命令后的效果

图 9-47　"蒙尘与划痕"对话框

（3）添加杂色滤镜。"添加杂色"滤镜多用来模拟在高速胶片上拍照的效果。或者在人工合成的图像上进行修饰，使图像看起来更真实。

打开需要修改的素材图像，如图 9-48 所示。然后选择"滤镜"→"杂色"→"添加杂色"菜单命令，弹出"添加杂色"对话框，在该对话框中调整"数量"、"分布"等选项，如图 9-49 所示。在图像预览框中可以观看图像的效果，命令执行后，效果如图 9-50 所示。

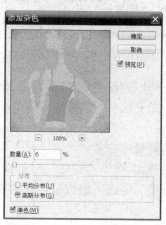

图 9-48　素材图像　　　　　　　　　图 9-49　"添加杂色"对话框

图 9-50　"添加杂色"后效果图

需要注意的是，"单色"选项将此滤镜只应用于图像中的色调元素，而不改变颜色。

3. "锐化"滤镜组

该命令组下的命令多用来处理表面模糊的图像，可以达到增强图像中相邻像素之间的对比度使图像轮廓分明，减弱图像的模糊程度的效果。其子菜单共含有"USM 锐化"、"进一步锐化"、"锐化"、"锐化边缘"和"智能锐化"5 个滤镜命令。在处理图像的过程中经常应用的主要有以下几项。

(1) 锐化滤镜。应用"锐化"滤镜命令，可以聚焦选区，增强其对比度，提高图像的清晰度。该命令与"进一步锐化"应用相似，"进一步锐化"滤镜比"锐化"滤镜锐化的效果更强。

打开需要修改的素材图像，如图 9-51 所示。选择"滤镜"→"锐化"→"锐化"菜单命令后，得到锐化后的图像效果，如感觉锐化程度没有达到要求，可以再次执行"锐化"命令，也可选择执行"进一步锐化"命令，得到效果如图 9-52 所示。

图 9-51　素材图像　　　　　　　图 9-52　多次执行"锐化"命令后的效果

(2) USM 锐化。"USM 锐化"滤镜可以调整图像边缘的"对比度"，并在图像边缘的每侧生成一条亮线和一条暗线。将边缘突出，造成图像更加锐化的错觉。用来处理虚化图像效果很好。

打开需要修改的素材图像，如图 9-51 所示。选择"滤镜"→"锐化"→"USM 锐化"菜单命令，弹出"USM 锐化"对话框，如图 9-53 所示。在该对话框中调整"数量"、"半径"和"阈值"等选项的数值，同时在图像预览框中查看图像效果，命令执行后，效果如图 9-54所示。

图 9-53　"USM 锐化"对话框　　　　　图 9-54　执行"USM 锐化"命令后的效果

"锐化边缘"滤镜，在处理图像时可以将图像中颜色发生显著变化的区域锐化。它只锐化图像的边缘，并保留总体的平滑度。

（3）智能锐化。应用"智能锐化"滤镜可以通过更多的选项对图像进行多角度的调整，通过设置锐化算法或控制阴影和高光中的锐化量来锐化图像。在该命令对话框中有"基本"和"高级"两个单选按钮，选择"高级"选项后，可以在下面的复选框中对图像的"锐化"程度、"高光"和"阴影"进行细致的调整，这样处理的图像效果更加细腻，图片质量更高，能达到更加接近实物的图像效果。

打开需要修改的素材图像，如图 9-51 所示。选择"滤镜"→"锐化"→"智能锐化"菜单命令，弹出"智能锐化"对话框，如图 9-55 所示。在该对话框中调整"数量"、"半径"等选项的数值，同时在图像预览框中查看图像效果，命令执行后，效果如图 9-56 所示。

图 9-55 "智能锐化"对话框

图 9-56 执行"智能锐化"命令后的效果图

4. "其他"滤镜组

该滤镜组也属于校正型滤镜，在该命令的子菜单中包含着"高反差保留"、"位移"、"自定"、"最大"、"最小"5 个滤镜命令。

（1）高反差保留滤镜。应用"高反差保留"命令可以对所处理的图像在有强烈颜色或明度转变发生的位置保留边缘细节，并且不显示图像的其余部分。多用来处理虚化的图像。

打开需要修改的素材图像，如图 9-57 所示。首先，将图像的背景图层复制，得到背景副本，对背景副本执行"图像"→"调整"→"去色"菜单命令，得到黑白图像，如图9-58所示。

图 9-57　素材图像

图 9-58　图像去色后的效果

然后，选择"滤镜"→"其他"→"高反差保留"菜单命令，弹出"高反差保留"对话框，对话框设置如图 9-59 所示。单击"确定"按钮，得到如图 9-60 所示效果。

图 9-59　"高反差保留"对话框

图 9-60　执行"高反差保留"命令后的效果

最后，回到"图层"调板，调整图像的混合模式为"叠加"，"图层"调板设置如图9-61所示。命令执行后，得到最后效果如图 9-62 所示。

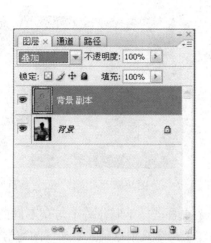

图 9-61　"图层"调板设置　　　　　　　图 9-62　最后效果

（2）位移滤镜。应用"位移"滤镜，可以将图像在水平方向或垂直方向上移动。在图像移动时，在图像原位置可以分别用当前的背景色填充，也可用图像的另一部分填充，还可以用图像的边缘颜色进行填充。

打开需要修改的素材图像，如图 9-63 所示。选择"滤镜"→"其他"→"位移"菜单命令，弹出"位移"对话框，如图 9-64 所示。

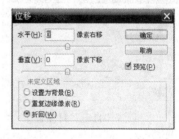

图 9-63　素材图像　　　　　　　　　图 9-64　"位移"对话框

在该对话框中调整"水平"、"垂直"文本框中的数值，如图 9-65 所示，同时在图像预览框中查看图像效果，然后分别选择"位移"对话框中下部"未定义区域"组合框的"设置为背景"、"重复边缘像素"和"折回"单选项，执行后，分别得到如图 9-66、图 9-67 和图 9-68所示效果。

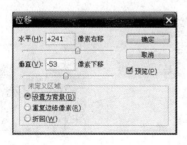

图 9-65　设置"位移"对话框　　　　　图 9-66　"位移"设置为背景

图9-67 "位移"设置为重复边缘像素　　　　图9-68 "位移"设置为折回

（3）自定滤镜。可以通过"自定"滤镜命令来自己动手制作一个与众不同的滤镜效果，并可以将制作的滤镜效果存储和应用。但是该滤镜命令是根据预"定义"的数学运算来更改图像中像素的值，根据周围的像素值为像素重新设定值，进而设置滤镜命令的，在操作上较难控制。

打开需要修改的素材图像，如图9-63所示。选择"滤镜"→"其他"→"自定"菜单命令，弹出"自定"对话框，如图9-69所示。在对话框中调整半径数值，同时在图像预览框中查看图像效果，命令执行后，得到效果如图9-70所示。

图9-69 设置"自定"对话框　　　　　　图9-70 执行"自定"滤镜命令后的效果图

（4）最大值滤镜。运用"最大值"滤镜可以起阻塞的效果，能展开白色区域和阻塞黑色区域，常用来调整、修改"图层蒙版"，效果很好，下面以一个具体的实例，介绍"最大值"滤镜菜单命令的使用方法。

打开有两个图层的PSD格式素材图像，如图9-71所示。

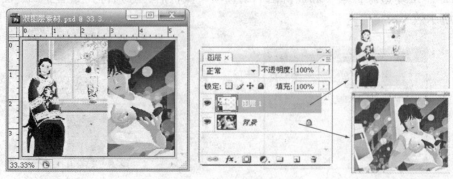

图9-71 素材图像

　　首先在图层调板上选择"图层 1"，执行"图层"→"图层蒙版"→"显示全部"菜单命令，然后选择工具箱中的"渐变"工具，在其选项栏中设置黑白线性渐变模式，移动鼠标到图像窗口上，当鼠标变成"＋"形状时，水平拖动鼠标，对图层蒙版进行线性填充，填充完毕后，其"图层"调板如图 9-72 所示，图像效果如图 9-73 所示。

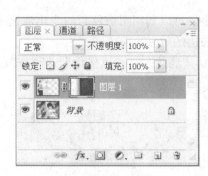

图 9-72　"图层"调板

图 9-73　添加图层蒙版效果图

　　然后选择"滤镜"→"其他"→"最大值"菜单命令，弹出"最大值"对话框，如图 9-74 所示。在对话框中调整"半径"数值，同时在图像预览框中查看图像效果，命令执行后，得到效果如图 9-75 所示。

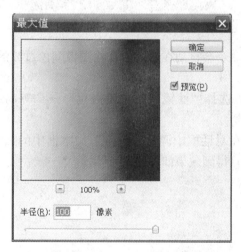

图 9-74　"最大值"对话框

图 9-75　"最大值"滤镜调整效果图

　　运用"最小值"滤镜可以展开黑色区域和收缩白色区域，效果与最大值相反。

9.4.2　破坏性滤镜

　　"破坏性"滤镜菜单命令在图像处理过程中经常应用，该类型滤镜执行的效果非常强烈，对图像的调整幅度很大，经常会破坏原有的图像效果，所以如果使用不当，会导致图像的彻底毁坏。所以称这些滤镜为"破坏性"滤镜。破坏性滤镜包含"风格化"、"扭曲"、"像素化"和"渲染"4 个滤镜组命令。

1. 风格化滤镜组

"风格化"滤镜组。该滤镜组主要是通过置换像素、查找并增加图像的对比度，在选区中生成类似绘画或印象派艺术风格的图像效果。主要包括查找边缘滤镜、等高线滤镜、风滤镜、浮雕效果滤镜、扩散滤镜、拼贴滤镜、曝光过度滤镜、凸出滤镜和照亮边缘滤镜 9 个滤镜命令。下面对以上 9 个滤镜命令进行逐一介绍。

（1）查找边缘滤镜。应用"查找边缘"滤镜命令，可以利用图像色彩的变化强化图像的过渡效果，并突出图像中各区域的边缘，产生类似描边的效果。

打开需要修改的素材图像，如图 9-76 所示。选择"滤镜"→"风格化"→"查找边缘"命令，得到效果如图 9-77 所示。

图 9-76　素材图像　　　　　　　　图 9-77　"查找边缘"滤镜效果图

（2）等高线滤镜。应用"等高线"滤镜菜单命令会自动在选区内查找图像颜色过渡的边缘，并为每个颜色通道勾绘出颜色较浅的细线条。

打开需要修改的素材图像，如图 9-76 所示，选择"滤镜"→"风格化"→"等高线"菜单命令，弹出"等高线"对话框，如图 9-78 所示。

在该对话框的下部选中"较高"单选按钮。在对话框中调整"色阶"文本框中的数值，同时在图像预览框中查看图像效果，命令执行后，得到效果如图 9-79 所示。

图 9-78　"等高线"对话框　　　　　图 9-79　"等高线"滤镜效果图

（3）风滤镜。应用"风"滤镜，可以在当前选区图像中模拟风的效果，创建细小的水平线条。

打开需要修改的素材图像，如图 9-80 所示，选择"滤镜"→"风格化"→"风"菜单命令，弹出"风"对话框，如图 9-81 所示。

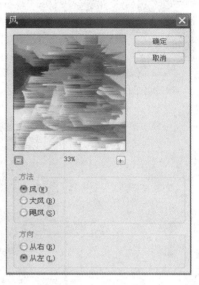

图 9-80　素材图像　　　　　　　　　　图 9-81　"风"对话框

在该对话框中调整"方法"和"方向"两个组合框中的设置，同时在图像预览框中查看图像效果，命令执行后，得到效果如图 9-82 所示。

图 9-82　"风"滤镜效果图

（4）浮雕效果滤镜。应用"浮雕效果"滤镜可以通过将选区图像转换为灰色，用原图像填充色描画图像的边缘，从而使图像产生凹凸不平的仿浮雕效果。

打开需要修改的素材图像，如图 9-83 所示，选择"滤镜"→"风格化"→"浮雕效果"命令，弹出"浮雕效果"对话框，如图 9-85 所示。在该对话框中调整"角度"、"高度"和"数量"文本框中的数值，同时在图像预览框中查看图像效果，命令执行后，效果如图 9-84 所示。

图 9-83　素材图像

图 9-84　"浮雕效果"滤镜效果图

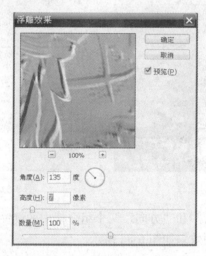

图 9-85　"浮雕效果"对话框

（5）扩散滤镜。应用"扩散"滤镜可以搅乱图像中的像素，产生类似磨砂玻璃的模糊效果。

打开需要修改的素材图像，如图 9-86 所示，选择"滤镜"→"风格化"→"扩散"菜单命令，弹出"扩散"对话框，如图 9-87 所示。

图 9-86　素材图像

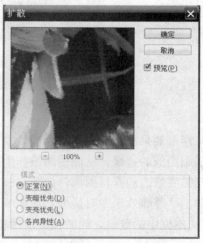

图 9-87　"扩散"对话框

在该对话框下部的模式内有"正常"、"变暗优先"、"变亮优先"和"各向异性"4 个单选按钮，根据调整的需要选择相应模式。同时在图像预览框中查看图像效果，命令执行后，效果如图 9-88 所示。

图 9-88　"扩散"滤镜效果图

（6）拼贴滤镜。应用"拼贴"滤镜可以将图像分解为若干个方形小图形，并且小图形都偏移原来的位置，产生类似于拼贴不严密的马赛克效果

打开需要修改的素材图像，如图 9-89 所示，选择"滤镜"→"风格化"→"拼贴"菜单命令，弹出"拼贴"对话框，如图 9-91 所示。在该对话框中调整"拼贴数"和"最大位移"数值，并在对话框下部的"填充空白区域用"组合框内选择单选项。同时在图像预览框中查看图像效果，命令执行后，得到效果如图 9-90 所示。

图 9-89　素材图像

图 9-90　"拼贴"滤镜效果图

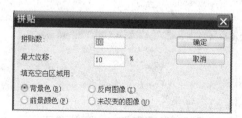

图 9-91　"拼贴"对话框

（7）曝光过度滤镜。应用"曝光过度"滤镜可以产生选区的负片和正片图像相混合的图像效果。

打开需要修改的素材图像，如图 9-92 所示，选择"滤镜"→"风格化"→"曝光过度"菜单命令，得到效果如图 9-93 所示。

图 9-92　素材图像　　　　　　　　　图 9-93　"曝光过度"滤镜效果图

（8）凸出滤镜。应用"凸出"滤镜可以将选区图像分成大小相同凸出的三维立方体或锥体，产生三维立体效果。

打开需要修改的素材图像，如图 9-94 所示，选择"滤镜"→"风格化"→"凸出"菜单命令，弹出"凸出"对话框，如图 9-96 所示。在该对话框中调整"大小"和"深度"数值，在"类型"单选项中选中"块"或"金字塔"，在复选框内根据要调整的效果，对"立方体正面"和"蒙版不完整块"进行选择。同时在图像预览框中查看图像效果，命令执行后，得到效果如图 9-95 所示。

图 9-94　素材图像　　　　　　　　　图 9-95　"凸出"滤镜效果图

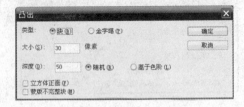

图 9-96　"凸出"对话框

（9）照亮边缘滤镜。应用"照亮边缘"滤镜可以查找选取图像的色彩边缘，并使其边缘发光，图像颜色变暗。

　　打开需要修改的素材图像，如图 9-97 所示。选择"滤镜"→"风格化"→"照亮边缘"菜单命令，弹出"照亮边缘"对话框，如图 9-99 所示。在对话框中调整"边缘宽度"、"边缘亮度"和"平滑度"的数值滑块，同时在图像预览框中查看图像效果，命令执行后，得到效果如图 9-98 所示。

　　　图 9-97　素材图像　　　　　　　　　　图 9-98　"照亮边缘"滤镜效果图

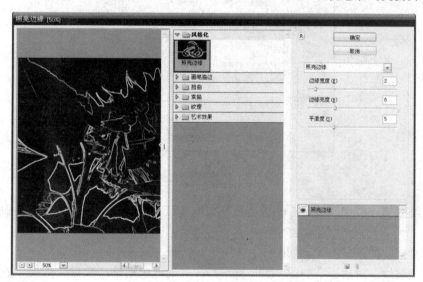

图 9-99　"照亮边缘"对话框

2. 扭曲滤镜组

　　"扭曲"滤镜组，是破坏性滤镜应用较多的一组滤镜，主要用来对选区图像进行扭曲、变形处理，其子菜单包括波浪滤镜、波纹滤镜、玻璃滤镜、海洋波纹滤镜、极坐标滤镜、挤压滤镜、镜头校正滤镜、扩散亮光滤镜、切变滤镜、球面化滤镜、水波滤镜、旋转扭曲滤镜和置换滤镜等 13 种滤镜效果。

　　(1) 波浪滤镜。应用"波浪"滤镜命令可以在选区图像上产生波浪效果。

　　打开需要修改的素材图像，如图 9-100 所示，选择"滤镜"→"扭曲"→"波浪"菜单命令，弹出"波浪"对话框，如图 9-102 所示。在对话框中调整"生成器数"、"波长"、"波幅"和"比例"数值，在对话框右侧的"类型"和"未定义区域"两个组合框内选择单选按钮，同时在图像预览框中查看图像效果，命令执行后，得到效果如图 9-101 所示。

图 9-100　素材图像

图 9-101　"波浪"滤镜效果图

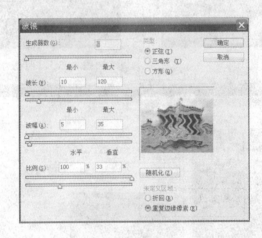

图 9-102　"波浪"对话框

（2）波纹滤镜。应用"波纹"滤镜命令可以使选区图像的像素产生位移，使画面出现波纹效果。

打开需要修改的素材图像，如图 9-103 所示。选择"滤镜"→"扭曲"→"波纹"菜单命令，弹出"波纹"对话框，如图 9-105 所示。在对话框中调整"数量"数值，在对话框下部的"大小"列表框内选择"大"、"中"和"小"选项，同时在图像预览框中查看图像效果，命令执行后，得到效果如图 9-104 所示。

图 9-103　素材图像

图 9-104　"波纹"滤镜效果图

图 9-105　"波纹"对话框

（3）玻璃滤镜。应用"玻璃"滤镜命令可以使选区图像产生一种透过毛玻璃观看的图像效果。

打开需要修改的素材图像，如图 9-103 所示。选择"滤镜"→"扭曲"→"玻璃"菜单命令，弹出"玻璃"对话框，如图 9-106 所示。在对话框中调整"扭曲度"、"平滑度"和"缩放"的滑块数值，同时在图像预览框中查看图像效果，命令执行后，得到效果如图9-107所示。

图 9-106　"玻璃"滤镜效果图

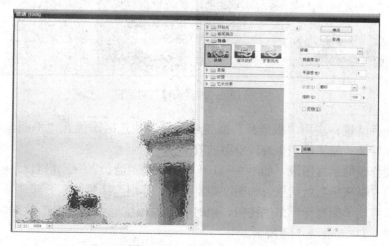

图 9-107　"玻璃"对话框

（4）海洋波纹滤镜。应用"海洋波纹"滤镜命令可以使选区图像产生一种平静水面泛起涟漪的图像效果。

打开需要修改的素材图像，如图 9-108 所示。选择"滤镜"→"扭曲"→"海洋波纹"菜单命令，弹出"海洋波纹"对话框，如图 9-110 所示。在对话框中调整"波纹大小"和"波纹幅度"滑块数值，同时在图像预览框中查看图像效果，命令执行后，得到效果如图 9-109所示。

图 9-108　素材图像

图 9-109　"海洋波纹"滤镜效果图

图 9-110　"海洋波纹"对话框

（5）极坐标滤镜。应用"极坐标"滤镜命令可以使选区图像在"平面坐标"和"极坐标"之间相互转换。使图像产生旋转发射的效果。

打开需要修改的素材图像，如图 9-111 所示。选择"滤镜"→"扭曲"→"极坐标"菜单命令，弹出"极坐标"对话框，如图 9-112 所示。分别选择对话框下部"平面坐标到极坐标"和"极坐标到平面坐标"单选按钮，同时在图像预览框中查看图像效果，命令执行后，得到效果如图 9-113 和图 9-114 所示。

图 9-111　素材图像

图 9-112　"极坐标"对话框

图 9-113　平面坐标到极坐标

图 9-114　极坐标到平面坐标

（6）挤压滤镜。应用"挤压"滤镜命令可以使选区图像产生一种被挤压或膨胀的效果。实际上是压缩图像中间部位的像素，使图像产生向外凸起或向内凹陷的效果。

打开需要修改的素材图像，如图 9-115 所示。选择"滤镜"→"扭曲"→"挤压"菜单命令，弹出"挤压"对话框，如图 9-116 所示。

图 9-115　素材图像

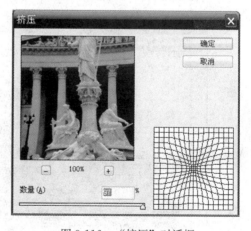

图 9-116　"挤压"对话框

在对话框中调整"数量"数值，数量越大图像向内挤压，数量越小图像向外凸起。命令执行后，得到凹陷和凸起效果对比如图 9-117 所示。

图 9-117　"挤压"滤镜效果图

（7）镜头校正滤镜。应用"镜头校正"滤镜命令可以使选区图像的变形得以修复，在照相时经常会碰到这种情况，尤其是照人数多的集体相，为了画面的完整经常运用广角镜头，这样的照片往往出现两侧人物被压扁变形的现象，应用此滤镜命令可以调整类似照片效果。

打开需要修改的素材图像，如图 9-118 所示。选择"滤镜"→"扭曲"→"镜头校正"菜单命令，弹出"镜头校正"对话框，如图 9-120 所示。在对话框中调整右侧"设置"和"变换"组合框数值，也可运用对话框左侧的 4 种工具对预览图进行调整，也可以利用鼠标左键拖拽调整。同时在图像预览框中查看图像效果，命令执行后，得到效果如图 9-119 所示。

图 9-118　素材图像　　　　　　　　图 9-119　"镜头校正"滤镜效果图

图 9-120　"镜头校正"对话框

（8）扩散亮光滤镜。应用"扩散亮光"滤镜命令可以使选区图像中的亮部产生白色光芒。

打开需要修改的素材图像，如图 9-121 所示。选择"滤镜"→"扭曲"→"扩散亮光"菜单命令，弹出"扩散亮光"对话框，如图 9-123 所示。在对话框中调整"粒度"、"发光量"和"清除数量"滑块数值，同时在图像预览框中查看图像效果，命令执行后，得到效果如图 9-122 所示。

图 9-121 素材图像　　　　　　　　图 9-122 "扩散亮光"滤镜效果图

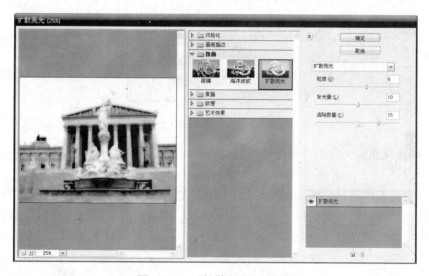

图 9-123 "扩散亮光"对话框

（9）切变滤镜。应用"切变"滤镜命令可以使选区图像像素根据曲线形状产生偏移效果。

打开需要修改的素材图像，如图 9-124 所示。选择"滤镜"→"扭曲"→"切变"菜单命令，弹出"切变"对话框，如图 9-126 所示。在对话框中用鼠标对竖线进行拖拽，在单选框中根据要求选择单选按钮，同时在图像预览框中查看图像效果，命令执行后，得到效果如图 9-125 所示。

图 9-124　素材图像　　　　　　　　　　图 9-125　"切变"滤镜效果图

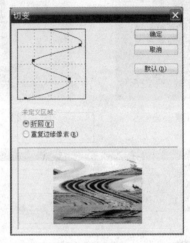

图 9-126　"切变"对话框

（10）球面化滤镜。应用"球面化"滤镜命令可以使选区图像产生由内向外或由外向内的球面变形。

打开需要修改的素材图像，如图 9-127 所示。选择"滤镜"→"扭曲"→"球面化"菜单命令，弹出"球面化"对话框，如图 9-129 所示。在对话框中调整"数量"数值，并选择模式，同时在图像预览框中查看图像效果，命令执行后，得到效果如图 9-128 所示。

图 9-127　素材图像　　　　　　　　　　图 9-128　"球面化"滤镜效果图

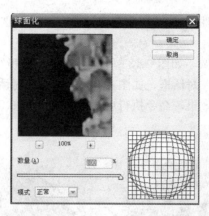

图 9-129　"球面化"对话框

(11) 水波滤镜。应用"水波"滤镜命令可以使选区图像产生类似同心圆形状的波纹图形效果。

打开需要修改的素材图像，如图 9-130 所示。选择"滤镜"→"扭曲"→"水波"菜单命令，弹出"水波"对话框，如图 9-132 所示。在对话框中调整"数量"和"起伏"滑块数值，并在"样式"下拉框内根据要求选择"围绕中心"、"从中心向外"和"水池波纹"选项，同时在图像预览框中查看图像效果，命令执行后，得到效果如图 9-131 所示。

图 9-130　素材图像

图 9-131　"水波"滤镜效果图

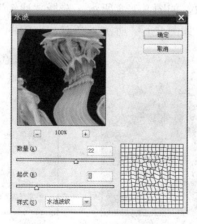

图 9-132　"水波"对话框

（12）旋转扭曲滤镜。应用"旋转扭曲"滤镜命令可以使选区图像产生一种旋转扭曲的旋涡状图像效果。

打开需要修改的素材图像，如图 9-133 所示。选择"滤镜"→"扭曲"→"旋转扭曲"菜单命令，弹出"旋转扭曲"对话框，如图 9-135 所示。在对话框中调整"角度"数值，同时在图像预览框中查看图像效果，命令执行后，得到效果如图 9-134 所示。

图 9-133　素材图像

图 9-134　"旋转扭曲"滤镜效果图

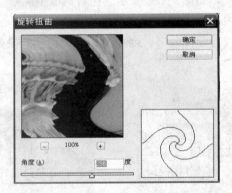
图 9-135　"旋转扭曲"对话框

（13）置换滤镜。应用"置换"滤镜命令可以用另一张图像（PSD 格式）的像素置换当前图像的像素。

打开需要修改的素材图像，如图 9-136 所示。选择"滤镜"→"扭曲"→"置换"菜单命令，弹出"置换"对话框，如图 9-137 所示。在对话框中调整"水平比例"数值，设置水

图 9-136　素材图像

图 9-137　"置换"对话框

平方向上的移动比例。调整"垂直比例"数值，设置垂直方向上的移动比例。并在对话框中"置换图"和"未定义区域"组合框内选择单选按钮。设置完成后单击"确定"按钮，弹出另一个"选择一个置换图"对话框，如图 9-138 所示。通过查找范围项目栏选择置换素材，如图 9-139 所示。命令执行后，得到效果如图 9-140 所示。

图 9-138　"选择一个置换图"对话框

图 9-139　置换素材

图 9-140　"置换"滤镜效果图

3. 像素化滤镜组

"像素化"滤镜，应用该滤镜命令可以使选区图像的像素分成若干个单元格成为色块或将像素平面化。其子菜单中包括彩块化滤镜、彩色半调滤镜、点状化滤镜、晶格化滤镜、马赛克滤镜、碎片滤镜和铜板雕刻滤镜等 7 种滤镜效果。

（1）彩块化滤镜。应用"彩块化"滤镜命令可以使选区图像中数值相邻的像素彩块化，使原图像中相似像素得到整合。

打开需要修改的素材图像，如图 9-141 所示。选择"滤镜"→"像素化"→"彩块化"菜单命令，得到效果如图 9-142 所示。

图 9-141　素材图像

图 9-142　"彩块化"滤镜效果图

(2) 彩色半调滤镜。应用"彩色半调"滤镜命令可以模拟在选区图像的每一个通道上应用扩大的半色调网屏效果。

打开需要修改的素材图像，如图 9-143 所示。选择"滤镜"→"像素化"→"彩色半调"菜单命令，弹出"彩色半调"对话框，如图 9-145 所示。在该对话框中调整"最大半径"数值，调整产生网点的大小，同时在图像预览框中查看图像效果，命令执行后，得到效果如图 9-144 所示。

图 9-143　素材图像

图 9-144　"彩色半调"滤镜效果图

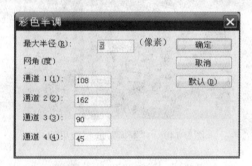

图 9-145　"彩色半调"对话框

(3) 点状化滤镜。应用"点状化"滤镜命令可以使选区图像的像素随机地聚在一起形成点状图形，有点彩画效果。

打开需要修改的素材图像，如图 9-146 所示。选择"滤镜"→"像素化"→"点状化"菜单命令，弹出"点状化"对话框，如图 9-148 所示。在对话框中调整"单元格大小"滑块数值，调整成点的大小，同时在图像预览框中查看图像效果，命令执行后，得到效果如图 9-147 所示。

图 9-146　素材图像

图 9-147　"点状化"滤镜效果图

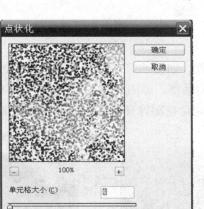

图 9-148　"点状化"对话框

（4）晶格化滤镜。应用"晶格化"滤镜命令可以使选区图像像素结晶为多边形晶格块，使图像形成晶格化效果。

打开需要修改的素材图像，如图 9-149 所示。选择"滤镜"→"像素化"→"晶格化"菜单命令，弹出"晶格化"对话框，如图 9-151 所示。在对话框中调整"单元格大小"数值，调整结晶的单元格大小，同时在图像预览框中查看图像效果，命令执行后，得到效果如图 9-150 所示。

图 9-149　素材图像

图 9-150　"晶格化"滤镜效果图

图 9-151　"晶格化"对话框

（5）马赛克滤镜。应用"马赛克"滤镜命令可以使选区图像分解成许多规则排列的小方块，产生马赛克效果。

打开需要修改的素材图像，如图 9-152 所示。选择"滤镜"→"像素化"→"马赛克"菜单命令，弹出"马赛克"对话框，如图 9-153 所示。在对话框中调整"单元格大小"滑块数值，调整单元格的大小，同时在图像预览框中查看图像效果，命令执行后，得到效果如图 9-154 所示。

图 9-152　素材图像

图 9-153　"马赛克"滤镜效果图

图 9-154　"马赛克"对话框

（6）碎片滤镜。应用"碎片"滤镜命令可以使选区图像像素进行重复复制、平移。虚化图像成像效果。

打开需要修改的素材图像，如图 9-155 所示。选择"滤镜"→"像素化"→"碎片"菜单命令，得到效果如图 9-156 所示。

图 9-155　素材图像

图 9-156　"碎片"滤镜效果图

（7）铜版雕刻滤镜。应用"铜版雕刻"滤镜命令可以使选区图像像素饱和度提高，同时像素成线状或点状排列构成图像。

打开需要修改的素材图像，如图 9-157 所示。选择"滤镜"→"像素化"→"铜版雕刻"菜单命令，弹出"铜版雕刻"对话框，如图 9-158 所示。在对话框中的"类型"下拉列表框中选择"精细点"、"中等点"、"粒状点"、"粗网点"、"短线"、"中长直线"、"长线""短描边"、"中长描边"和"长边"数值，同时在图像预览框中查看图像效果，命令执行后，得到效果如图 9-159 所示。

图 9-157 素材图像

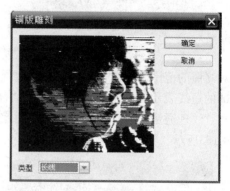

图 9-158 "铜版雕刻"对话框

图 9-159 "铜版雕刻"滤镜效果图

4. 渲染滤镜组

应用"渲染"滤镜组命令主要用来模拟多种光源照明、云彩及特殊的纹理效果，其子菜单包括分层云彩、光照效果、镜头光晕、纤维滤镜和云彩滤镜等 5 种滤镜命令。

（1）分层云彩滤镜。应用"分层云彩"滤镜命令可以在选区图像上叠加一层以当前前景色和背景设置随机产生的一种云雾效果。

打开需要修改的素材图像，如图 9-160 所示。将前景色设置为黑色，背景设置为白色，选择"滤镜"→"渲染"→"分层云彩"菜单命令，得到效果如图 9-161 所示。

（2）光照效果滤镜。应用"光照效果"菜单滤镜命令为图像设置光照效果。

打开需要修改的素材图像，如图 9-162 所示。选择"滤镜"→"渲染"→"光照效果"菜单命令，弹出"光照效果"对话框，如图 9-164 所示。在对话框中左侧的预览框中用鼠标

图 9-160　素材图像　　　　　　　　图 9-161　"分层云彩"滤镜效果图

左键对光照的范围和方向进行拖拽调整，预览图中的圆形区域越大光照的范围也就越大，圆形内部的短线表示光照的方向。设置对话框右侧的"样式"组合框，对"光照类型"、"属性"和"纹理通道"进行设置，同时在图像预览框中查看图像效果，命令执行后，得到效果如图9-163所示。

图 9-162　素材图像　　　　　　　　图 9-163　"光照效果"滤镜效果图

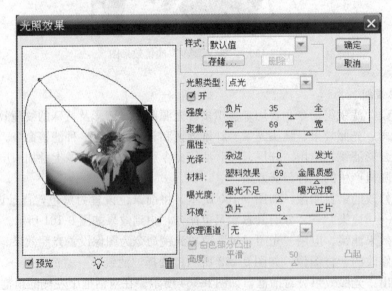

图 9-164　"光照效果"对话框

（3）镜头光晕滤镜。应用"镜头光晕"滤镜命令可以使选区图像模拟亮光照在照相机镜头上产生的光晕效果。

打开需要修改的素材图像，如图 9-165 所示。选择"滤镜"→"渲染"→"镜头光晕"菜单命令，弹出"镜头光晕"对话框，如图 9-167 所示。在对话框中的"缩览图"中用左键拖拽光晕中心，调整"亮度"滑块数值，在"镜头类型"组合框内选择合适的单选按钮，同时在图像预览框中查看图像效果，命令执行后，得到效果如图 9-166 所示。

图 9-165　素材图像

图 9-166　"镜头光晕"滤镜效果图

图 9-167　"镜头光晕"对话框

（4）纤维滤镜。应用"纤维"滤镜命令可以使选区图像将纤维纹理图像叠加到要处理的图像通道中，使纤维纹理凸现出来。

打开需要修改的素材图像，如图 9-168 所示。执行"纤维"命令。首先选择素材图像的一个通道，选择"滤镜"→"渲染"→"纤维"菜单命令，弹出"纤维"对话框，如图 9-170所示。在对话框中调整"差异"和"强度"滑块数值，同时在图像预览框中查看图像效果，命令执行后，得到效果如图 9-169 所示。

图 9-168　素材图像

图 9-169　"纤维"滤镜效果图

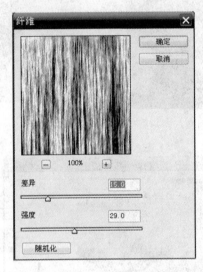

图 9-170　"纤维"对话框

（5）云彩滤镜。应用"云彩"滤镜命令可以使选区图像在前景色和背景色之间的随机像素值在图像上产生云彩烟雾状的效果，也可以对图像的通道进行单独操作。

打开需要修改的素材图像，如图 9-171 所示。将前景色设置为黑色，背景色设置为白色，执行"云彩"命令。选择"滤镜"→"渲染"→"云彩"命令，得到效果如图 9-172 所示。

图 9-171　素材图像

图 9-172　"云彩"滤镜效果图

9.4.3　效果型滤镜

Photoshop CS3 还提供了多组效果型滤镜组。运用这些滤镜组中的滤镜，可以制作出效果丰富多变的图像。这些滤镜包括"画笔描边"、"素描"、"纹理"和"艺术效果"滤镜组。这些主要为图像添加效果的滤镜命令在实际操作中经常运用。

1. 画笔描边

"画笔描边"滤镜，应用该滤镜组命令主要是用于将选区图像用不同的画笔笔触或油墨效果来进行绘制，有类似手绘的图像效果，其子菜单中包括成角的线条滤镜、墨水轮廓滤镜、喷溅滤镜、喷色描边滤镜、强化的边缘滤镜、深色线条滤镜、烟灰墨滤镜和阴影线滤镜等 8 种滤镜效果。

(1) 成角的线条滤镜。应用"成角的线条"滤镜命令可以产生用对角方向笔画对选区图像进行描绘的效果。

打开需要修改的素材图像，如图 9-173 所示。选择"滤镜"→"画笔描边"→"成角的线条"菜单命令，弹出"成角的线条"对话框，如图 9-175 所示。在对话框中调整"方向平衡"、"描边长度"和"锐化程度"滑块数值，调整笔画的方向线条的长度和线条之间的清晰程度，同时在图像预览框中查看图像效果，命令执行后，得到效果如图 9-174 所示。

图 9-173　素材图像　　　　　　　图 9-174　"成角的线条"滤镜效果图

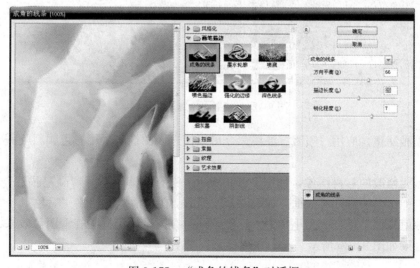

图 9-175　"成角的线条"对话框

（2）墨水轮廓滤镜。应用"墨水轮廓"滤镜命令可以使选区图像在边界部分模拟钢笔勾画轮廓，产生钢笔绘画的效果。

打开需要修改的素材图像，如图 9-176 所示。选择"滤镜"→"画笔描边"→"墨水轮廓"菜单命令，弹出"墨水轮廓"对话框，如图 9-178 所示。在对话框中调整"描边长度"、"深色强度"和"光照强度"滑块数值，同时在图像预览框中查看图像效果，命令执行后，得到效果如图 9-177 所示。

图 9-176　素材图像　　　　　　图 9-177　　"墨水轮廓"滤镜效果图

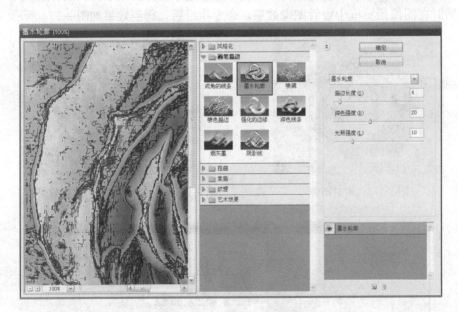

图 9-178　"墨水轮廓"对话框

（3）喷溅滤镜。应用"喷溅"滤镜命令可以使选区图像产生用彩色颜料喷溅后形成的画面效果。

打开需要修改的素材图像，如图 9-179 所示。选择"滤镜"→"画笔描边"→"喷溅"菜单命令，弹出"喷溅"对话框，如图 9-181 所示。在对话框中调整"喷色半径"和"平滑度"滑块数值，调整色点的大小和平滑程度，同时在图像预览框中查看图像效果，命令执行后，得到效果如图 9-180 所示。

图 9-179　素材图像

图 9-180　"喷溅"滤镜效果图

图 9-181　"喷溅"对话框

（4）喷色描边滤镜。应用"喷色描边"滤镜命令可以使选区图像产生倾斜的喷射纹理。其画面效果与"喷溅"相似。

打开需要修改的素材图像，如图 9-182 所示。选择"滤镜"→"画笔描边"→"喷色描边"菜单命令，弹出"喷色描边"对话框，如图 9-184 所示。在对话框中调整"描边长度"和"喷色半径"滑块数值，在"描边方向"单选框选择"对角方向"，同时在图像预览框中查看图像效果，命令执行后，得到效果如图 9-183 所示。

图 9-182　素材图像

图 9-183　"喷色描边"滤镜效果图

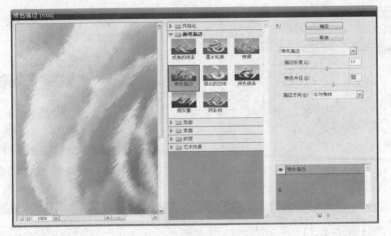

图 9-184　"喷色描边"对话框

　　（5）强化的边缘滤镜。应用"强化的边缘"滤镜命令可以使选区图像的边缘明显化，同时减少图像细节问题。

　　打开需要修改的素材图像，如图 9-185 所示。选择"滤镜"→"画笔描边"→"强化的边缘"菜单命令，弹出"强化的边缘"对话框，如图 9-187 所示。在对话框中调整"边缘宽度"、"边缘亮度"和"平滑度"滑块数值，同时在图像预览框中查看图像效果，命令执行后，得到效果如图 9-186 所示。

图 9-185　素材图像

图 9-186　"强化的边缘"滤镜效果图

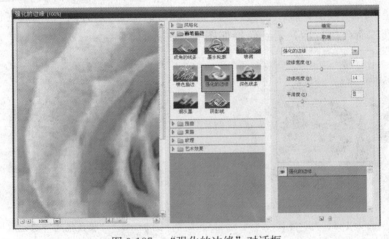

图 9-187　"强化的边缘"对话框

（6）深色线条滤镜。应用"深色线条"滤镜命令可以在选区图像的暗部用深色线条描绘，亮部用浅色线条描绘，使画面突出强烈的黑白对比效果。

打开需要修改的素材图像，如图 9-188 所示。选择"滤镜"→"画笔描边"→"深色线条"菜单命令，弹出"深色线条"对话框，如图 9-190 所示。在对话框中调整"平衡"、"黑色强度"和"白色强度"滑块数值，同时在图像预览框中查看图像效果，命令执行后，得到效果如图 9-189 所示。

图 9-188　素材图像　　　　　　图 9-189　"深色线条"滤镜效果图

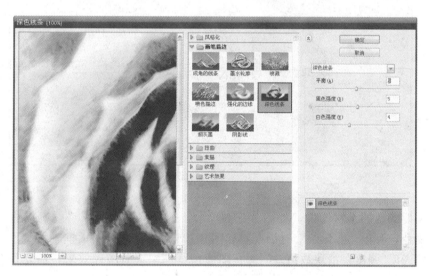

图 9-190　"深色线条"对话框

（7）烟灰墨滤镜。应用"烟灰墨"滤镜命令可以使选区图像根据特定的角度以喷绘的方式重新绘制图像，使图像产生重色喷绘效果。

打开需要修改的素材图像，如图 9-191 所示。选择"滤镜"→"画笔描边"→"烟灰墨"菜单命令，弹出"烟灰墨"对话框，如图 9-193 所示。在该对话框中调整"描边宽度"、"描边压力"和"对比度"滑块数值，调整设置画笔宽度、强度和对比度，同时在图像预览框中查看图像效果，命令执行后，得到效果如图 9-192 所示。

（8）阴影线滤镜。应用"阴影线"滤镜命令可以使选区图像产生互相交叉的网状画的效果，使图像的色彩边缘变得粗糙，有阴影效果。

图 9-191　素材图像

图 9-192　"烟灰墨"滤镜效果图

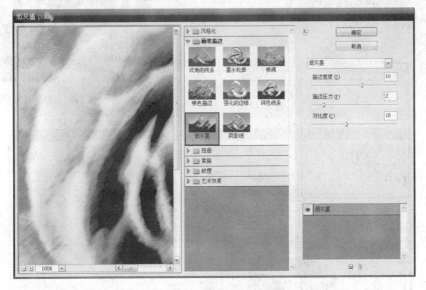

图 9-193　"烟灰墨"对话框

　　打开需要修改的素材图像，如图 9-194 所示。选择"滤镜"→"画笔描边"→"阴影线"菜单命令，弹出"阴影线"对话框，如图 9-196 所示。在该对话框中调整"描边长度"、"锐化程度"和"强度"滑块数值，同时在图像预览框中查看图像效果，命令执行后，得到效果如图 9-195 所示。

图 9-194　素材图像

图 9-195　"阴影线"滤镜效果图

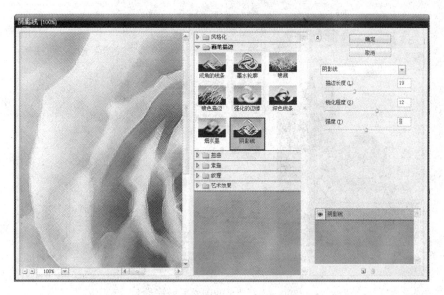

图 9-196　"阴影线"对话框

2. 素描滤镜组

"素描"滤镜组，应用该滤镜组命令一般用于为图像添加各种绘画纹理效果，该滤镜组中的大多数滤镜需要配合工具箱中的前景色和背景色来使用，所以前景色和背景色的设置对此类滤镜的效果起很大的影响。其子菜单中包括半调图案滤镜、便条纸滤镜、粉笔和炭笔滤镜、铬黄滤镜、绘图笔滤镜、基底凸现滤镜、水彩画纸滤镜、撕边滤镜、塑料效果滤镜、炭笔滤镜、炭精笔滤镜、图章滤镜、网状滤镜和影印滤镜等 14 种滤镜效果。

（1）半调图案滤镜。应用"半调图案"滤镜命令可以使选区图像用前景色和背景色在图片中产生网格的效果。

打开需要修改的素材图像，如图 9-197 所示。在工具箱中设置前景色和背景色分别为黑色和白色。选择"滤镜"→"素描"→"半调图案"菜单命令，弹出"半调图案"对话框，如图 9-199 所示。在该对话框中调整"大小"和"对比度"滑块数值，在"图案类型"中选择"网点"，同时在图像预览框中查看图像效果，命令执行后，得到效果如图 9-198 所示。

图 9-197　素材图像

图 9-198　"半调图案"滤镜效果图

图 9-199　"半调图案"对话框

（2）便条纸滤镜。应用"便条纸"滤镜命令可以使选区图像创建像是用两种颜色的手工制作的纸张粘贴构成的图像效果。

打开需要修改的素材图像，如图 9-200 所示。在工具箱中设置前景色和背景色分别为黑色和白色。选择"滤镜"→"素描"→"便条纸"菜单命令，弹出"便条纸"对话框，如图 9-202所示。在该对话框中调整"图像平衡"、"粒度"和"凸现"滑块数值，同时在图像预览框中查看图像效果，命令执行后，得到效果如图 9-201 所示。

图 9-200　素材图像

图 9-201　"便条纸"滤镜效果图

（3）粉笔和炭笔滤镜。应用"粉笔和炭笔"滤镜命令可以用于重新绘制选区图像的高光和中间调，其背景为粗糙粉笔绘制的中间色调。阴影区域用黑色对角炭笔线条绘制。

打开需要修改的素材图像，如图 9-203 所示。在工具箱中设置前景色和背景色分别为黑色和白色。选择"滤镜"→"素描"→"粉笔和炭笔"菜单命令，弹出"粉笔和炭笔"对话框，如图 9-205 所示。在该对话框中调整"炭笔区"、"粉笔区"和"描边压力"滑块数值，调整各区域的绘画范围和描边压力，同时在图像预览框中查看图像效果，命令执行后，得到效果如图 9-204 所示。

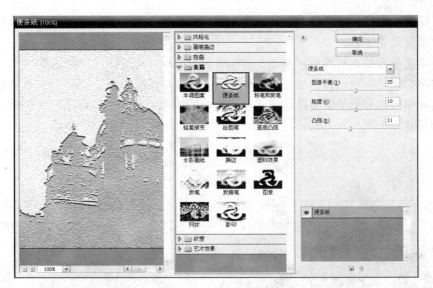

图 9-202　"便条纸"对话框

图 9-203　素材图像

图 9-204　"粉笔和炭笔"滤镜效果图

图 9-205　"粉笔和炭笔"对话框

（4）铬黄滤镜。应用"铬黄"滤镜命令可以使选区图像处理成类似液态金属的效果。其明度与原图像基本一致。

打开需要修改的素材图像，如图 9-206 所示。选择"滤镜"→"素描"→"铬黄"菜单命令，弹出"铬黄"对话框，如图 9-208 所示。在该对话框中调整"细节"和"平滑度"滑块数值，调整图像显示的细节范围和平滑程度，同时在图像预览框中查看图像效果，命令执行后，得到效果如图 9-207 所示。

图 9-206　素材图像　　　　　　　　图 9-207　"铬黄"滤镜效果图

图 9-208　"铬黄"对话框

（5）绘图笔滤镜。应用"绘图笔"滤镜命令可以使选区图像使用细线状油墨对原画进行重新绘制。

打开需要修改的素材图像，如图 9-209 所示。在工具箱中设置前景色和背景色分别为黑色和白色。选择"滤镜"→"素描"→"绘图笔"菜单命令，弹出"绘图笔"对话框，如图 9-211所示。在该对话框中调整"描边长度"和"明/暗平衡"滑块数值，在"描边方向"下拉列表中选择线条的绘画角度，同时在图像预览框中查看图像效果，命令执行后，得到效果如图 9-210 所示。

图 9-209 素材图像

图 9-210 "绘图笔"滤镜效果图

图 9-211 "绘图笔"对话框

（6）基底凸现滤镜。应用"基底凸现"滤镜命令可以用前景色填充较亮区域，用背景色填充较暗区域，使图像呈现浮雕效果。

打开需要修改的素材图像，如图 9-212 所示。在工具箱中设置前景色和背景色分别为黑色和白色。选择"滤镜"→"素描"→"基底凸现"菜单命令，弹出"基底凸现"对话框，如图 9-214 所示。在该对话框中调整"细节"和"平滑度"滑块数值，在"光照"下拉列框中选择光照方向，同时在图像预览框中查看图像效果，命令执行后，得到效果如图 9-213 所示。

图 9-212 素材图像

图 9-213 "基底凸现"滤镜效果图

图 9-214　"基底凸现"对话框

（7）水彩画纸滤镜。应用"水彩画纸"滤镜命令可以使选区图像简化细节，模仿在潮湿的纤维纸上进行绘画，产生画面浸润、扩散的水彩画效果。

打开需要修改的素材图像，如图 9-215 所示。选择"滤镜"→"素描"→"水彩画纸"菜单命令，弹出"水彩画纸"对话框，如图 9-217 所示。在该对话框中调整"纤维长度"、"亮度"和"对比度"滑块数值，同时在图像预览框中查看图像效果，命令执行后，得到效果如图 9-216 所示。

图 9-215　素材图像

图 9-216　"水彩画纸"滤镜效果图

（8）撕边滤镜。应用"撕边"滤镜命令可以使选区图像在边缘部分用粗糙的颜色进行填充，造成模拟撕碎纸片的效果。

打开需要修改的素材图像，如图 9-218 所示。在工具箱中设置前景色和背景色分别为黑色和白色。选择"滤镜"→"素描"→"撕边"菜单命令，弹出"撕边"对话框，如图 9-220所示。在该对话框中调整"图像平衡"、"平滑度"和"对比度"滑块数值，同时在图像预览框中查看图像效果，命令执行后，得到效果如图 9-219所示。

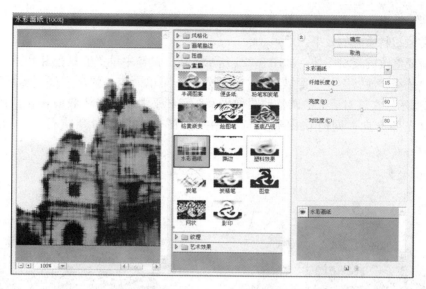

图 9-217　"水彩画纸"对话框

图 9-218　素材图像

图 9-219　"撕边"滤镜效果图

图 9-220　"撕边"对话框

（9）塑料效果滤镜。应用"塑料效果"滤镜命令可以使选区图像的亮部上升、暗部下沉，产生类似塑料质感的效果。

打开需要修改的素材图像，如图 9-221 所示。在工具箱中设置前景色和背景色分别为黑色和白色。选择"滤镜"→"素描"→"塑料效果"菜单命令，弹出"塑料效果"对话框，如图 9-223 所示。在该对话框中调整"图像平衡"和"平滑度"滑块数值，在"光照"下拉列表中选择光照方向，同时在图像预览框中查看图像效果，命令执行后，得到效果如图 9-222 所示。

图 9-221　素材图像

图 9-222　"塑料效果"滤镜效果图

图 9-223　"塑料效果"对话框

（10）炭笔滤镜。应用"炭笔"滤镜命令可以使选区图像重新绘制，主边缘线用粗线绘制，中间色调用细线绘制，产生色调分离的、涂抹的效果。

打开需要修改的素材图像，如图 9-224 所示。在工具箱中设置前景色和背景色分别为黑色和白色。选择"滤镜"→"素描"→"炭笔"菜单命令，弹出"炭笔"对话框，如图 9-226 所示。在该对话框中调整"炭笔粗细"、"细节"和"明/暗平衡"滑块数值，同时在图像预览框中查看图像效果，命令执行后，得到效果如图 9-225 所示。

图 9-224　素材图像

图 9-225　"炭笔"滤镜效果图

图 9-226　"炭笔"对话框

　　（11）炭精笔滤镜。应用"炭精笔"滤镜命令可以使选区图像模拟炭精条的浓重黑色和纯白的笔触纹理效果。

　　打开需要修改的素材图像，如图 9-227 所示。在工具箱中设置前景色和背景色分别为黑色和白色。选择"滤镜"→"素描"→"炭精笔"菜单命令，弹出"炭精笔"对话框，如图 9-229所示。在该对话框中调整"前景色阶"、"背景色阶"、"缩放"、"凸现"、"光照"和"反相"选项，同时在图像预览框中查看图像效果，命令执行后，得到效果如图 9-228 所示。

图 9-227　素材图像

图 9-228　"炭精笔"滤镜效果图

图 9-229　"炭精笔"对话框

（12）图章滤镜。应用"图章"滤镜命令可以使选区图像模拟"图章"效果，产生出黑白影印的效果。

打开需要修改的素材图像，如图 9-230 所示。在工具箱中设置前景色和背景色分别为黑色和白色。选择"滤镜"→"素描"→"图章"菜单命令，弹出"图章"对话框，如图 9-232所示。在该对话框中调整"明/暗平衡"和"平滑度"滑块数值，同时在图像预览框中查看图像效果，命令执行后，得到效果如图 9-231 所示。

图 9-230　素材图像

图 9-231　"图章"滤镜效果图

（13）网状滤镜。应用"网状"滤镜命令可以使选区图像产生一种透过网格在背景上散放颗粒状前景色颜料效果。

打开需要修改的素材图像，如图 9-233 所示。在工具箱中设置前景色和背景色分别为黑色和白色。选择"滤镜"→"素描"→"网状"菜单命令，弹出"网状"对话框，如图 9-235所示。在该对话框中调整"浓度"、"前景色阶"和"背景色阶"滑块数值，同时在图像预览框中查看图像效果，命令执行后，得到效果如图 9-234 所示。

图 9-232 "图章"对话框

图 9-233 素材图像

图 9-234 "网状"滤镜效果图

图 9-235 "网状"对话框

（14）影印滤镜。应用"影印"滤镜命令可以使选区图像产生类似影印的效果。其中，前景色填充高亮度区域的边缘，背景色填充较暗的区域。

打开需要修改的素材图像，如图9-236所示。在工具箱中设置前景色和背景色分别为黑色和白色。选择"滤镜"→"素描"→"影印"菜单命令，弹出"影印"对话框，如图9-238所示。在该对话框中调整"细节"和"暗度"滑块数值，同时在图像预览框中查看图像效果，命令执行后，得到效果如图9-237所示。

图 9-236　素材图像

图 9-237　"影印"滤镜效果图

图 9-238　"影印"对话框

3. 纹理

纹理滤镜组可以为图像添加特殊的材质的纹理效果。其子菜单中包括龟裂缝滤镜、颗粒滤镜、马赛克拼贴滤镜、拼缀图滤镜、染色玻璃滤镜和纹理化滤镜等6个滤镜命令。

（1）龟裂缝滤镜。应用该滤镜命令可以模拟在粗糙的物质表面绘画，出现很多纹理效果。

打开需要修改的素材图像，如图9-239所示。选择"滤镜"→"纹理"→"龟裂缝"菜单命令，弹出"龟裂缝"对话框，如图9-241所示。在该对话框中调整"裂缝间距"、"裂缝深度"和"裂缝亮度"滑块数值，同时在图像预览框中查看图像效果，命令执行后，得到效果如图 9-240 所示。

图 9-239　素材图像

图 9-240　"龟裂缝"滤镜效果图

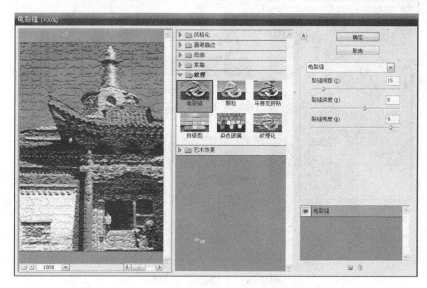

图 9-241　"龟裂缝"对话框

（2）颗粒滤镜。应用"颗粒"滤镜命令可以使选区图像模仿颗粒效果将图像像素颗粒化。

打开需要修改的素材图像，如图 9-242 所示。选择"滤镜"→"纹理"→"颗粒"菜单命令，弹出"颗粒"对话框，如图 9-244 所示。在该对话框中调整"强度"和"对比度"滑块数值，在"颗粒类型"下拉列框内选择任意颗粒类型，同时在图像预览框中查看图像效果，命令执行后，得到效果如图 9-243 所示。

（3）马赛克拼贴滤镜。应用"马赛克拼贴"滤镜命令可以使选区图像分割成若干个方块形状，在方块的缝隙之间添加深色像素，形成建筑物外立面的马赛克效果。

打开需要修改的素材图像，如图 9-245 所示。选择"滤镜"→"纹理"→"马赛克拼贴"菜单命令，弹出"马赛克拼贴"对话框，如图 9-247 所示。在该对话框中调整"拼贴大小"、"缝隙宽度"和"加亮缝隙"数值，同时在图像预览框中查看图像效果，命令执行后，得到效果如图 9-246 所示。

图 9-242　素材图像

图 9-243　"颗粒"滤镜效果图

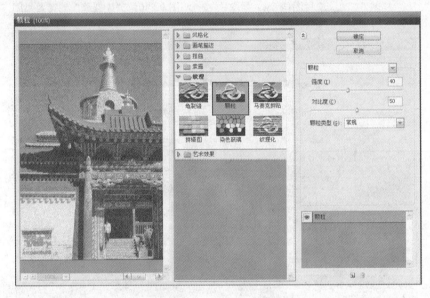

图 9-244　"颗粒"对话框

图 9-245　素材图像

图 9-246　"马赛克拼贴"滤镜效果图

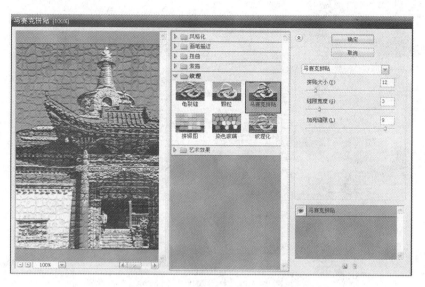

图 9-247　"马赛克拼贴"对话框

（4）拼缀图滤镜。应用"拼缀图"滤镜命令可以将选区图像分成若干小块，每个小块用它最亮的像素填充，小块之间颜色的像素加深，形成平面拼图效果。

打开需要修改的素材图像，如图 9-248 所示。选择"滤镜"→"纹理"→"拼缀图"菜单命令，弹出"拼缀图"对话框，如图 9-250 所示。在该对话框中调整"方形大小"和"凸现"滑块数值，同时在图像预览框中查看图像效果，命令执行后，得到效果如图 9-249 所示。

图 9-248　素材图像

图 9-249　"拼缀图"滤镜效果图

（5）染色玻璃滤镜。应用"染色玻璃"滤镜命令可以将选区图像分成若干五边形小块，每个小块用它最亮的像素填充，小块之间颜色用前景色填充，显示彩色玻璃拼图效果。

打开需要修改的素材图像，如图 9-251 所示。选择"滤镜"→"纹理"→"染色玻璃"菜单命令，弹出"染色玻璃"对话框，如图 9-253 所示。在该对话框中调整"单元格大小"、"边框粗细"和"光照强度"滑块数值，同时在图像预览框中查看图像效果，命令执行后，得到效果如图 9-252 所示。

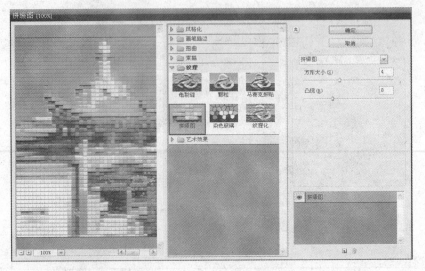

图 9-250　"拼缀图"对话框

图 9-251　素材图像

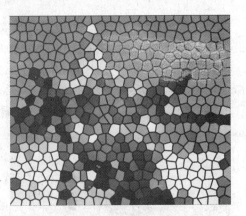

图 9-252　"染色玻璃"滤镜效果图

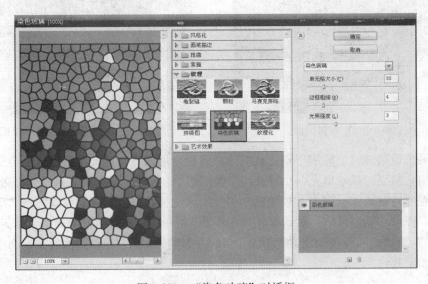

图 9-253　"染色玻璃"对话框

（6）纹理化滤镜。应用"纹理化"滤镜命令可以使选区图像产生某种纹理效果，在对话框中的"纹理"单选框内有"砖形"、"粗麻布"、"画布"等多种纹理类型，也可以自定义某种图像纹理。

打开需要修改的素材图像，如图 9-254 所示。选择"滤镜"→"纹理"→"纹理化"菜单命令，弹出"纹理化"对话框，如图 9-256 所示。在该对话框中调整"缩放"和"凸现"滑块数值，选择一种纹理，在"光照"下拉列框中选择光照方向，同时在图像预览框中查看图像效果，命令执行后，得到效果如图 9-255 所示。

图 9-254　素材图像　　　　　　　　图 9-255　"纹理化"滤镜效果图

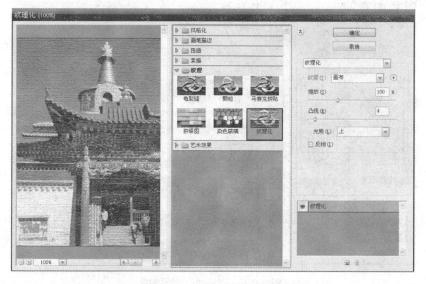

图 9-256　"纹理化"对话框

4. 艺术效果

艺术效果滤镜组可以通过滤镜库的设置，模仿传统绘画的各种方式，将绘制成具有多种艺术效果的图像。其子菜单中包括壁画滤镜、彩色铅笔滤镜、粗糙蜡笔滤镜、底纹效果滤镜、调色刀滤镜、干画笔滤镜、海报边缘滤镜、海绵滤镜、绘画涂抹滤镜、胶片颗粒滤镜、木刻滤镜、霓虹灯光滤镜、水彩滤镜、塑料包装滤镜和涂抹棒滤镜等 15 个滤镜命令。需要注意的是该组滤镜不能应用于 CMYK 模式和 Lab 模式的图像。

（1）壁画滤镜。应用"壁画"滤镜命令可以通过调整选区图像的对比度来增强暗色区域的边缘，主要表现出古壁画粗犷的绘画效果。

打开需要修改的素材图像，如图 9-257 所示。选择"滤镜"→"艺术效果"→"壁画"菜单命令，弹出"壁画"对话框，如图 9-259 所示。在该对话框中调整"画笔大小"、"画笔纹理"和"细节"滑块数值，同时在图像预览框中查看图像效果，命令执行后，得到效果如图 9-258所示。

图 9-257　素材图像

图 9-258　"壁画"滤镜效果图

图 9-259　"壁画"对话框

（2）彩色铅笔滤镜。应用"彩色铅笔"滤镜命令可以使选区图像模拟彩色铅笔在不同质地纸上绘图的效果。

打开需要修改的素材图像，如图 9-260 所示。选择"滤镜"→"艺术效果"→"彩色铅笔"菜单命令，弹出"彩色铅笔"对话框，如图 9-262 所示。在该对话框中调整"铅笔宽度"、"描边压力"和"纸张亮度"滑块数值，同时在图像预览框中查看图像效果，命令执行后，得到效果如图 9-261 所示。

图 9-260　素材图像　　　　　　　　图 9-261　"彩色铅笔"滤镜效果图

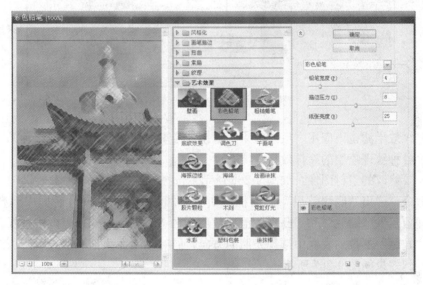

图 9-262　"彩色铅笔"对话框

（3）粗糙蜡笔滤镜。应用"粗糙蜡笔"滤镜命令可以使选区图像模拟彩色的粗蜡笔绘图，产生不平整的纹理效果。

打开需要修改的素材图像，如图 9-263 所示。选择"滤镜"→"艺术效果"→"粗糙蜡笔"菜单命令，弹出"粗糙蜡笔"对话框，如图 9-265 所示。在该对话框中调整"描边长度"

图 9-263　素材图像　　　　　　　　图 9-264　"粗糙蜡笔"滤镜效果图

和"描边细节"滑块数值，在"纹理"下拉列表框中进行设置、调整，同时在图像预览框中查看图像效果，命令执行后，得到效果如图 9-264 所示。

图 9-265　"粗糙蜡笔"对话框

（4）底纹效果滤镜。应用"底纹效果"滤镜命令可以使选区图像根据纹理的不同类型在图像上产生各种纹理喷绘的涂抹效果。

打开需要修改的素材图像，如图 9-266 所示。选择"滤镜"→"艺术效果"→"底纹效果"菜单命令，弹出"底纹效果"对话框，如图 9-268 所示。在该对话框中调整"画笔大小"、"纹理覆盖"、"缩放"和"凸现"滑块数值，在"纹理"下拉列表框中选择合适的纹理选项，在"光照"下拉列表框中选择光照的方向，同时在图像预览框中查看图像效果，命令执行后，得到效果如图 9-267 所示。

图 9-266　素材图像

图 9-267　"底纹效果"滤镜效果图

（5）调色刀滤镜。应用"调色刀"滤镜命令可以使选区图像模拟油画绘制时用调色刀将相似的颜色融合，涂抹在画布上的效果，能减少图像的细节。

打开需要修改的素材图像，如图 9-269 所示。选择"滤镜"→"艺术效果"→"调色刀"菜单命令，弹出"调色刀"对话框，如图 9-271 所示。在该对话框中调整"描边大小"、"描边细节"和"软化度"滑块数值，同时在图像预览框中查看图像效果，命令执行后，得到效果如图 9-270 所示。

图 9-268　"底纹效果"对话框

图 9-269　素材图像

图 9-270　"调色刀"滤镜效果图

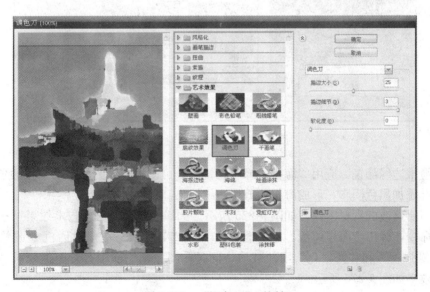

图 9-271　"调色刀"对话框

（6）干画笔滤镜。应用"干画笔"滤镜命令可以使选区图像模拟绘画的干笔画技术，表现较为干枯的绘画笔触效果。

打开需要修改的素材图像，如图 9-272 所示。选择"滤镜"→"艺术效果"→"干画笔"菜单命令，弹出"干画笔"对话框，如图 9-274 所示。在该对话框中调整"画笔大小"、"画笔细节"和"纹理"滑块数值，同时在图像预览框中查看图像效果，命令执行后，得到效果如图 9-273 所示。

图 9-272　素材图像

图 9-273　"干画笔"滤镜效果图

图 9-274　"干画笔"对话框

（7）海报边缘滤镜。应用"海报边缘"滤镜命令可以使选区图像自动查找颜色变化较明显的边缘并添加黑色阴影，形成海报的剪切边缘效果。

打开需要修改的素材图像，如图 9-275 所示。选择"滤镜"→"艺术效果"→"海报边缘"菜单命令，弹出"海报边缘"对话框，如图 9-277 所示。在该对话框中调整"边缘厚度"、"边缘强度"和"海报化"滑块数值，同时在图像预览框中查看图像效果，命令执行后，得到效果如图 9-276 所示。

图 9-275　素材图像

图 9-276　"海报边缘"滤镜效果图

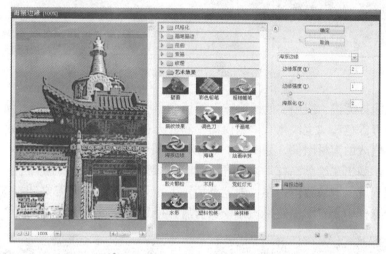

图 9-277　"海报边缘"对话框

（8）海绵滤镜。应用"海绵"滤镜命令可以使选区图像产生海绵吸颜料涂抹绘画的效果。

打开需要修改的素材图像，如图 9-278 所示。选择"滤镜"→"艺术效果"→"海绵"菜单命令，弹出"海绵"对话框，如图 9-280 所示。在该对话框中调整"画笔大小"、"清晰度"和"平滑度"滑块数值，同时在图像预览框中查看图像效果，命令执行后，得到效果如图 9-279 所示。

图 9-278　素材图像

图 9-279　"海绵"滤镜效果图

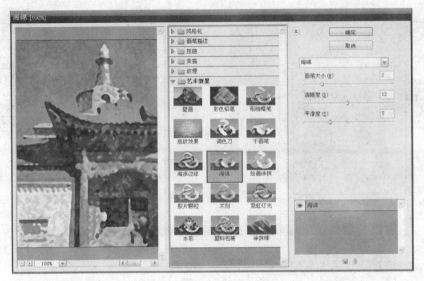

图 9-280　"海绵"对话框

（9）绘画涂抹滤镜。应用"绘画涂抹"滤镜命令可以使选区图像产生"简单"、"未处理光照"、"未处理深色"、"宽锐化"、"宽模糊"和"火花"等 6 种涂抹的效果。

打开需要修改的素材图像，如图 9-281 所示。选择"滤镜"→"艺术效果"→"绘画涂抹"菜单命令，弹出"绘画涂抹"对话框，如图 9-283 所示。在该对话框中调整"画笔大小"和"锐化程度"滑块数值，在"画笔类型"下拉列表框中根据需要选择 6 种涂抹类型，同时在图像预览框中查看图像效果，命令执行后，得到效果如图 9-282 所示。

图 9-281　素材图像

图 9-282　"绘画涂抹"滤镜效果图

（10）胶片颗粒滤镜。应用"胶片颗粒"滤镜命令可以使选区图像模拟胶片颗粒的效果。添加黑色不均匀的颗粒纹理，加强图像的层次感。

打开需要修改的素材图像，如图 9-284 所示。选择"滤镜"→"艺术效果"→"胶片颗粒"菜单命令，弹出"胶片颗粒"对话框，如图 9-286 所示。在该对话框中调整"颗粒"、"高光区域"和"强度"滑块数值，同时在图像预览框中查看图像效果，命令执行后，得到效果如图 9-285 所示。

图 9-283　"绘画涂抹"对话框

图 9-284　素材图像

图 9-285　"胶片颗粒"滤镜效果图

图 9-286　"胶片颗粒"对话框

（11）木刻滤镜。应用"木刻"滤镜命令可以使选区图像颜色层次分明，产生版画的效果。

打开需要修改的素材图像，如图 9-287 所示。选择"滤镜"→"艺术效果"→"木刻"菜单命令，弹出"木刻"对话框，如图 9-289 所示。在该对话框中调整"色阶数"、"边缘简化度"和"边缘逼真度"滑块数值，同时在图像预览框中查看图像效果，命令执行后，得到效果如图 9-288 所示。

图 9-287　素材图像

图 9-288　"木刻"滤镜效果图

图 9-289　"木刻"对话框

（12）霓虹灯光滤镜。应用"霓虹灯光"滤镜命令可以使选区图像产生各种奇特的霓虹灯照射后的效果。

打开需要修改的素材图像，如图 9-290 所示。选择"滤镜"→"艺术效果"→"霓虹灯光"菜单命令，弹出"霓虹灯光"对话框，如图 9-292 所示。在该对话框中调整"发光大小"和"发光亮度"滑块数值，在"发光颜色"单选框内选择发光的颜色，同时在图像预览框中查看图像效果，命令执行后，得到效果如图 9-291 所示。

图 9-290　素材图像

图 9-291　"霓虹灯光"滤镜效果图

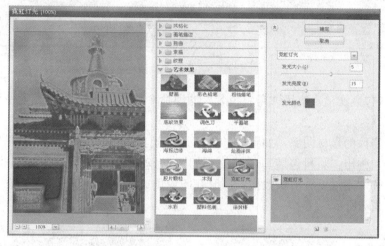

图 9-292　"霓虹灯光"对话框

（13）水彩滤镜。应用"水彩"滤镜命令可以使选区图像模拟水彩画效果。

打开需要修改的素材图像，如图 9-293 所示。选择"滤镜"→"艺术效果"→"水彩"菜单命令，弹出"水彩"对话框，如图 9-295 所示。在该对话框中调整"画笔细节"、"阴影强度"和"纹理"滑块数值，同时在图像预览框中查看图像效果，命令执行后，得到效果如图 9-294 所示。

图 9-293　素材图像

图 9-294　"水彩"滤镜效果图

图 9-295　"水彩"对话框

（14）塑料包装滤镜。应用"塑料包装"滤镜命令可以使选区图像产生一种被塑料包装的立体效果。

打开需要修改的素材图像，如图 9-296 所示。选择"滤镜"→"艺术效果"→"塑料包装"菜单命令，弹出"塑料包装"对话框，如图 9-298 所示。在该对话框中调整"高光强度"、"细节"和"平滑度"滑块数值，同时在图像预览框中查看图像效果，命令执行后，得到效果如图 9-297 所示。

图 9-296　素材图像

图 9-297　"塑料包装"滤镜效果图

（15）涂抹棒滤镜。应用"涂抹棒"滤镜命令可以使选区图像模拟应用细小笔触的画笔进行重新绘制图像的效果，使图像的暗部区域变得柔和，亮部区域变得明亮。

打开需要修改的素材图像，如图 9-299 所示。选择"滤镜"→"艺术效果"→"涂抹棒"菜单命令，弹出"涂抹棒"对话框，如图 9-301 所示。在该对话框中调整"描边长度"、"高光区域"和"强度"滑块数值，同时在图像预览框中查看图像效果，命令执行后，得到效果如图 9-300 所示。

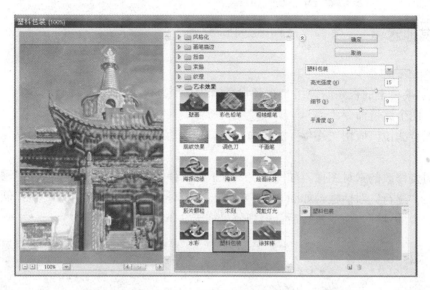

图 9-298　"塑料包装"对话框

图 9-299　素材图像

图 9-300　"涂抹棒"滤镜效果图

图 9-301　"涂抹棒"对话框

9.4.4 其他滤镜

1. 视频滤镜组

"滤镜"菜单下的视频滤镜组与视频设备有关，其子菜单中含"逐行滤镜"和"NTSC颜色滤镜"两个滤镜命令。

（1）逐行滤镜。应用"逐行"滤镜命令可以使隔行的视频图像转化为普通图像，增强其画面品质。

打开需要修改的素材图像，如图 9-302 所示。选择"滤镜"→"视频"→"逐行"菜单命令，弹出"逐行"对话框，如图 9-304 所示。在该对话框中选择"消除"和"创建新场方式"组合框中的选项，命令执行后，得到效果如图 9-303 所示。

图 9-302　素材图像　　　　　　　　图 9-303　"逐行"滤镜效果图

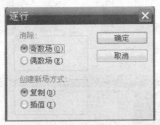

图 9-304　"逐行"对话框

（2）NTSC 颜色滤镜。应用"NTSC 颜色"滤镜命令可以将图像颜色转化为适合于视频显示的颜色。在多媒体制作中，若想将 RGB 模式的图像以 NTSC 输出，就可以用这个滤镜。

9.5　外挂滤镜简介

Photoshop CS3 支持由非 Adobe 软件开发商开发的增效滤镜，也称为"第三方滤镜"或"外挂滤镜"。外挂滤镜的种类繁多，效果也不断更新，但使用方法与内置滤镜基本类似。常见的有"KPT"、"Eye Candy 系列"等外挂滤镜。

9.6　实训项目——制作电影海报

　　一般情况下，制作比较复杂的图像效果都离不开滤镜命令，滤镜命令通常配合通道、图层蒙版等相关工具共同作用来制作精美的图像效果，下面应用滤镜、色彩调整和图层蒙版等命令共同制作一个电影宣传海报。通过本例制作，要熟悉和掌握滤镜命令的应用。

　　具体制作步骤如下。

　　（1）选择"文件"→"新建"菜单命令，在弹出的"新建"对话框中进行设置，如图 9-305 所示。

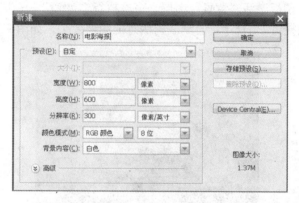

图 9-305　"新建"对话框

　　（2）将前景色设置为黑色，背景色设置为白色，选择"滤镜"→"渲染"→"云彩"菜单命令，得到效果如图 9-306 所示。

　　（3）选择"滤镜"→"渲染"→"分层云彩"菜单命令，然后，多次按快捷键 Ctrl＋F，重复执行"分层云彩"命令，得到类似效果如图 9-307 所示。

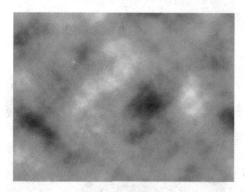

图 9-306　"滤镜"→"渲染"→"云彩"命令

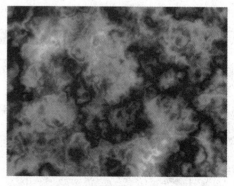

图 9-307　多次执行"分层云彩"命令效果

　　（4）在"图层"调板中选择"背景"层，按住鼠标左键将其拖拽至调板下部的"新建图层"按钮上，得到新图层"背景副本"，将混合模式设置为"颜色减淡"，同时将"不透明度"调整为 80％，设置如图 9-308 所示，得到效果如图 9-309 所示。

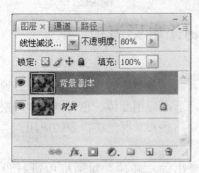

图 9-308　"图层"调板设置

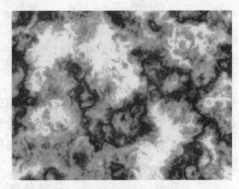

图 9-309　图层混合调整效果

（5）在"图层"调板激活"背景"图层，多次执行"滤镜"→"渲染"→"分层云彩"菜单命令或多次按快捷键 Ctrl＋F，直到获得满意的图像效果，如图 9-310 所示。

图 9-310　多次执行"滤镜"→"渲染"→"分层云彩"命令效果

（6）选择"图层"→"新建的填充图层"→"渐变"菜单命令，在弹出的"新建图层"对话框中设置该层的图层混合"模式"为"线性光"，"不透明度"为 85％，单击"确定"按钮，然后在弹出的"渐变填充"对话框中设置"缩放"为 50％，角度为－90，两个对话框的设置如图 9-311 所示，得到效果如图 9-312 所示。

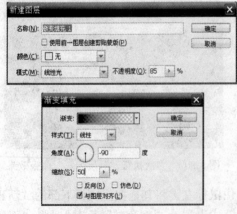

图 9-311　"新建图层"对话框设置和
"渐变填充"对话框中设置

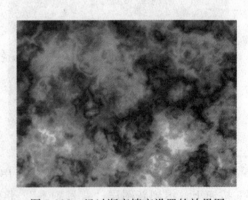

图 9-312　经过渐变填充设置的效果图

（7）选择"图层"→"新建的调整图层"→"亮度/对比度"菜单命令，在弹出的"新建图层"对话框中直接单击"确定"按钮，然后在弹出的"亮度/对比度"对话框中设置如图 9-313 所示，得到效果如图 9-314 所示。

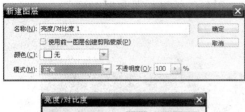
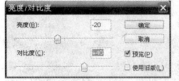

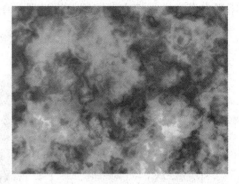

图 9-313　"亮度/对比度"对话框设置　　　　图 9-314　经过"亮度/对比度"设置的效果图

（8）选择"图层"→"新建的调整图层"→"渐变映射"菜单命令，在弹出的"新建图层"对话框中直接单击"确定"按钮，然后在弹出的"渐变映射"对话框中单击中间色带，弹出"渐变编辑器"，在"渐变编辑器"中设置如图 9-315 所示，单击"确定"按钮。

图 9-315　通过渐变编辑器设置的渐变映射

（9）选择"文件"→"打开"菜单命令，打开一幅素材人物图像，如图 9-316 所示。

图 9-316　素材人物图像

（10）在工具箱中选择"多边形套索工具"，选取人物，选择"选择"→"修改"→"羽化"菜单命令，调整羽化值为 2，将人物拖至电影海报文件的最上层，调整合适的大小，选择混合模式为"线性光"，然后选择"图层"→"图层蒙版"→"显示全部"菜单命令，最后用黑白渐变进行填充，图层面板设置如图 9-317，得到的效果如图 9-318 所示。

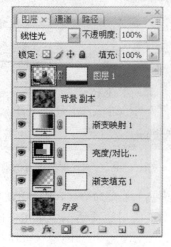

图 9-317　图层面板设置　　　　　　图 9-318　应用图层蒙版调整后效果

（11）为海报添加文字，在工具箱中选择"横排文字"工具，输入文字并调整大小、位置。双击文字图层为文字分别添加"描边"、"外发光"、"斜面浮雕"和"渐变叠加"图层样式，图层样式设置如图 9-319 至图 9-322 所示，效果如图 9-323 所示。

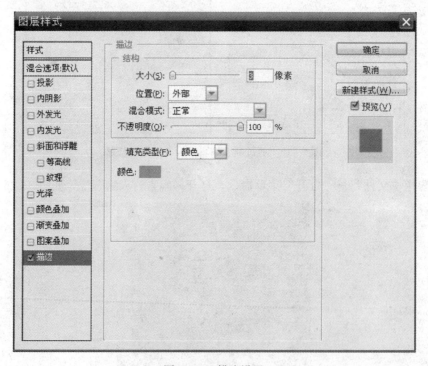

图 9-319　描边设置

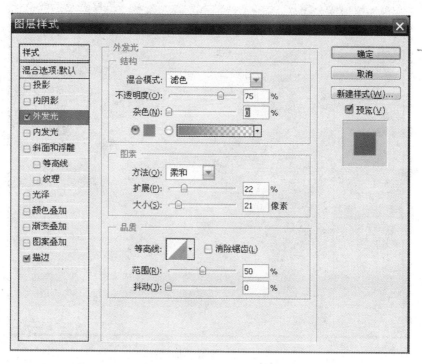

图 9-320　外发光设置

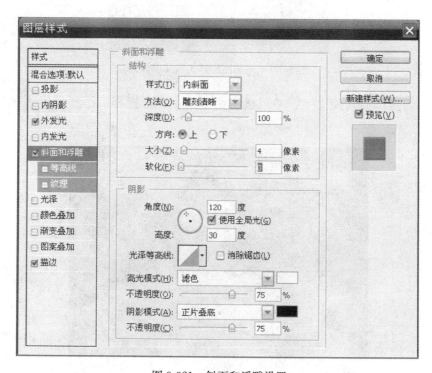

图 9-321　斜面和浮雕设置

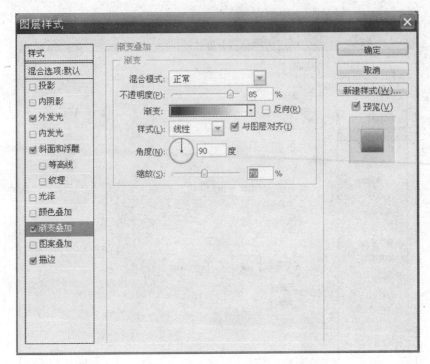

图 9-322 渐变叠加设置

图 9-323 添加图层样式的文字效果

（12）为海报添加其他文字，并调整文字的大小、位置等，得到最终效果如图 9-324 所示。

图 9-324 最终效果图

习　题

一、填空题

1. 所谓_____是指以特定的方式处理图像文件的像素特性的工具。就如同摄影时使用的过滤镜头，能使图像产生特殊的艺术效果。

2. _____滤镜多用来对复杂图像建立选区时应用。通过该命令可以将图像与其周围的图像自动分离开来。

3. "图案生成器"滤镜命令是一个可以在图像中提出样本、制作_____的工具，通过"图案生成器"滤镜命令生成的图案是利用素材图案中的局部无序地排列在一起形成的图案。

4. 在 Photoshop CS3 软件中，校正性滤镜包含_____、_____、_____和_____滤镜组。

5. _____多用来处理粗糙的人物面部皮肤，此命令可以在保留图像边缘的同时模糊图像消除杂色或粒度。

6. 杂色滤镜组包含_____、_____、_____、_____和_____5 个滤镜命令。

7. 破坏性滤镜包含_____、_____、_____和_____4 个滤镜组命令。

8. 应用_____滤镜可以通过将选区图像转换为灰色，用原图像填充色描画图像的边缘，从而使图像产生凹凸不平的仿浮雕效果。

9. 应用"极坐标"滤镜命令可以使选区图像在_____和_____之间相互转换，使图像产生旋转发射的效果。

10. "滤镜"菜单下的视频滤镜组是与视频设备有关的，其子菜单中含_____和_____2 个滤镜命令。

11. _____滤镜组，应用该命令组下的命令可以达到柔和、淡化图像中不同色彩、明度的边界，创造出各种特殊模糊效果的作用。

12. Photoshop CS3 还提供了多组效果性滤镜组，_____、_____、_____和_____滤镜组。这些主要为图像添加效果的滤镜命令在实际操作中经常用到。

二、选择题

1. 在 Photoshop CS3 中，（　　）是所有滤镜中功能最为强大的命令，为了使用户操作方便，它将大部分比较常用的滤镜集中在一起。

    A. 滤镜库　　　　　　　　　　　B. 校正性滤镜

    C. 扭曲滤镜　　　　　　　　　　D. 破坏性滤镜

2. 需要注意的是"滤镜库"虽然非常灵活，通常它也是应用滤镜的最佳选择。但是并非"滤镜"菜单中列出的所有滤镜在"滤镜库"中都可用。对于（　　），只有在栅格化之后才可应用。

    A. 新建图层　　　　　　　　　　B. 文字图层

    C. 普通图层　　　　　　　　　　D. 混合图层

3. （　　）滤镜，可以在对图像编辑时，根据图像的透视对图像进行编辑。在滤镜执行过程中，可以对图像特定的平面执行仿制、复制和自由变换等命令。也可以用该命令来修改和添加图片内容，其效果符合透视规律，图像效果更加逼真。

A. 消失点　　　　　　　　　　　B. 动感模糊

C. 自由变换　　　　　　　　　　D. 风格化

4. （　　）滤镜组，是应用较多的一组破坏性滤镜，其子菜单包括波浪滤镜、波纹滤镜、玻璃滤镜、海洋波纹滤镜、极坐标滤镜等 13 种滤镜效果。

A. 极坐标　　　　　　　　　　　B. 校正性滤镜

C. 破坏性滤镜　　　　　　　　　D. 扭曲

5. Photoshop CS3 支持由非 Adobe 软件开发商开发的增效滤镜，也称为"第三方滤镜"或（　　）。

A. KPT　　　　　　　　　　　　B. Eye Candy 系列

C. 外挂滤镜　　　　　　　　　　D. 视频滤镜

三、上机练习题

打开需要修改的两张素材图像，如图 9-325 所示，根据本章所学内容完成如图 9-326 所示的效果。

图 9-325　素材图像　　　　　　　　图 9-326　最后完成效果

第 10 章　特效字制作

学习目标

在平面设计中，一幅合格的作品不仅要有完美的图像，还要有能够给图像增色或点睛的效果文字。本章主要介绍如何运用工具箱中的文字工具（包括横排文字工具、直排文字工具、横排文字蒙版工具、直排文字蒙版工具）和菜单中的滤镜、图层样式、通道以及路径等命令完成文字效果的制作。

本章重点

- 文字工具与滤镜的结合使用；
- 文字工具与图层样式的结合使用；
- 文字工具与通道、路径的结合使用。

10.1　蓝色玻璃字

蓝色玻璃字的制作主要是通过文字工具及载入选区和修改命令相结合完成的文字效果。具体操作步骤如下。

（1）新建一个 600×400 像素的图像文件。

（2）单击工具箱中的文字工具按钮，切换到文字工具。文字的字体、字号以及字体颜色设置如图 10-1 所示，在图像窗口中输入文字"玻璃字"，此时系统自动将图层命名为"玻璃字"。

图 10-1　文字属性设置

（3）选择"选择"→"载入选区"菜单命令，打开"载入选区"对话框，在"通道"下拉列表框中选择"玻璃字透明"选项，如图 10-2 所示，单击"确定"按钮。此时在文字的边缘创建一个选区。

（4）选择"选择"→"修改"→"收缩"菜单命令，在打开的对话框中将选区"收缩量"设置为"3"，然后单击"确定"按钮，如图 10-3 所示。

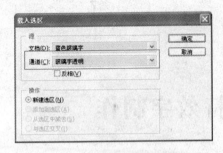

图 10-2 "载入选区"设置　　　　　　图 10-3 "收缩选区"设置

（5）选择"选择"→"修改"→"羽化"菜单命令，在打开的对话框中设置"羽化半径"的值为"2"，单击"确定"按钮，如图 10-4 所示。

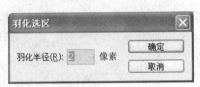

图 10-4 "羽化选区"设置

（6）在"图层"调板中单击"新建图层"按钮创建一个新图层，系统自动将其命名为"图层 1"。单击工具箱中的"设置前景色"色块，在弹出的"拾色器"对话框中将前景色的 RGB 颜色设置为♯679aff，然后单击"确定"按钮，再按快捷键 Alt＋Delete 在选区中填充前景色。按快捷键 Ctrl＋D 取消选区。

（7）在图层调板中选中"图层 1"，接着在工具箱中选择移动工具，并分别按"向右"和"向下"方向键各两次，将"图层 1"向右和向下各移动两个像素，效果如图 10-5 所示。

（8）再次载入文字图层的选区，打开"收缩选区"对话框，设置"收缩量"为"2"，单击"确定"按钮。

（9）在文字选区的上面创建一个名字为"图层 2"的图层，设置前景色为♯bddaff，按快捷键 Alt＋Delete 在选区中填充前景色，取消选区后，按照前面的方法将"图层 2"向右和向下各移动 1 个像素，最终效果如图 10-6 所示。

图 10-5 图层微移效果　　　　　　图 10-6 玻璃字效果

（10）在"图层"调板的文字图层上右击鼠标，在弹出的快捷菜单中选择"栅格化文字"命令。

（11）取消背景图层的可见性，选择"图层"→"合并可见图层"菜单命令，将"图层1"、"图层 2"和文字图层进行合并。

（12）恢复背景图层的可见性，然后选择渐变工具，在属性栏单击"渐变"下拉列表框，在打开的"渐变编辑器"中设置渐变颜色为前景色到背景色，在背景图层上从上到下拖动鼠标，将背景图层填充渐变色，最终效果如图 10-7 所示，最后保存文件。

图 10-7　最终效果图

10.2　斑驳字

斑驳字的制作主要应用到了滤镜菜单中的像素化、模糊、风格化等滤镜效果，另外通过调整图层的色阶、阈值等来改变图像的效果。其中点状化滤镜的作用与添加杂色滤镜类似，都是添加一些杂色，不同的是点状化滤镜可以控制杂点的大小，而添加杂色滤镜无法控制杂色点的大小。

（1）新建一个 500×200 像素的文件，设置分辨率为 72 像素/英寸，颜色模式为"灰度"的文件，如图 10-8 所示。

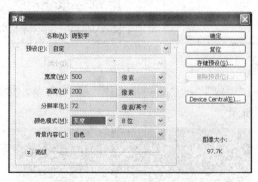

图 10-8　"新建"对话框

（2）选择"滤镜"→"像素化"→"点状化"菜单命令。在弹出的"点状化"对话框中设置"单元格大小"为"5"，如图 10-9 所示，然后单击"确定"按钮，效果如图 10-10所示。

图 10-9　"点状化"对话框

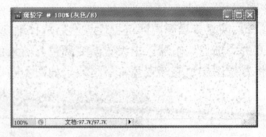

图 10-10　点状化效果

（3）选择"图像"→"调整"→"自动色阶"菜单命令，效果如图 10-11 所示。

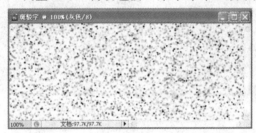

图 10-11　执行自动色阶后效果

（4）选择"图像"→"调整"→"阈值"菜单命令，在弹出的"阈值"对话框中设置"阈值色阶"为"200"，如图 10-12 所示，然后单击"确定"按钮，效果如图 10-13 所示。注意，使用阈值可以将原图中亮度小于阈值色阶中设置值的像素点转换为黑色，而将其余的像素点转换为白色。

图 10-12　"阈值"对话框

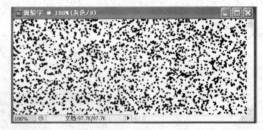

图 10-13　阈值效果图

（5）选择"滤镜"→"模糊"→"进一步模糊"菜单命令，然后按快捷键 Ctrl＋I 将图像反相，效果如图 10-14 所示。

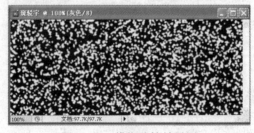

图 10-14　模糊滤镜效果图

（6）新建一个图层，命名为"图层 1"，按 D 键将前景色和背景色设置为默认值，然后按快捷键 Ctrl＋Delete 将该图层填充为背景色白色。

（7）单击工具箱中的"横排文字蒙版工具"，在工具选项栏中设置文字的字体、字号等属性，具体设置如图 10-15 所示。

图 10-15　文字属性工具栏

（8）在图像窗口中输入相应的文字，然后再按快捷键 Ctrl＋Enter，输入的文字即变成为以文字笔画为轮廓的选区。接着，再按快捷键 Alt＋Delete 给选区填充前景色。

（9）在"通道"调板中单击"将选区存储为通道"按钮，将当前选区保存为一个"Alpha"通道，系统自动将其命名为"Alpha1"，按快捷键 Ctrl＋D 取消选区。

（10）切换到"图层"调板，单击"图层 1"图层，将其图层的混合模式设置为"滤色"选项，再将"图层 1"合并到背景图层中，选择"图层"菜单，在弹出的子菜单中选择"向下合并"命令，效果如图 10-16 所示。

（11）选择"滤镜"→"像素化"→"铜版雕刻"菜单命令，在打开的"铜版雕刻"对话框中的"类型"下拉列表框中选择"短线"选项，然后单击"确定"按钮，得到如图 10-17 所示的效果。

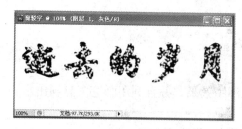

图 10-16　滤色后效果图

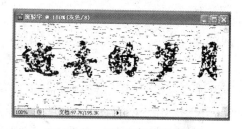

图 10-17　像素化滤镜效果图

（12）选择"滤镜"→"风格化"→"风"菜单命令，在弹出的"风"对话框中，将"方法"设置为"风"，"方向"设置为"从右"，然后单击"确定"按钮，如图 10-18 所示。

图 10-18　"风"对话框

（13）切换到"通道"调板，按住 Ctrl 键，单击"通道"调板中的"Alpha1"通道，将其作为选区载入。接着切换到"图层"调板，按快捷键 Ctrl＋Shift＋I 反选选区，然后按 Delete 键将背景删除。然后按快捷键 Ctrl＋A 选择整个图像后，再次按快捷键 Ctrl＋C 将其复制到剪贴板中。

（14）打开"背景.jpg"文件后，按快捷键 Ctrl＋V 将剪贴板中的图像粘贴到该文件中，生成一个新的图层"图层1"。在"图层"调板中将"图层1"的混合模式设置为"线性加深"，接着，按快捷键 Ctrl＋T，调整文字的大小，最终效果如图 10-19 所示，最后保存文件。

图 10-19　最终效果图

10.3　水晶字

制作水晶字需要利用滤镜中的模糊、风格化滤镜效果，并且利用画笔工具画出水晶发光的效果，最后利用渐变工具中的透明彩虹给文字上色。

（1）新建一个 600×300 像素，分辨率为 72 像素/英寸的文件。

（2）在"图层"调板中新建一个图层"图层1"。

（3）选择工具箱中的"横排文字蒙版工具"，在其选项栏中设置文字的字体、字号和颜色等属性，如图 10-20 所示。在图像窗口中输入需要的文字，然后按快捷键 Ctrl＋Enter 得到文字选区。

图 10-20　文字属性工具栏

（4）将文字移动到图像窗口的中间，填充为黑色，效果如图 10-21 所示。

图 10-21　填充颜色效果图

（5）选择"滤镜"→"模糊"→"动感模糊"菜单命令，在弹出的"动感模糊"对话框中设置"角度"为"45"，"距离"为"45"，如图 10-22 所示。

图 10-22　"动感模糊"对话框

（6）选择"滤镜"→"风格化"→"查找边缘"菜单命令，对图像应用"查找边缘"滤镜，效果如图 10-23 所示。

图 10-23　查找边缘后效果图

（7）按快捷键 Ctrl＋I 将图像反相，按快捷键 Ctrl＋L 打开"色阶"对话框，在弹出的"色阶"对话框中将色阶的参数设置如图 10-24 所示，效果如图 10-25 所示。

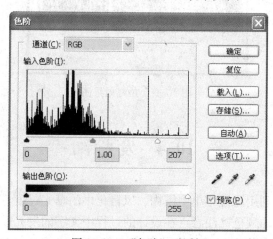

图 10-24　"色阶"对话框

— 293 —

（8）在工具箱中单击画笔工具后，在工具选项栏中单击画笔样式选项右侧的"向下展开"按钮，弹出画笔调板。单击调板右上角的按钮，在弹出的调板菜单中选择"混合画笔"命令，弹出提示对话框，单击"追加"按钮载入该画笔库。在画笔调板的列表框中选择"星型放射－大"选项，然后任意调整其"主直径"的大小。按快捷键 Ctrl＋D 取消选区后，将前景色设置为白色。

（9）新建图层，系统默认命名为"图层 2"，在图像窗口中需添加反光效果的笔画处单击，给文字添加发光效果，最终效果如图 10-26 所示。

图 10-25　设置色阶后效果图　　　　　　　图 10-26　添加反光后效果

（10）选择工具箱中的渐变工具，在工具选项栏中单击"渐变样式"右端的"向下展开"按钮，在弹出的渐变样式调板中单击选择"透明彩虹"渐变，然后在"模式"列表框中选择"颜色"混合模式。

（11）选择"图层 1"后，选择"选择"→"载入选区"菜单命令，在弹出的"载入选区"对话框的"通道"下拉列表框中选择"图层 1 透明"选项，单击"确定"按钮载入选区。

（12）在图像窗口中拖动鼠标绘制渐变后，原本颜色单一的文字笔画变得色彩斑斓了，从而达到水晶文字的立体效果，最后为图层添加投影图层样式，最终效果如图 10-27 所示。

图 10-27　最终效果图

10.4　发光字

发光字的制作需要利用滤镜菜单中模糊、风格化中的曝光过度、扭曲滤镜效果，同时需要利用色阶来调整文字的颜色。注意，在设计的过程中文字的发光效果是通过滤镜中的扭曲和风格化来实现的，但在此之前需要将画布旋转 90 度，因为风格化中的风只有水平方向，具体操作步骤如下。

（1）创建一个 800×400 像素，分辨率为 72 像素/英寸，颜色模式为"RGB"文件。

（2）选择工具箱中的横排文字工具，并在其选项栏中设置好文字的字体、字号和字体颜色等属性，如图 10-28 所示。在图像窗口中输入文字，利用工具箱中的移动工具，将文字图层中的文字移动到画布的中央位置。

图 10-28　文字属性工具栏

（3）选择"图层"→"拼合图像"菜单命令将文字图层与背景图层合并。

（4）选择"滤镜"→"模糊"→"高斯模糊"菜单命令，在弹出的"高斯模糊"对话框中设置"半径"为"2.0"，单击"确定"按钮，如图 10-29 所示。

图 10-29　"高斯模糊"对话框

（5）选择"滤镜"→"风格化"→"曝光过度"菜单命令，对图像应用"曝光过度"滤镜，效果如图 10-30 所示。

图 10-30　曝光过度后效果图

（6）选择"图像"→"调整"→"自动色阶"菜单命令来调整图像的色阶分布。

（7）在"图层"调板中复制"背景"图层，得到"背景副本"图层。选择"背景副本"图层，选择"滤镜"→"扭曲"→"极坐标"菜单命令，在弹出的"极坐标"对话框中选中"极坐标到平面坐标"单选按钮，然后单击"确定"按钮，如图 10-31 所示，效果如图 10-32 所示。

图 10-31　"极坐标"对话框

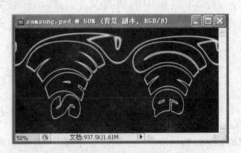

图 10-32　极坐标到平台坐标后效果图

　　（8）选择"图像"→"旋转画布/90 度（顺时针）"菜单命令，旋转画布，旋转后按快捷键 Ctrl＋I 将其反相，效果如图 10-33 所示。

　　（9）选择"滤镜"菜单下的"风格化"命令，在弹出的子菜单中选择"风"命令，弹出"风"对话框。在对话框中，将"方法"设置为"风"，"方向"设置为"从左"。再次按快捷键 Ctrl＋I 反相。连续按三次快捷键 Ctrl＋F 对图像执行"风"滤镜操作，效果如图 10-34 所示。

图 10-33　旋转画布效果图

图 10-34　风格化后效果图

　　（10）选择"图像"→"旋转画布/90 度（逆时针）"菜单命令，再将图像逆时针旋转 90 度。

　　（11）选择"滤镜"→"扭曲"→"极坐标"菜单命令，打开"极坐标"对话框，在其中选中"平面坐标到极坐标"单选按钮后，单击"确定"按钮，效果如图 10-35 所示。

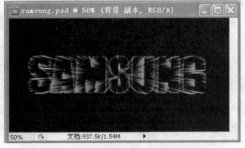

图 10-35　极坐标后效果图

（12）选择"图像"→"调整"→"色相/饱和度"菜单命令，如图 10-36 所示，在弹出的"色相/饱和度"对话框中将"色相"设置为"49"，"饱和度"为"50"，"明度"为"0"，选中"着色"复选框，然后单击"确定"按钮，效果如图 10-37 所示。

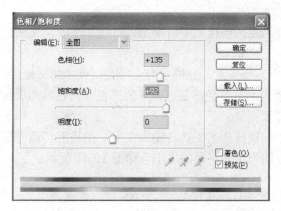

图 10-36　"色相/饱和度"对话框

（13）双击背景图层，在弹出的"新建图层"对话框中单击"确定"按钮，将背景图层转换为一个普通图层，默认图层名称为"图层 0"。然后将"图层 0"拖动到"背景副本"的上方，并将其图层的混合模式设置为"滤色"，效果如图 10-38所示。

图 10-37　设置色相/饱和度后效果图　　　　图 10-38　滤色后效果图

（14）选择"图像"→"调整"→"亮度/对比度"菜单命令，在打开的"亮度/对比度"对话框中，将"亮度"设置为"−65"，"对比度"为"31"，然后单击"确定"按钮，如图 10-39所示。

（15）选择"图层"→"合并可见图层"菜单命令。

（16）选择"图层 0"，将其混合模式改为"线性减淡"，效果如图 10-40 所示。

图 10-39　"亮度/对比度"对话框　　　　图 10-40　最终效果图

10.5　黄金字

黄金字的制作主要利用图层样式中内发光、斜面和浮雕、纹理、光泽和图案叠加。具体操作步骤如下。

(1) 新建一个 600×600 像素，分辨率为 72 像素/英寸的文件。

(2) 按 D 键将前景色和背景色恢复成默认的黑色和白色，然后按快捷键 Ctrl＋Delete 使用黑色的前景色填充背景图层。

(3) 选择工具箱中的横排文字工具，输入文字，在其工具选项栏中设置文字的颜色为白色，选择较粗的字体，适当调整字号的大小，如图 10-41 所示。

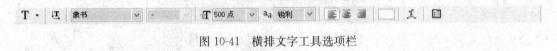

图 10-41　横排文字工具选项栏

(4) 选择"图层"→"图层样式"菜单命令，在打开的"图层样式"对话框中的"样式"列表中选择"内发光"，设置参数如图 10-42 所示，其中发光颜色的数值为♯473902。

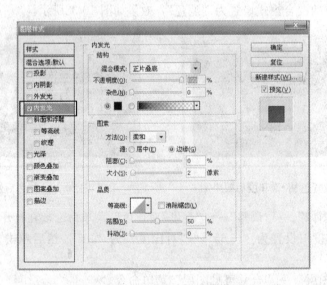

图 10-42　"内发光"选项设置

(5) 在"图层样式"对话框中的"样式"列表中选择"斜面和浮雕"，设置参数如图 10-43所示，其中"高光模式"最右侧的颜色即高光色设置为♯f2ce02，"阴影模式"最右侧的颜色即阴影色设置为♯2e1201。

(6) 选择"斜面和浮雕"样式下的"纹理"样式，单击"图案"组合框的"向下展开"箭头选项。在弹出的调板中，单击右上角的按钮，选择"自然图案"命令，在弹出的对话框中单击"确定"按钮，选择调板中的"黄菊"，其他参数设置如图 10-44 所示。

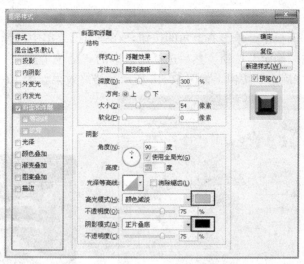

图 10-43　　"斜面和浮雕"选项设置

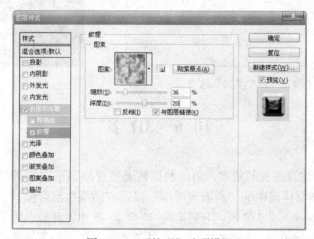

图 10-44　　"纹理"选项设置

（7）选择"样式"列表中的"光泽"图层样式，单击"混合模式"右侧的色块，打开"拾色器"后设置混合模式的颜色为♯3c3301，其他参数设置如图 10-45 所示。

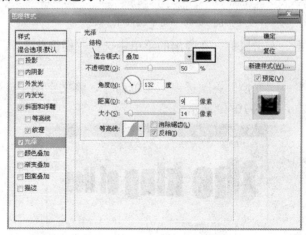

图 10-45　设置"光泽"选项

（8）选择"样式"列表中的"图案叠加"图层样式，单击"图案"右侧的"向下展开"箭头选项，在弹出的调板中，单击右上角的按钮，在弹出的菜单中选择"彩色纸"命令。在弹出的对话框中单击"确定"按钮。然后选择调板中的"金色羊皮纸"图案。设置"缩放"为"36"。最后单击"确定"按钮，如图 10-46 所示，最终效果如图 10-47 所示。

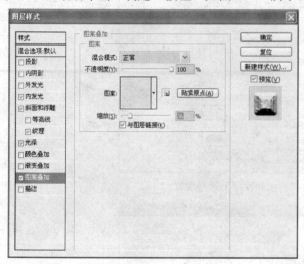

图 10-46　设置"图案叠加"选项　　　　　　图 10-47　最终效果图

10.6　3D 字

制作 3D 字时要注意透视的角度，角度的调整通过变换菜单中的透视命令，另外在制作这种字体时要利用图层样式中的"斜面和浮雕"以及"图层"混合模式。

（1）新建一个 1000×800 像素，分辨率为 72 像素/英寸，背景色为白色的文件。

（2）选择工具箱中的"横排文字工具"，在其工具选项栏中设置文字的字体，英文字体为 Impact，大小为 140，均为黑色字，如图 10-48 所示，在图像中输入文字"the king of lion"。

图 10-48　文字属性工具栏

（3）选择文字图层，右击鼠标，在弹出的菜单中选择"栅格化文字"命令，将矢量文字变成像素图像。

（4）选择"编辑"→"变换"→"透视"菜单命令，将文字图层调整成为透视的效果，双击鼠标应用透视效果，如图 10-49 所示。

图 10-49　透视效果图

（5）按快捷键 Ctrl＋J 复制文字图层得到文字图层的副本，系统自动命名为"the king of lion 副本"。双击"the king of lion 副本"图层，打开"图层样式"对话框。在"样式"列表中选择"斜面和浮雕"样式，参数设置如图 10-50 所示。

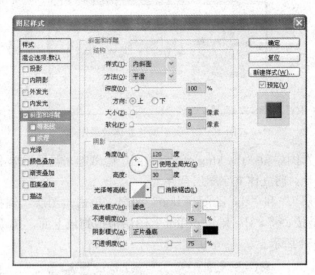

图 10-50　设置"斜面和浮雕"选项

（6）在"样式"列表中选择"颜色叠加"样式，单击"混合模式"右侧的色块，在弹出的"拾色器"中，设置叠加的颜色为＃48cd0e，然后单击"确定"按钮，效果如图 10-51 所示。

图 10-51　叠加颜色效果图

（7）新建图层，系统默认名称为"图层 1"，将"图层 1"拖拽到"the king of lion"图层下方，选中"the king of lion 副本"图层，然后选择"图层"→"向下合并"菜单命令，将"the king of lion 副本"图层和"图层 1"合并。

（8）按快捷键 Ctrl＋Alt＋T 执行复制变形，在工具选项栏中输入纵横拉伸的百分比例为 101％、101％，如图 10-52 所示。按向右方向键两次，移动图像一个像素后，双击图像确定变换。

图 10-52　变形工具栏

（9）按快捷键 Ctrl＋Alt＋Shift，同时按住 T 键，快速复制图层，连续单击 8 次，呈现出立体效果。

（10）选中"图层 1 副本 9"，然后按住 Shift 键，单击"the king of lion"图层，此时选

中多个图层，单击"图层"调板下"链接图层"按钮，将这些图层链接起来，然后按快捷键 Ctrl＋T，调整文字大小，效果如图 10-53 所示。

图 10-53　文字调整立体效果图

　　（11）将"背景"图层和"the king of lion"图层隐藏起来，然后单击"图层"菜单中的"合并可见图层"命令，将立体文字图层合并。

　　（12）选中"图层 1"和"the king of lion"图层，单击"图层"调板中的"链接图层"按钮，取消图层的链接，将"the king of lion"图层拖拽到最上面，按快捷键 Ctrl＋T 调整大小，效果如图 10-54 所示。

图 10-54　调整图层后效果图

　　（13）双击"the king of lion"图层，打开"图层样式"对话框。在"样式"列表中选择"颜色叠加"，单击"混合模式"右侧的色块，在弹出的"拾色器"对话框中设置颜色为♯39fe12。

　　（14）在"样式"列表中选择"投影"图层样式，参数设置如图 10-55 所示，然后单击"确定"按钮，最后保存文件，效果如图 10-56 所示。

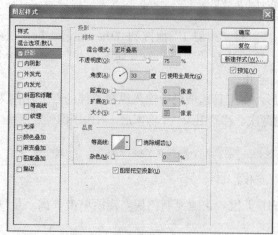

图 10-55　设置"投影"选项

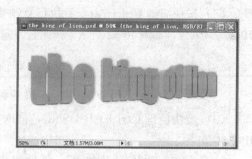

图 10-56　最终效果图

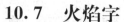

10.7   火焰字

制作火焰字主要利用滤镜菜单中的"风格化"和"扭曲"这两个滤镜效果，同时结合图层样式中的投影和渐变叠加这两个样式效果，具体操作步骤如下。

（1）新建一个 700×400 像素，分辨率为 72 像素/英寸，背景色为黑色的文件。

（2）选择工具箱中的"横排文字工具"，在工具选项栏中设置文字的属性，设置文字字体为"华文行楷"，字号为"120"，颜色为♯f91e0e，如图 10-57 所示，在图像窗口中输入文字"熊熊烈火"。

图 10-57   文字属性工具栏

（3）将文字图层复制一层，系统默认名称为"熊熊烈火副本"，然后将图层隐藏。

（4）将"熊熊烈火"图层与背景图层合并。选择"图层"菜单下的"合并可见图层"命令。

（5）选择"图像"→"旋转画布"→"90 度（顺时针）"菜单命令，然后选择"滤镜"→"风格化"→"风"菜单命令。

（6）打开"风"对话框，在该对话框中设置"方法"选项为"风"，"方向"选项为"从左"。然后按快捷键 Ctrl＋F 重复执行"风"滤镜 6 次。

（7）选择"图像"→"旋转画布"→"90 度（逆时针）"菜单命令，效果如图 10-58所示。

（8）选择"滤镜"→"扭曲"→"波纹"菜单命令，在弹出的对话框中设置参数，如图 10-59 所示。

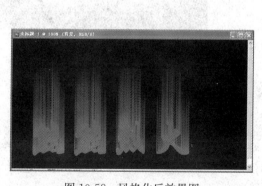

图 10-58   风格化后效果图

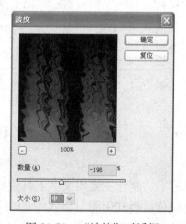

图 10-59   "波纹"对话框

（9）显示"熊熊烈火副本"图层，双击"熊熊烈火副本"图层，打开"图层样式"对话框。在"样式"列表中选择"投影"图层样式，设置参数，如图 10-60 所示。

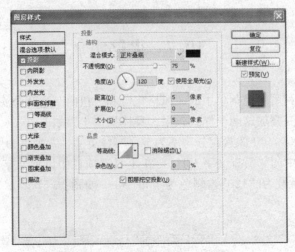

图 10-60　设置"投影"选项

（10）选择"样式"列表中的"渐变叠加"图层样式，单击"渐变叠加"，用"渐变叠加"组合框设置渐变颜色，如图 10-61 所示，然后单击"确定"按钮，最后保存文件，最终效果如图 10-62 所示。

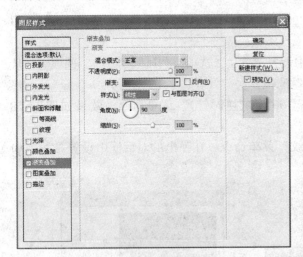

图 10-61　设置"渐变叠加"选项

图 10-62　最终效果图

10.8　色彩字

色彩字的制作主要用文字工具中横排文字蒙版工具勾勒出文字的选区，然后利用渐变工具填充颜色，再利用图层模式中的斜面和浮雕、投影、描边三种样式效果完成色彩字的制作，具体操作步骤如下。

（1）新建一个 800×600 像素，分辨率为 72 像素/英寸的文件。

（2）选择工具箱中横排文字蒙版工具，在工具选项栏中设置文字的字体为"Impact"，字号为"200"，如图 10-63 所示。在图像中输入文字"color"，按快捷键 Ctrl+Enter 确定选区。

图 10-63　文字工具选项栏

（3）新建图层，默认名称为"图层 1"，选择工具箱中的渐变工具，在其工具选项栏中设置渐变类型为"线性渐变"，渐变样式为"透明彩虹"，然后从文字选区自上向下拖拽鼠标填充垂直渐变，如图 10-64 所示。

（4）按快捷键 Ctrl＋D 取消选区，选择"图像"→"调整"→"色调分离"菜单命令，在打开的对话框中设置"色阶"为"4"，然后单击"确定"按钮，效果如图 10-65 所示。

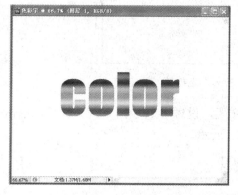

图 10-64　渐变后效果

图 10-65　色调分离后效果

（5）双击"图层 1"，打开"图层样式"对话框，在"样式"列表中选择"斜面和浮雕"样式，设置参数如图 10-66 所示。

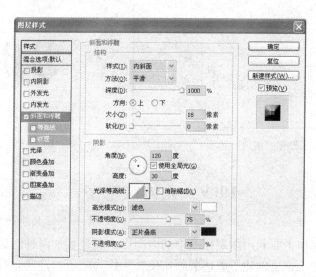

图 10-66　设置"斜面和浮雕"选项

（6）选择"样式"列表中的"投影"图层样式，设置参数如图 10-67 所示。

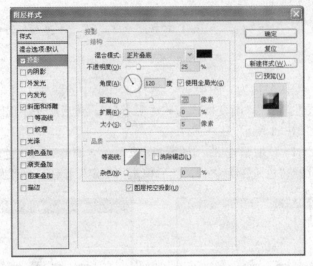

图 10-67　设置"投影"选项

（7）选择"样式"列表中的"描边"图层样式，设置参数如图 10-68 所示，单击"确定"按钮。最后保存文件，最终效果图如图 10-69 所示。

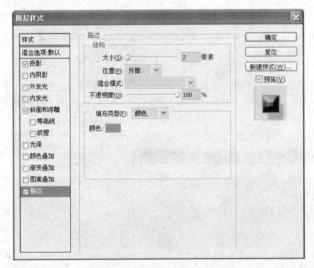

图 10-68　设置"描边"选项

图 10-69　最终效果图

10.9　立体镂空字

立体镂空字的制作主要利用图层样式中的内阴影、颜色叠加两种图层样式，为了将图片中图案设置到文字中，这里创建了剪切蒙版，使文字作为蒙版的选区，具体操作步骤如下。

（1）在 Photoshop CS3 中选择"文件"→"打开"菜单命令，打开素材图像"背景.jpg"文件。

（2）选择工具箱中的"直排文字工具"，并在其工具选项栏中设置好字体、字号等属性，如图 10-70 所示，在图像中输入文字"flower"。

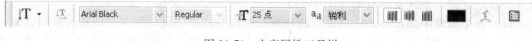

图 10-70　文字属性工具栏

（3）选择"flower"文字图层，在打开的"图层样式"对话框的"样式"列表中选择"内阴影"，设置参数如图 10-71 所示。

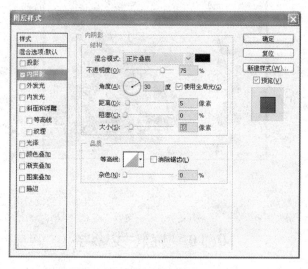

图 10-71　设置"内阴影"选项

（4）在打开的"图层样式"对话框中，选择"样式"列表框中的"颜色叠加"复选框，在"混合模式"下拉列表框中选择"正片叠底"，然后单击"混合模式"下拉列表框后的色块，在弹出的"拾色器"对话框中设置颜色为白色，然后单击"确定"按钮关闭"拾色器"对话框，然后再单击"确定"按钮，关闭"图层样式"对话框，如图 10-72 所示。

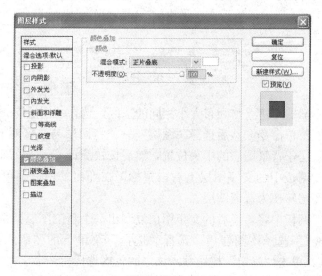

图 10-72　设置"颜色叠加"选项

（5）复制"背景"图层为"背景副本"图层，然后将"背景副本"图层拖动到"flower"文字图层的上方，按快捷键 Ctrl＋Alt＋G 创建剪切蒙版。

（6）在工具箱中选择移动工具，在画布窗口中向左拖动"背景副本"图层，此时在文字中将出现"背景副本"图层的图像，拖动到自己满意的位置后就可以释放鼠标了，最终效果如图 10-73 所示。

图 10-73　最终效果图

10.10　旋转残影字

旋转残影字的制作主要是通过一个基本的文字图层复制多个相同文字图层后，将各个文字图层进行旋转并且分别设置各个图层不同的透明度，从而达到残影的效果，具体操作步骤如下。

（1）新建一个 1024×800 像素，分辨率为 72 像素/英寸，背景颜色为黑色的文件，然后选择工具箱中的"横排文字工具"，并在其工具选项栏中设置好文字的字体、字号以及颜色等文字属性，如图 10-74 所示，然后在图像中输入"number world"。

图 10-74　文字属性工具栏

（2）按快捷键 Ctrl＋A 建立与画布大小相同的选区，选择"图层"→"将图层与选区对齐"→"垂直居中"菜单命令，然后选择"图层"→"将图层与选区对齐"→"水平居中"菜单命令，使文字层居于背景图层的中央位置，然后按快捷键 Ctrl＋D 取消选区。

（3）在"图层"调板中的文字图层上右击鼠标，在弹出的快捷菜单中选择"栅格化文字"命令，将文字图层转换为普通图层。

（4）在"图层"调板中将转换后的文字图层复制出一个新的图层，系统自动将其命名为"number world 副本"。选择该图层后，选择"选择"菜单下的"载入选区"命令，弹出"载入选区"对话框，单击"确定"按钮载入该层的轮廓选区。

（5）选择工具箱的渐变工具设置渐变颜色为蓝色到浅蓝，按快捷键 Alt＋Delete 对选区进行填充。按快捷键 Ctrl＋D 取消选区。在"图层"调板中将"number world 副本"图层拖动到"number world"图层下面。

（6）选择"编辑"→"变换"→"旋转 90 度（顺时针）"菜单命令，将该图层旋转。

（7）在"图层"调板中将"number world 副本"图层复制出一个新图层，系统自动将其命名为"number world 副本 2"，然后选择"number world 副本 2"图层，按快捷键 Ctrl＋T 出现变换框，按住 Shift 键拖动鼠标将该图层旋转 30 度，双击鼠标即可得到旋转的效果。

（8）按照上面步骤（7）的方法复制图层，并旋转 30 度。

（9）选择"number world 副本 5"图层，在"图层"调板的"不透明度"数值框中输入"60％"，接着分别设置"number world 副本 4"、"number world 副本 3"、"number world 副本 2"的透明度为"50％"、"40％"、"30％"。最后保存文件，最终效果如图 10-75 所示。

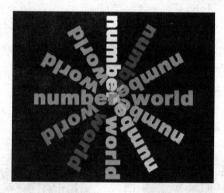

图 10-75　最终效果图

10.11　浮雕字

浮雕字的效果主要利用 Alpha 通道来实现，这里 Alpha1 通道是作为原始文字区域的，Alpha2 通道是为了作文字的高光部分，Alpha3 通道是作为文字的暗光部分，通过不同的 Alpha 通道在图片中选取不同的效果，具体操作步骤如下。

（1）在 Photoshop CS3 中打开素材图像"背景.jpg"文件。

（2）选择工具箱中的"横排文字蒙版工具"，在其工具选项栏中设置文字的字体、字号属性，如图 10-76 所示。在图像中输入文字"彩石"，单击"移动"工具后将文字选区移动到适当的位置。

图 10-76　文字工具选项栏

（3）选择"选择"菜单中的"存储选区"命令将文字选区存储为"Alpha1"通道。在弹出的"存储选区"对话框中，单击"确定"按钮，在"通道"调板中出现一个新的通道，系统自动将其命名为"Alpha1"。

（4）选择"通道"调板，选择"Alpha1"通道，拖动鼠标到"创建新通道"按钮处释放鼠标，复制"Alpha1"通道，并将通道名称更改为"Alpha2"，然后取消选区。

（5）选择"滤镜"→"模糊"→"高斯模糊"菜单命令，在弹出的"高斯模糊"对话框中设置"半径"为"5"，然后单击"确定"按钮。

（6）选择"滤镜"→"风格化"→"浮雕效果"菜单命令，在打开的"浮雕效果"对话框中设置"角度"为"-45"，"高度"为"7"，"数量"为"200％"，然后单击"确定"按钮。

（7）按 Ctrl 键同时单击"Alpha1"通道，出现"Alpha1"通道的文字选区，然后单击"Alpha2"通道。

（8）在图像中右击鼠标，在弹出的快捷菜单中选择"填充"命令，在打开的"填充"对话框中设置"图案"为"50％灰色"，"不透明度"为"100％"，然后单击"确定"按钮。

（9）选择"Alpha2"通道，利用鼠标拖动到"创建新通道"按钮上，复制"Alpha2"通道，并将新通道改名为"Alpha3"。

（10）选择"图像"→"调整"→"反相"菜单命令，然后选择"图像"→"调整"→"色阶"菜单命令，在弹出的"色阶"对话框中设置"输入色阶"的值为"128，1.00，255"，然后单击"确定"按钮，效果如图 10-77 所示。

（11）选择"Alpha2"通道，然后选择"图像"→"调整"→"色阶"菜单命令，在弹出的"色阶"对话框中设置"输入色阶"的值为"128，1.00，255"，然后单击"确定"按钮，效果如图 10-78 所示。

图 10-77　调整色阶效果　　　　图 10-78　Alpha2 通道色阶效果

（12）单击"RGB"通道，然后单击"图层"选项卡回到"图层"调板。

（13）选择"选择"→"载入选区"菜单命令，在打开的"载入选区"对话框中的"通道"中设置为"Alpha1"，然后单击"确定"按钮。

（14）选择"选择"→"反向"菜单命令，然后选择"图像"→"调整"→"色阶"菜单命令，在弹出的"色阶"对话框中设置"输入色阶"为"50，1.00，255"，然后单击"确定"按钮，按快捷键 Ctrl+D 取消选区。

（15）选择"选择"→"载入选区"菜单命令，在打开的"载入选区"对话框中，在"通道"中设置为"Alpha2"，然后单击"确定"按钮。

（16）选择"图像"→"调整"→"色阶"菜单命令，在弹出的"色阶"对话框中设置"输入色阶"为"0，1.00，200"，然后单击"确定"按钮，按快捷键 Ctrl+D 取消选区。

（17）选择"选择"→"载入选区"菜单命令，在打开的"载入选区"对话框中，在

"通道"中设置为"Alpha3",然后单击"确定"按钮。

（18）选择"图像"→"调整"→"色阶"菜单命令，在弹出的"色阶"对话框中设置"输入色阶"为"200，1.00，255"，然后单击"确定"按钮，按快捷键 Ctrl＋D 取消选区，最终效果如图 10-79 所示，最后保存文件。

图 10-79　最终效果图

10.12　皮革字

皮革字的效果主要利用滤镜菜单中的风格化、模糊、纹理、杂色、渲染等滤镜效果实现。在制作过程中，为了让文字效果更逼真，运用"变化"对话框来给文字上色，具体操作步骤如下。

（1）在 Photoshop CS3 中打开素材图像"背景.jpg"文件。在"图层"调板中将"背景"图层拖动到调板底部的"创建新图层"按钮上，复制出一个新图层，该图层自动命名为"背景副本"。然后用同样的方法复制"背景副本"，得到"背景副本 2"图层。

（2）在"图层"调板中选择"背景副本"图层后，选择"滤镜"→"风格化"→"浮雕效果"菜单命令，打开"浮雕效果"对话框，其中"角度"为"135"，"高度"为"3"，"数量"为"100％"，然后单击"确定"按钮，如图 10-80 所示。

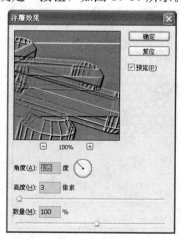

图 10-80　"浮雕效果"对话框

（3）选择"图层"调板中的"背景副本 2"图层后，再选择"滤镜"→"模糊"→"高斯模糊"菜单命令，打开"高斯模糊"对话框，设置"半径"为"2"，然后单击"确定"按钮。

（4）选择"滤镜"→"风格化"→"浮雕效果"菜单命令，打开"浮雕效果"对话框，设置"角度"为"135"，"高度"为"3"，"数量"为"100％"，然后单击"确定"按钮。

（5）新建一个图层"图层 1"，按 D 键恢复系统默认的前景色和背景色，然后按快捷键 Ctrl＋Delete 将新建图层"图层 1"填充为白色。

（6）选择"滤镜"→"纹理"→"染色玻璃"菜单命令，在打开的对话框中设置"单元格大小"为"7"，"边框粗细"为"2"，"光照强度"为"2"，然后单击"确定"按钮，如图 10-81 所示。

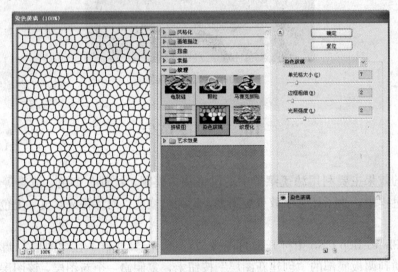

图 10-81　"染色玻璃"对话框

（7）选择"滤镜"→"杂色"→"添加杂色"菜单命令，在弹出的"添加杂色"对话框中将参数"数量"文本框设置为"30"，"分布"选项设置为"平均分布"，选中"单色"复选框，然后单击"确定"按钮，如图 10-82 所示。

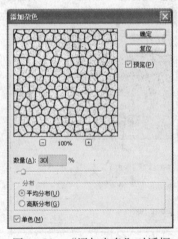

图 10-82　"添加杂色"对话框

（8）选择"滤镜"→"风格化"→"浮雕效果"菜单命令，在打开的对话框中将参数"角度"文本框设置为"135"，"高度"文本框设置为"3"，"数量"文本框设置为"19"，然后单击"确定"按钮，如图 10-83 所示。

图 10-83 "浮雕效果"对话框

（9）在"图层"调板中选择"图层 1"后，将其混合模式设置为"柔光"。然后，选择"背景副本 2"图层，将其混合模式设置为"强光"。将"图层 1"、"背景副本"、"背景副本 2"三个图层一起选中，单击"图层"调板底部的"链接图层"按钮，将这三个图层链接。

（10）选择"图层"→"合并图层"菜单命令，将这三个链接图层合并。

（11）选择"图像"→"调整"→"变化"菜单命令，打开"变化"对话框，在对话框中设置皮革的颜色。其中先选择"加深黄色"，再选择"加深红色"，在右侧的列表框中选择"较暗"，然后单击"确定"按钮，如图 10-84 所示。

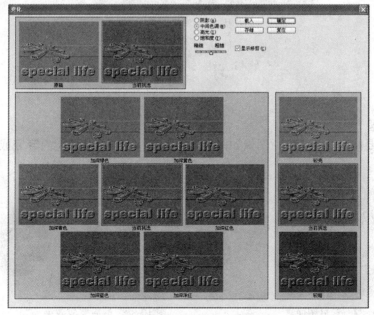

图 10-84 "变化"对话框

— 313 —

（12）选择"滤镜"→"渲染"→"光照效果"菜单命令，打开"光照效果"对话框，在对话框中设置参数，如图 10-85 所示，然后单击"确定"按钮。最后保存文件，最终效果如图 10-86 所示。

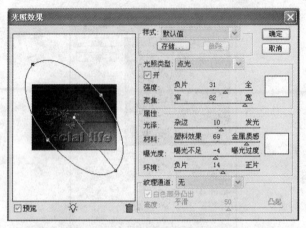

图 10-85　"光照效果"对话框

图 10-86　最终效果图

习　题

上机练习题

1. 打开需要修改的两张素材图像如图 10-87 所示，根据本章所学内容完成如图 10-88 所示的效果。

图 10-87　素材图像

图 10-88　最后完成效果

2. 制作如图 10-89 所示的变形文字。

图 10-89　文字效果

制作提示： 首先输入文字后栅格化文字，然后利用扭曲滤镜中的旋转扭曲改变文字形状，利用图层样式中的斜面和浮雕以及投影，利用形状工具添加可爱的形状。

3. 制作如图 10-90 所示的斑点文字。

图 10-90　最终效果

制作要点提示： 利用图层模式中的渐变叠加、斜面和浮雕、投影，文字图层上方需建立一个新图层，填充为金属质感的过渡效果，并设置图层样式，添加蒙版，利用画笔工具擦掉部分图像。

第 11 章　网页特效元素设计

✏️ 学习目标

　　网页元素包括按钮、导航条以及网页背景等，本章分别对其制作方法进行讲解。要求了解用 Photoshop CS3 制作网页图像的过程，掌握用"动画"调板制作 GIF 格式图像的方法，掌握生成 HTML 文件的方法。

📚 本章重点

- ◆ 制作特效按钮；
- ◆ 制作 Banner；
- ◆ 制作网页背景；
- ◆ 制作网页图像；
- ◆ 优化网页。

11.1　制作特效按钮

　　网页中的按钮风格各异，多种多样、别具一格的网页按钮会让人耳目一新、印象深刻，还能起到美化网页的作用。通过本例制作一个特效按钮，最终效果如图 11-10 所示，具体操作步骤如下。

　　(1) 打开 Photoshop CS3，选择"文件"→"新建"菜单命令，弹出"新建"对话框，在该对话框中设置宽度为 105 像素、高度为 32 像素、分辨率为 72 像素/英寸、颜色模式为 RGB 模式、8 位，背景内容为白色的文件，如图 11-1 所示。

　　(2) 选择工具箱中的"圆角矩形"工具，在其选项栏中设置半径为 10 像素，将前景色设置为"♯a3e01a"，然后使用"圆角矩形"工具在图像窗口中拖动，大小正好占满整个工作区的圆角矩形，如图 11-2 所示。

　　(3) 选择路径调板，单击"路径"调板下面的"将路径作为选区载入" ⬭ 按钮，或按住 Ctrl 键的同时单击工作路径前面的缩略图，将路径转换为选区，如图 11-3 所示。

　　(4) 选择"图层"调板，新建一个图层，然后用前景色进行填充，最后按快捷键 Ctrl＋D取消选区，如图 11-4 所示。

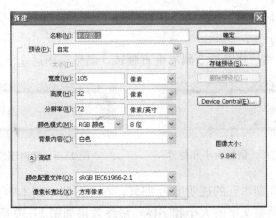

图 11-1　"新建"对话框

图 11-2　绘制圆角矩形　　　图 11-3　将路径转换为选区　　　图 11-4　填充前景色

（5）按住 Ctrl 键，单击图层 1 前面的缩略图调出选区，然后新建图层 2，在图层 2 上选择"编辑"→"描边"菜单命令，弹出"描边"对话框，在该对话框中设置描边宽度为 2px、颜色为 #5e5e5e、位置为内部，如图 11-5 所示。

图 11-5　"描边"对话框

（6）按住 Ctrl 键，单击图层 1 前面的缩略图调出选区，然后新建图层 3，在图层 3 上按住 Alt 键，剪掉选区的下半部分，如图 11-6 所示。

（7）在图层 3 上，选择工具箱中的"渐变工具"，使用"前景色到透明"渐变模式在选区内制作渐变，如图 11-7 所示。

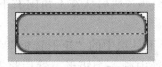

图 11-6　裁剪选区　　　　　　　图 11-7　渐变效果

(8) 按快捷键 Ctrl+D 取消选区，按快捷键 Ctrl+T 调整图层 3 的大小和位置，如图 11-8 所示。

(9) 复制图层 3，然后将图层 3 副本垂直翻转，调整至图层 3 下方，如图 11-9 所示。

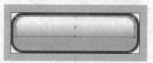
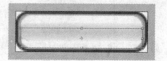

图 11-8　调整大小和位置　　　　　图 11-9　复制图层

(10) 调整"图层 3 副本"的透明度为 25%，在"图层 3 副本"上新建一个文字层，编辑文字"返回主页"，调整文字的大小和字体，最终效果如图 11-10 所示。

图 11-10　最终效果

11.2　制作 Banner

本例介绍利用 Photoshop CS3 提供的"动画（帧）"调板，制作动态的 Banner，最终效果如图 11-29 所示，具体操作步骤如下。

(1) 打开 Photoshop CS3，新建一个宽度为 800px，高度为 180px，分辨率为 72，颜色模式为 RGB 模式，8 位、背景内容为白色的文件，如图 11-11 所示。

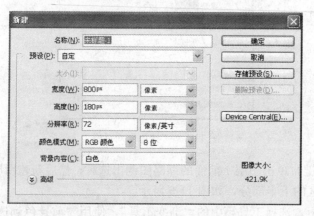

图 11-11　"新建"对话框

(2) 设置前景色为♯e61e6c，背景色为♯f684a6，然后从左上角向右下角做一个渐变，如图 11-12 所示。

(3) 在图层调板上新建"图层 1"，然后选择工具箱中的"矩形选框"工具，设置样式为固定大小，宽度为 800px，高度为 2px。在场景中画一个矩形，然后将前景色设置为白色，选择渐变工具从左至右做一个渐变，如图 11-13 所示。

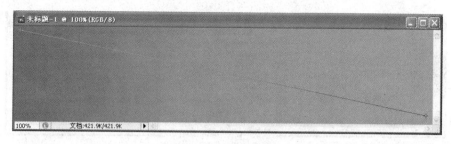

图 11-12 渐变效果 1

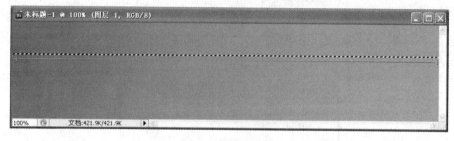

图 11-13 渐变效果 2

（4）将图层 1 的透明度设置为 15%，然后按住 Alt 键向下不断复制，如图 11-14 所示。

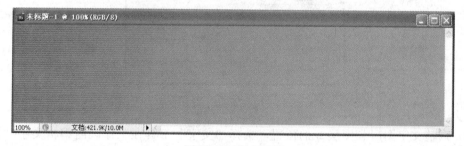

图 11-14 复制图层

（5）在图层调板上，将所有图层 1 和所有图层 1 的副本选中，按快捷键 Ctrl＋E，合并图层。打开本章的素材图像"banner.psd"，将该素材中的部分图片拖拽至刚刚建立的图层中，调整位置，效果如图 11-15 所示。

图 11-15 插入素材

（6）选择"横排文字"工具，在工作区内编辑文字"三人行工作室"，设置字体大小为

36px，字体为创艺繁综艺，颜色为白色，如图 11-16 所示。

图 11-16　输入文字

（7）按住 Ctrl 键，单击文字图层前面的缩略图，调出选区，然后新建"图层 2"，在图层 2 上选择"编辑"→"描边"菜单命令，弹出"描边"对话框，在该对话框中设置描边宽度为 3px、颜色为♯5e5e5e、位置为局外，如图 11-17 所示。

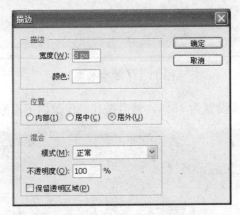

图 11-17　"描边"对话框

（8）调整文字图层和图层 2 的位置，选择"文字"工具在工作区内编辑文字"设计传奇　创意经典"，设置字体大小为 18px、字体为创艺繁综艺，颜色为白色，斜体，如图 11-18所示。

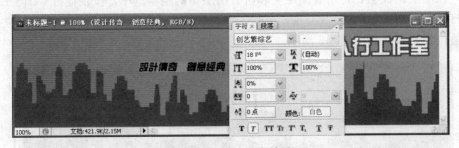

图 11-18　输入文字效果

（9）选择工具箱中的"文字"工具在工作区内编辑文字"san ren xing gong zuo shi"，设置字体大小为 26px、字体为 CommercialScript BT，颜色为白色，斜体，调整位置，如图 11-19所示。

图 11-19 编辑文字效果

（10）选择"文字"工具在工作区内编辑文字"三人行网络技术研究中心"，设置字体大小为 14px、字体为黑体，字距为 80，颜色为白色，调整位置，如图 11-20 所示。

图 11-20 编辑文字效果

（11）设置前景色为白色，新建"图层 3"，在图层 3 上选择椭圆形选框工具，按住 Shift 键在工作区内画一个小圆，放在"设计传奇"和"创意经典"中间，效果如图 11-21 所示。

图 11-21 绘制圆点

（12）新建"图层 4"，选择"画笔"工具，柔角画笔，用不同的透明度在工作区内点缀星光，效果如图 11-22 所示。

图 11-22 点缀星光

（13）选中所有星光图层按快捷键 Ctrl＋E 合并图层，选中"三人行工作室"和描边图层，按快捷键 Ctrl＋E 合并图层，选中"设计传奇　创意经典"、"san ren xing gong zuo shi"和小圆点儿的图层按快捷键 Ctrl＋E 合并图层，合并完图层之后的图层调板，如图 11-23所示。

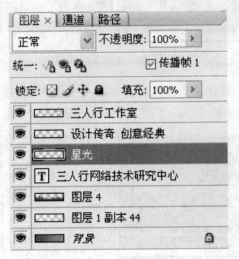

图 11-23　图层调板

（14）为所编辑的图像制作动画效果，首先选择"窗口"→"动画"菜单命令，显示"动画（帧）"调板，如图 11-24 所示。

图 11-24　动画（帧）调板

（15）将"星光"图层和"设计传奇　创意经典"图层透明度调整为 0，将"三人行工作室"图层调整到如图 11-25 所示的位置，然后将图层透明度调整为 0。

图 11-25　调整位置和透明度

（16）单击动画帧调板右边的"▾≡"按钮，在弹出的菜单中选择"新建帧"命令，将"三人行工作室"图层的透明度调整为 100％，恢复最开始的位置，然后把"星光"图层和"设计传奇　创意经典"图层透明度调整为 100％，如图 11-26 所示。

图 11-26　调整位置和透明度

（17）再次单击动画帧调板右边的"▾≡"按钮，在弹出的菜单中选择"新建帧"命令，单击第三帧右下角的小三角选择 2.0 秒，按住 Ctrl 键在动画帧调板上同时选择第一帧和第二帧，然后单击动画帧调板右边的"▾≡"按钮，在弹出菜单中选择"过渡"命令，或按下面的"过渡动画帧"[图标]按钮，打开"过渡"对话框，在该对话框的"要添加的帧数"文本框中输入 100，如图 11-27 所示。

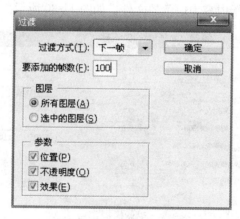

图 11-27　"过渡"对话框

（18）单击"确定"按钮，在第一帧和第二帧之间增加了 100 个过渡帧，在"动画（帧）"调板上会自动显示添加的过渡帧，如图 11-28 所示。

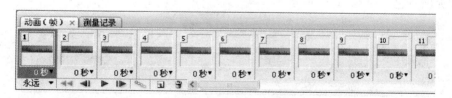

图 11-28　动画（帧）调板

（19）这时你可以通过"动画（帧）"调板上的"播放"[图标]按钮来查看动画效果，如果动画效果没有问题，单击"文件"菜单下的"储存为 web 和设备所用格式"，在弹出的"储存为 web 和设备所用格式"对话框中选择"优化"选项卡，单击"储存"按钮，完成储存，最后效果如图 11-29 所示。

图 11-29　最终效果

11.3　制作导航栏

本例介绍使用油漆桶工具、文字工具和选择工具的选项栏，设计制作简单的导航栏，具体操作步骤如下。

（1）打开 Photoshop CS3，新建一个宽度为 800px、高度为 35px、分辨率为 72、颜色模式为 RGB 模式，8 位、背景内容为白色的文件，如图 11-30 所示。

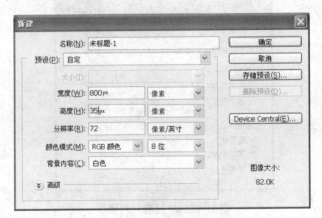

图 11-30　"新建"对话框

（2）将前景色设置为♯e61b6a，然后选择工具箱中的"油漆桶"工具或按快捷键 Alt＋Delete 填充前景色，如图 11-31 所示。

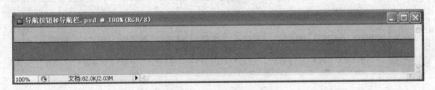

图 11-31　填充前景色

（3）选择"横排文字工具"，在图像窗口中分别输入文字"我的博客"，打开"字符"调板，在该调板中设置字体大小为 16 点、字体为经典综艺体简，字距为 100％，颜色为白色，设置如图 11-32 所示，然后单击文字工具选项栏中的"提交所有当前编辑" 按钮，确定文字输入。用同样的方法输入其他文字："我的相册"、"我的商店"、"我的作品"、"我的留言"、"我的论坛"、"我的简介"、"我的资料"。

图 11-32 编辑文字

（4）调整所有的文字图层的位置，首先，选择"移动工具"将第一个文字图层和最后一个文字图层的位置调整好，如图 11-33 所示。

图 11-33 调整位置

（5）在"图层"调板中，将所有文字图层选中，然后将鼠标移动到"移动工具"选项栏上，单击"垂直居中对齐"按钮和"水平居中分布"按钮，如图 11-34 所示。这时，所有的文字图层都依次水平垂直对齐了。

图 11-34 垂直居中对齐和水平居中分布

（6）选择"横排文字工具"在图像窗口中分别输入"｜"，在"字符"调板中设置字体大小为 16px、字体为经典综艺体简、字距为 100％、粗体，颜色为白色，如图 11-35 所示。

（7）用上述同样的方法将分隔符水平垂直居中，调整位置，最后效果如图 11-36 所示。

图 11-35 "字符"调板

图 11-36　最终效果

11.4　制作网页背景

制作网页背景时，背景的颜色和相关内容尽量与整个网站的色调相协调。如果网页的背景制作得好，会使网页增色不少。本例中要使用"缩放"工具和"矩形选框"工具制作一个非常简单但又相当实用的网页背景，最终效果如图 11-41 所示，具体操作步骤如下。

（1）打开 Photoshop CS3，新建一个宽度为 1px、高度为 3px、分辨率为 72、颜色模式为 RGB 模式，8 位、背景内容为白色的文件，如图 11-37 所示。

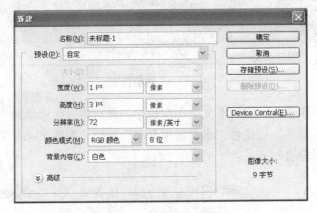

图 11-37　"新建"对话框

（2）选择工具箱中的"缩放" <img> 工具，在图像窗口中单击，把工作区放到最大，然后新建图层 1，选择矩形选区工具，在图层 1 的三分之一的位置画一个矩形，如图 11-38 所示。

（3）将前景色设置为＃e61b6a，然后按快捷键 Alt＋Delete 填充前景色，如图 11-39 所示。

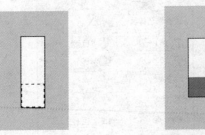

图 11-38　矩形选区　　　　　图 11-39　填充前景色

（4）将图层 1 的透明度设置为 25％，然后选择"文件"→"存储"菜单命令，打开"存储为"对话框，在该对话框中选择格式为 GIF 格式，如图 11-40 所示。

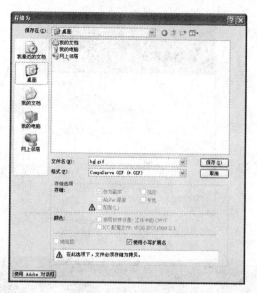

图 11-40　文件的储存

（5）本例所制作的背景图片用于网页后，效果如图 11-41 所示。

图 11-41　用于网页后的效果

11.5　制作网页图像

Photoshop CS3 一项的重要功能就是创建 Web（网页）图像，它提高了网页图像设计的效率，该功能令很多网页设计师欢欣鼓舞。本例中将为一个"精品课程"制作一个首页画面，具体操作步骤如下。

（1）启动 Photoshop CS3，选择"文件"→"新建"菜单命令，打开"新建"对话框，在该对话框中新建一个宽度为 1024px、高度为 1000px、分辨率为 72、颜色模式为 RGB 模式、8 位、背景内容为白色的文件。

（2）打开素材图像"精品课网站素材.psd"，将打开素材图像窗口中的图片拖到新建的文件中，调整位置，如图 11-42 所示。

（3）在图像上利用"横排文字工具"，输入文字"＋首页"、"＋申报表"、"＋课程简介"、"＋课程标准"、"＋教学资源"、"＋自学资源"、"＋考核评价"、"＋教学方式"、"＋教学评价"、"＋成果展示"，并设置字体为黑体，文字大小为 14px，然后调整位置，如图 11-43 所示。

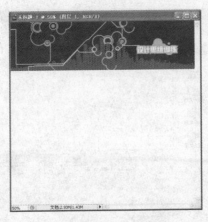

图 11-42　拖入素材图像

图 11-43　编辑文字

（4）新建图层 1，选择"矩形选框"工具，在工作区内画一个宽为 1024px，高为 20px 的矩形，设置前景色为＃4d4d4d，填充前景色，然后调整矩形到合适位置，如图 11-44 所示。

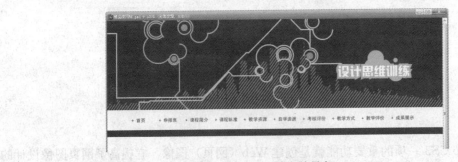

图 11-44　填充前景色

（5）选择文字工具，输入文字"您现在的位置是—＞课程简介"，字体为宋体，文字大小为 12px，将文字位置调整到刚刚绘制的矩形选框中，效果如图 11-45 所示。

图 11-45　编辑文字

（6）新建图层 2，选择"矩形选框"工具，固定大小，在工作区内画一个宽度为 230px，高度为 620px 矩形选框，设置前景色为♯4d4d4d，填充前景色，调整位置如图 11-46 所示。

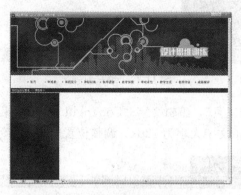

图 11-46　绘制矩形选框

（7）选择文字工具，在第（6）步所绘制的矩形选框中输入文字"教学团队、证件的佐证材料、课程整体设计介绍、课程简介、课程特色、教学计划、教学大纲、实训项目、案例、学习指南、教案、课件、实录、习题作业、参考文献、考试考核具体评价标准、考试考核试卷、考试考核方法、教学方法、教学手段、重点难点的解决办法、学生评价、校内督导评价、校外专家评价"，并设置字体为宋体，文字大小为 12px，调整位置如图 11-47所示。

图 11-47　编辑文字

（8）新建图层 3，选择"矩形选框"工具，固定大小，在工作区内画一个宽度为 1024px，高度为 32px 的矩形选框，设置前景色为♯4d4d4d，填充前景色，调整位置如图 11-48所示。

图 11-48　填充前景色

（9）选择"横排文字工具"，编辑文字"Copyright 2008 设计思维精品课网站 All rights reserved."，字体为宋体，文字大小为 12px，调整位置如图 11-49 所示。

图 11-49　编辑文字

（10）打开精品课网站素材.txt，复制文字，粘贴到工作区内，调整字体、大小和版式。另外，选择文字工具，编辑文字"全部文章"，字体为经典综艺体，文字大小为 14px，适当调整其位置，最终效果如图 11-50 所示。

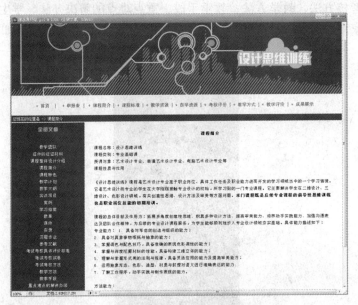

图 11-50　最终效果

在实际制作时，文字部分一般是使用网页制作软件来添加的。为便于网页的整体效果，本例在画面中添加了各种文字内容。

11.6　优化和发布网页

图像是网页中必不可少的元素。网页中包含了一个较大的图像，浏览网页时会等待很长时间。将图像进行切割，分成若干个较小的图像，可加快网页的加载速度。本例中将对设计的网页进行切片处理，然后对其进行优化并保存为 HTML 文件，具体操作步骤如下。

（1）打开素材图像"优化和发布网页.psd"，在工具箱中选择"切片" 工具，在导航按钮处拖动，释放鼠标左键后得到如图 11-51 所示的切片效果。

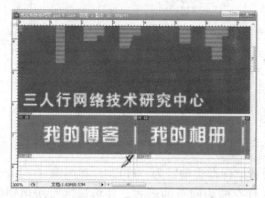

图 11-51　创建的切片效果

（2）使用同样的方法，为其他导航按钮进行分割，效果如图 11-52 所示。

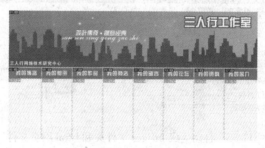

图 11-52　对其他按钮进行分割

（3）使用切片选择工具，分别双击各切片，打开切片选项对话框，设置 URL 为要链接的地址，如：http：//www.baidu.com，如图 11-53 所示。

图 11-53　"切片选项"对话框

（4）切片全部创建完成后，选择"文件"→"储存为 Web 和设备所用格式"菜单命令，打开"储存为 Web 和设备所用格式"对话框，在该对话框中对网页进行优化设置，然后单击存储按钮，弹出"将优化结果存储为"对话框，如图 11-54 所示。

图 11-54　"将优化结果存储为"对话框

（5）在该对话框中设置"保存类型"为"HTML 和图像（＊html）"，然后单击"保存"按钮，就可以将此图像文件存储为网页的形式，并将该网页所用到的图片文件按"所有切片"分割成若干个小图片，统一放在一个文件夹 images 中，如图 11-55 所示。

图 11-55　自动生成 images 文件夹和 html 网页文件

（6）用网页编辑软件 Dreamweaver8 打开"优化和发布网页.html"文件，如图 11-56 所示。在这个网页编辑窗口中，可以对网页元素进行精确的编辑处理，由此生成的网页文件，要比没有用切片工具处理过的文件小得多，从而达到了优化的目的。

图 11-56　Dreamweaver8 打开"优化和发布网页.html"文件

习　题

上机练习题

使用 PhotoshopCS3 绘制如图 11-57 所示的模仿门户网站。

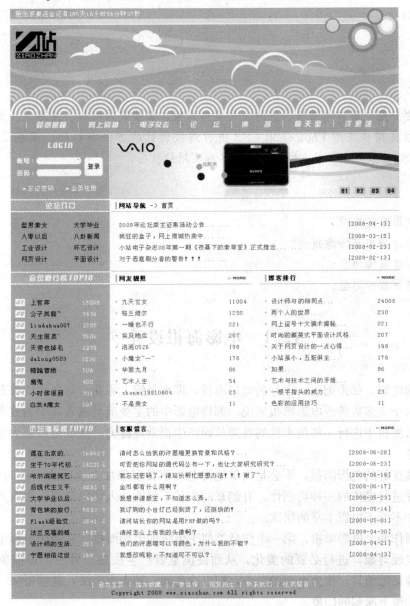

图 11-57　最终效果

提示：打开 PhotoshopCS3，新建一个宽度为 800px、高度为 1200px、分辨率为 72、颜色模式为 RGB 模式，8 位、背景内容为白色的文件，然后运用给出的素材和所学的知识制作下面的网页。

第 12 章　Photoshop CS 3 综合实例应用

✏️ **学习目标**

　　本章主要介绍电影宣传海报、旅游公司宣传海报、影楼宣传海报、健身宣传海报等几个实用例子，以及综合应用 Photoshop CS 3 进行海报设计的方法与技巧。要求了解和巩固 Photoshop CS 3 基本命令和基本操作，掌握各种实用的技巧。

📖 **本章重点**

- ◆ 制作电影宣传海报；
- ◆ 制作旅游公司宣传海报；
- ◆ 制作影楼宣传海报；
- ◆ 制作健身宣传海报。

12.1　电影海报设计

　　一部好的电影，如果配上一个好的电影海报，那真是锦上添花，对影片能够起到很好的宣传作用。对于大多数传统电影海报来说，都将电影中的主要演员或者其中的故事情节的照片放置到电影海报中进行一些技术性的处理从而产生视觉震撼力，这也是目前大多数电影海报的共同特点。

　　然而，真正好的电影海报，不会是简单地将电影演员形象加上说明文字后的电影剧照，而是针对影片进行宣传的一种再创作。有创意的作品不仅能让人印象深刻、引人入胜，它的艺术性应该并不低于电影本身的层次。

　　本节将制作两个电影海报，第一个作品类似于传统的电影海报，它使用电影中的主要人物作为主要表现对象，进行必要的美化，从而使浏览者产生注意。另一个是抽象的电影海报，用一个神秘的面具，作为画面的中心，配以冷色调，其表现手法，能够带来一定的视觉冲击力，给人留下深刻的印象。

12.1.1　制作传统电影海报

　　本实例将练习制作一个传统的电影宣传海报。海报主要由卡通人物、花纹背景、文字及卡通人物的一双眼睛组成。其中，眼睛是用 Photoshop CS 3 自己绘制的，属于本例的难点

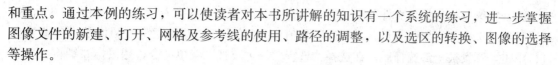

和重点。通过本例的练习，可以使读者对本书所讲解的知识有一个系统的练习，进一步掌握图像文件的新建、打开、网格及参考线的使用、路径的调整，以及选区的转换、图像的选择等操作。

　　具体操作步骤如下。

　　(1) 选择菜单命令"文件"→"新建"菜单命令，打开"新建"对话框，新建 600×800 像素，分辨率为 300 像素/英寸的 CMYK 文件，名称为"电影海报"，对话框设置如图 12-1 所示。

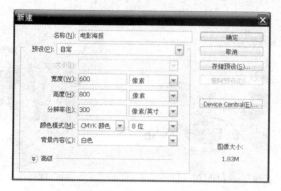

图 12-1　"新建"对话框

　　(2) 在图层调板上单击"新建图层"按钮 ⬜ 新建一个图层，自动命名为"图层 1"，然后在工具箱中选择"渐变"工具，用鼠标左键单击"渐变编辑"按钮 ◼️▶ ‖ ◼️◻️◥◣◢ 弹出"渐变编辑器"窗口。在该窗口中设置一个"由深红到浅红"的颜色渐变，效果如图 12-2 所示。单击"确定"按钮后，在其选项栏中选择"线性渐变"模式，然后在"图层 1"中，自下而上拖出渐变效果，如图 12-3 所示。

图 12-2　"渐变编辑器"窗口

图 12-3　渐变填充效果

　　(3) 在"图层"调板上单击"新建图层"按钮 ⬜ 新建一个图层，自动命名为"图层 2"，在位于图像的最下部建立 80×600 像素的矩形选区，并用黑色填充。

（4）在菜单栏选择"文件"→"打开"命令，打开"花纹素材 .jpg"，如图 12-4 所示，在工具箱中选择"魔棒"工具，设置其羽化值为"20"，在"花纹素材"图像的白色背景上进行单击，背景被全部选择后，在选择"选择"→"反选"菜单命令，用鼠标左键将选择的图像拖拽至"电影海报"文件中，并调整位置、大小，调整其混合模式为"线性减淡"。

然后，选择"文件"→"打开"菜单命令，打开 PSD 格式文件"全家福"素材图像，如图 12-5 所示，用鼠标左键将图像拖拽至"电影海报"文件中，并调整位置、大小。效果如图 12-6 所示。

图 12-4　"花纹"素材图像　　　　　　　　图 12-5 "全家福"素材图像

（5）在"图层"调板上单击"新建图层"按钮 ➎ 新建一个图层，自动命名为"图层 5"，在工具箱中选择"套索"工具，在"图层 5"中建立不规则选区，并用黑色填充，然后在工具箱中选择"涂抹"工具，对建立的不规则选区进行调整，制造出一种"流淌"效果。在菜单栏中选择"滤镜"→"像素画"→"碎片"菜单命令，最后调整其混合模式为"线性光"。效果如图 12-7 所示。

图 12-6　将素材图像拖拽至电影海报文件中　　　图 12-7　对不规则选区进行处理后的效果

（6）在工具箱中选择"竖直排文字"，然后在其选项栏中选择"字体"为"经典繁粗变"，"颜色"为白色，"字号"为 28。输入文字"家庭的故事"，然后在"图层"调板下部单击添加

图层样式按钮 "*fx*"，设置样式为 "外发光"，如图 12-8 所示，效果如图 12-9 所示。

图 12-8　设置 "外发光" 选项　　　　　　　　　图 12-9　 "外发光" 效果

（7）根据海报内容和画面的需要，在图像的适当位置分别输入文字，调整字体和字号，变换文字的颜色，效果如图 12-10 所示。

图 12-10　分别输入文本的效果

（8）用 "钢笔工具" 绘制卡通人物的眼睛。首先，选择 "文件" → "新建" 菜单命令，新建一个文件、大小自定、颜色模式为 RGB 模式，8 位、背景内容为白色的文件，在工具箱中选择 "矩形选框" ⬚工具，然后在自定图像窗口中绘制一个长方形，如图 12-11 所示。

（9）按快捷键 Ctrl+R 调出标尺工具，然后用移动工具在标尺上拖入四条参考线，将矩形选区四周做好标记，如图 12-12 所示。

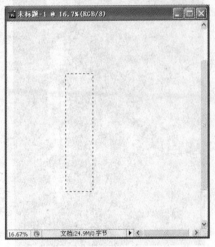
图 12-11　绘制矩形选区

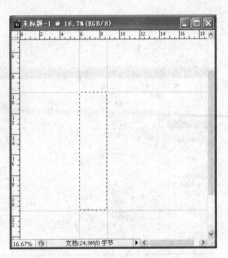
图 12-12　显示标尺

（10）选择矩形选框工具，将矩形选区移动到右边，再拖入一条参考线，这样做是为了保证参考线两边大小相等，效果如图 12-13 所示。

（11）按快捷键 Ctrl+D 取消矩形选区，在刚才标记好的矩形底部再拖入一条参考线，效果如图 12-14 所示。

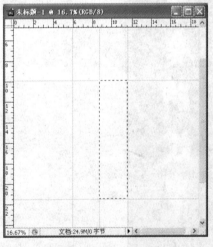
图 12-13　标尺工具（1）

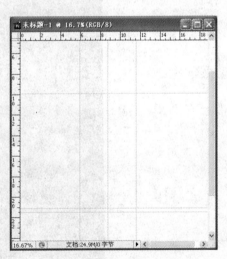
图 12-14　标尺工具（2）

（12）选择工具箱中的"钢笔" ✒ 工具，在其选项栏上选择路径模式，如图 12-15 所示。然后参考参考线的位置绘制一条路径，效果如图 12-16 所示。

图 12-15　路径工具

— 338 —

（13）在钢笔工具上按住鼠标左键，在弹出的菜单上选择"转换点工具"，如图 12-17 所示。

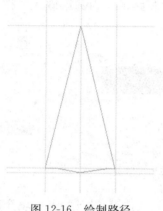

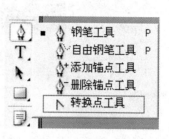

图 12-16　绘制路径　　　　　　　　　　图 12-17　钢笔工具

（14）对刚才绘制好的路径进行转换调整，将直线段变成平滑曲线段，效果依次如图 12-18 至图 12-21 所示。

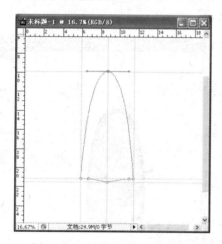

图 12-18　转换上部锚点效果图

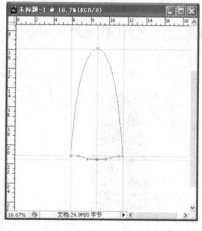

图 12-19　转换下部锚点效果图

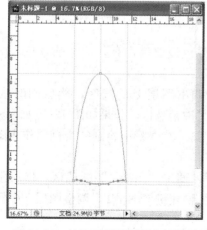

图 12-20　转换下部两侧锚点效果图

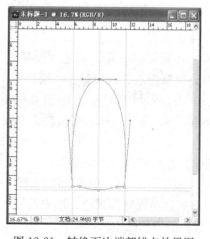

图 12-21　转换下边端部锚点效果图

（15）按快捷键 Ctrl＋R 取消标尺工具，用移动工具将所有参考线删除，然后在路径调板上选择绘制的工作路径，单击调板下面的"将路径作为选区载入"按钮，如图 12-22 所示。

图 12-22　将路径作为选区载入

（16）新建图层 1，将前景色设置为纯黑色，按快捷键 Alt＋Delete 填充前景色，然后按快捷键Ctrl＋D取消选择，效果如图 12-23 所示。

（17）在路径选项卡上选择工作路径，单击调板下面的"将路径作为选区载入"按钮，返回"图层"调板，新建"图层 2"，将前景色设置为＃abaaaa，填充前景色，按快捷键 Ctrl＋T，调整图层 2 的位置，效果如图 12-24 所示。

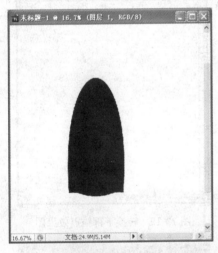

图 12-23　填充前景色

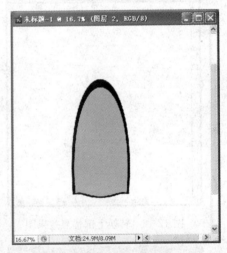

图 12-24　调整图层 2

（18）用同样的方法，新建"图层 3"，将前景色设置为白色，填充前景色，按快捷键 Ctrl＋T，调整图层 3 的位置，效果如图 12-25 所示。

（19）按住 Ctrl 键，单击图层 2 的缩略图，调出图层 2 的选区，然后同时按快捷键 Ctrl＋Shift＋I，进行反选，最后按 Delete 键删除，取消选区，效果如图 12-26 所示。

（20）新建"图层 4"，选择"椭圆形选框"工具，在眼睛里绘制一个椭圆作为瞳孔，将前景色设置为＃656464，填充前景色，如图 12-27 所示。

（21）按住 Ctrl 键，单击"图层 4"的缩略图，调出"图层 4"的选区，然后新建"图层 5"，将前景色设置为黑色，填充前景色，然后按快捷键 Ctrl＋T，调整图层 5 中椭圆的大小和位置，效果如图 12-28 所示。

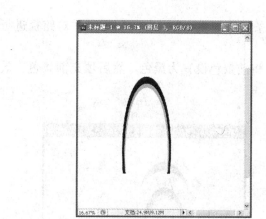

图 12-25　调整图层 3

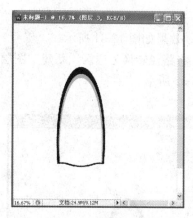

图 12-26　反选删除

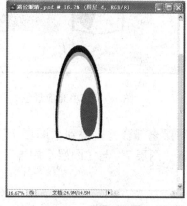

图 12-27　绘制椭圆

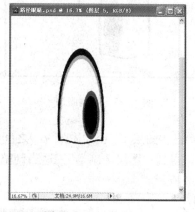

图 12-28　调整图层 5

（22）新建"图层 6"，选择"椭圆形选框"工具，按住 Shift 键在眼睛上绘制一个小圆点，作为眼睛的高光，将前景色设置为白色，填充前景色，效果如图 12-29 所示。

（23）复制图层 6，得到"图层 6 副本"和"图层 6 副本 2"，调整"图层 6 副本"和"图层 6 副本 2"的位置、大小和透明度，效果如图 12-30 所示。

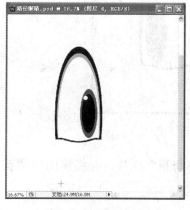

图 12-29　绘制高光

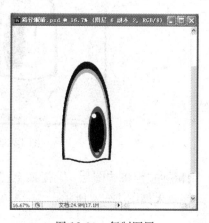

图 12-30　复制图层

（24）选择钢笔工具，在眼睛的上面绘制一条封闭的曲线路径作为眼眉，并对路径进行转换调整，效果如图 12-31 所示。

（25）将路径转换为选区，新建"图层 7"，将前景色设置为黑色，然后填充前景色，效果如图 12-32 所示。

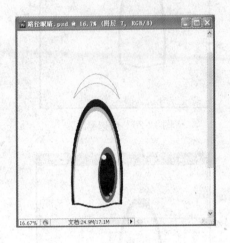
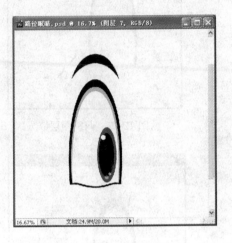

图 12-31　绘制眼眉　　　　　　　　　　图 12-32　填充前景色

（26）将"图层 1"至"图层 7"之间的所有图层全部合并，得到"图层 7"，然后复制"图层 7"，得到"图层 7 副本"，适当调整位置。将"图层 7"与"图层 7 副本"合并，效果如图 12-33 所示。

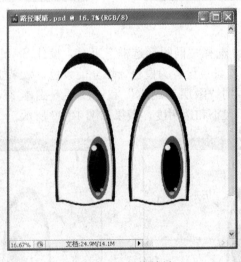

图 12-33　最终效果

（27）用鼠标左键将"图层 7"拖拽至"电影海报"文件，并将该图层调至最上层，调整大小，最终效果如图 12-34 所示。

图 12-34　电影海报最终效果

12. 1. 2　制作抽象电影海报

本实例将练习制作一个抽象的电影海报。海报主要由一个面具和一段文字组成。其中，面具的创建，属于本例的难点和重点。通过本例的练习，可以使读者进一步掌握图层样式、加深工具和减淡工具的使用。

具体操作步骤如下。

（1）新建一个 210×297 毫米，分辨率为 300 像素/英寸，颜色模式为"CMYK 颜色"的文件，如图 12-35 所示。

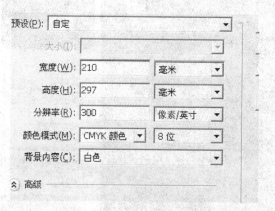

图 12-35　"新建"对话框

（2）使用快捷键 Ctrl＋Shift＋N 新建图层，系统自动将其命名为"图层 1"。选择工具箱中的"渐变工具" ，并选择"径向渐变" 模式，单击渐变编辑按钮，弹出"渐变编辑器"窗口。在弹出的"渐变编辑器"窗口中分别使用"♯3d3b3c"到"♯0e0d11"颜色填充渐变色标 ，然后选择"径向渐变"模式，如图 12-36 所示。在图像窗口的中心点向右上角拖拽填充渐变。

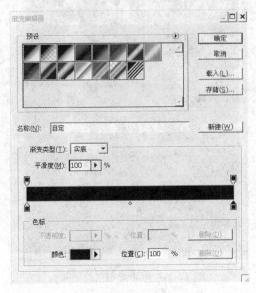

图 12-36　"渐变编辑器"窗口

（3）打开素材图片"金属素材 1.jpg"，使用工具箱中的"移动工具" 将这张图片拖拽到刚才新建文件的图像窗口中，并将它置于刚才制作的渐变图层之上。系统自动将其命名为"图层 2"，然后选择"编辑"→"变换"菜单命令，在弹出的子菜单中选择"旋转 90 度（顺时针）"命令。按快捷键 Ctrl+T，调整图层大小，将其覆盖整个图像窗口，然后双击图像窗口应用变换。在图层面板上将"图层 2"的"混合模式"修改为"柔光"，"不透明度"调整为 20%，效果如图 12-37 所示。

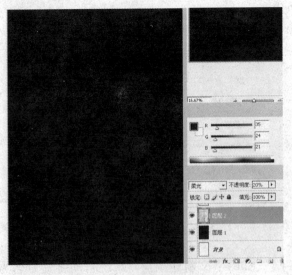

图 12-37　设置图层混合模式

　　（4）打开素材图片"变形金刚标志．jpg"，选择工具箱中的"魔棒工具"，然后在"变形金刚标志．jpg"图片中的背景颜色白色上单击，然后选择"选择"→"反向"菜单命令，使用工具箱中的"移动工具"将其拖拽到刚刚制作的海报文件中，此时系统自动将其命名为"图层 3"。按住 Ctrl 键，然后用鼠标单击"图层 3"，此时图像窗口中出现"变形金刚"图形的选区，选择工具箱中的"油漆桶工具"，设置前景色为"＃878787"，对选区进行填充。选择"编辑"→"自由变换"菜单命令，调整图形的大小，双击图像窗口应用变换，效果如图 12-38 所示。

　　（5）选择图层面板中的"图层 3"，单击"图层"调板上的"添加图层样式" 按钮，打开"图层样式"对话框，在"样式"列表中选择"斜面和浮雕"命令，设置参数如图 12-39 所示。在"图层样式"对话框中选择"描边"样式，设置参数如图 12-40 所示。其中填充类型选择"渐变"，单击"渐变编辑"按钮后在弹出的"渐变编辑器"窗口中设置左右色标的颜色分别为"＃949494"和"＃464546"，单击"确定"按钮，效果如图 12-41 所示。

图 12-38　添加变形金刚后效果

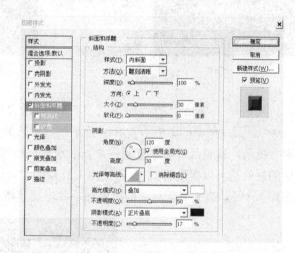

图 12-39　"斜面和浮雕"对话框

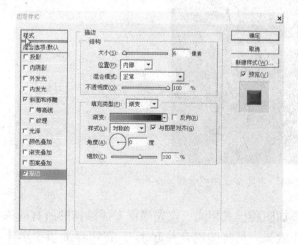

图 12-40　"描边"对话框

图 12-41　设置图层样式效果

（6）使用快捷键 Ctrl＋J 复制一个变形金刚的图层，系统自动将其命名为"图层 3 副本"，注意复制过的这个图层是带图层样式的。将"图层 3"隐藏掉，不需要用到了。再新建一个图层，将新建的图层与变形金刚图层使用 Ctrl＋E 组合键合并起来，将该图层命名为"图层 4"。提示，合并的目的是让刚才添加的图层样式像素化，合并后就不能修改图层样式了，如图 12-42 和图 12-43 所示。

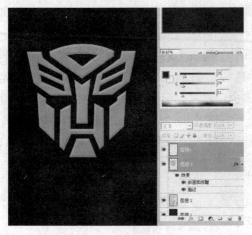
图 12-42　复制图层

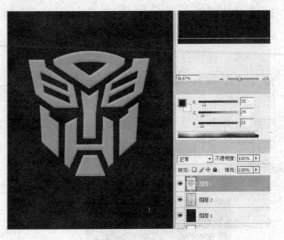
图 12-43　合并图层

（7）选择工具箱中的"加深工具"，设置范围为"中间调"，"曝光度 30％"，。选择一款小一点柔边的画笔，为变形金刚图形的内侧添加阴影效果（提示，这里最好重新复制一个新的变形金刚图层去操作，防止操作失误，并且复制新图层的好处是可以多次尝试）。再使用工具栏的"减淡工具"，范围选择"高光"，"曝光度选择 35％"，为变形金刚周围再添加一些金属感觉。效果如图 12-44 所示。

图 12-44　添加金属质感效果

（8）添加图层样式，方法与上次添加图层样式相同。首先确保上面涂抹的所有效果都在一个图层里面（如果复制了新图层制作效果，请将图层合并起来）。在图层面板中单击"添加图层样式"按钮，在弹出的菜单中选择"内阴影"命令，设置参数如图 12-45 所示，其中"混合模式"右边的色块中设置颜色为"♯e6b2b2"。

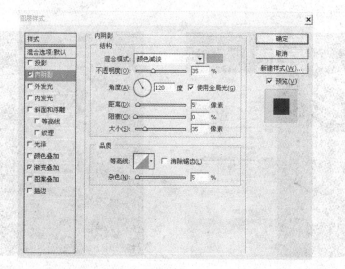

图 12-45　设置"内阴影"选项

（9）在"图层样式"对话框中选择"渐变叠加"样式，设置参数如图 12-46 所示，然后单击"确定"按钮。

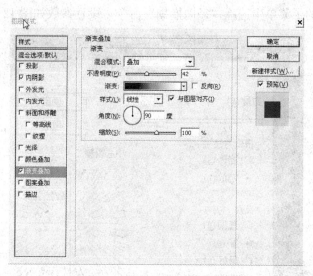

图 12-46　设置"渐变叠加"选项

（10）给变形金刚添加金属效果。打开素材文件"金属素材 2.jpg"，拖入制作的海报文件中，然后选择"编辑"→"自由变换"菜单命令，调整这张图片的大小，略大于变形金刚。选择变形金刚的图层，按住 Ctrl 键的同时，左击图层，作出变形金刚的选区，选择导入素材图片的图层，使用快捷键 Ctrl+Shift+I 进行反选，按 Delete 键删除多余的部分，使用快捷键 Ctrl+D 取消选区，"图层"调板上的"混合模式"选择为"浅色"，"不透明度"为"40％"，效果如图 12-47 所示。

（11）打开素材文件"金属素材 3.jpg"，将其拖拽到制作的文件中，具体方法与上一步骤相同。单击"图层"调板上的"混合模式"选择为"线性加深"，"不透明度"为"27％"。效果如图 12-48 所示。

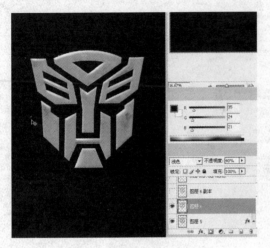
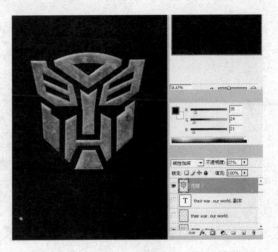

图 12-47　设置混合模式后效果　　　　图 12-48　设置"金属素材 3"后的效果

（12）使用快捷键 Ctrl＋J 复制"图层 4"，系统自动将其命名为"图层 4 副本 2"。按快捷键 Ctrl＋T，适当把这个变形金刚放大，置于"图层 4"之下。选择"滤镜"菜单下"模糊"命令，在弹出的子菜单中选择"径向模糊"命令，设置参数如图 12-49 所示。

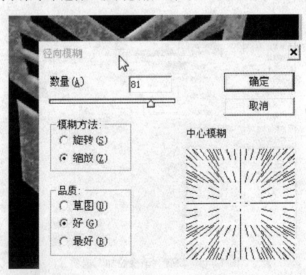

图 12-49　"径向模糊"对话框

（13）选择工具箱中的"横排文字工具" T.，在图像窗口中输入文字"THEIR WAR. OUR WORLD."，文字的字体、字号可适当地选择。使用快捷键 Ctrl＋J 将文字图层复制，置于原文字图层之下，右击该文字图层的副本，选择"栅格化文字"命令。选择"滤镜"菜单中的"模糊"命令，在弹出的子菜单中选择"径向模糊"命令，效果如图 12-50 所示。这样就完成了这张海报的制作，最终效果如图 12-51 所示。

图 12-50　文字效果

图 12-51　最终效果

12.2　旅游公司宣传海报设计

本节将练习制作一个旅游公司宣传海报。海报主要由一个风景和两个丝带和几段文字组成。其中，风景的编辑处理，属于本例的难点和重点。通过本例的练习，可以使读者进一步掌握如何设置图层的混合模式，调节图像色相/饱和度，添加滤镜效果，以及制作文本的描边特效等操作。

具体操作步骤如下。

（1）新建一个 210×297 毫米，分辨率为 300 像素/英寸，颜色模式为"CMYK 颜色"的文件，如图 12-52 所示。

（2）打开素材图片"素材风景图 .jpg"，使用"移动工具" 将其拖拽到新建的文件中，系统自动将其命名为"图层 1"，如图 12-53 所示。使用快捷键 Ctrl＋J 复制一个图层，将其命名为"图层 2"。将"图层 2"的图层"混合模式"设置为"强光"，效果如图 12-54 所示。

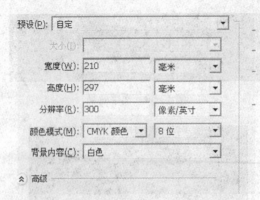

图 12-52　"新建"对话框

图 12-53　图层 1 效果

图 12-54　"强光"后效果

（3）按快捷键 Ctrl＋J，再复制"图层 1"，并将其命名为"图层 3"，拖拽该图层到顶层。选择"图像"→"调整"命令，在弹出的子菜单中选择"色相/饱和度"菜单命令，设置参数如图 12-55 所示。将刚调节完色相、饱和度的"图层 3"的"混合模式"设置为"柔光"，效果如图 12-56 所示。

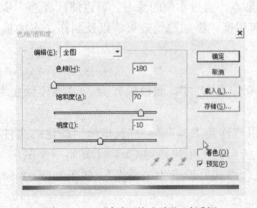

图 12-55　"色相/饱和度"对话框

图 12-56　设置为柔光后的效果

（4）新建一个"色相/饱和度"图层，新建方法是选择"图层"→"新建调整图层"命令，在弹出的子菜单中选择"色相/饱和度"命令，单击"确定"按钮后，会发现图层调板多了一个新图层，并弹出一个设置窗口 ，设置参数如图 12-57 所示，单击"确定"按钮，效果如图 12-58 所示。

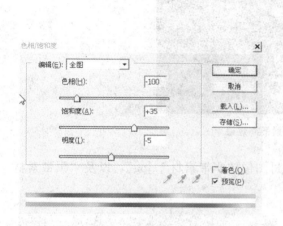

图 12-57　"色相/饱和度"图层对话框图　　　　图 12-58　调整图层后的效果

（5）调整图像的色彩，让整个画面更加的柔和。复制"图层 3"，选择"图像"→"调整"→"通道混合器"菜单命令，打开"通道混合器"对话框，设置参数如图 12-59 所示。

然后选择"滤镜"→"模糊"→"高斯模糊"菜单命令，设置参数如图 12-60 所示，最终效果如图 12-61 所示。

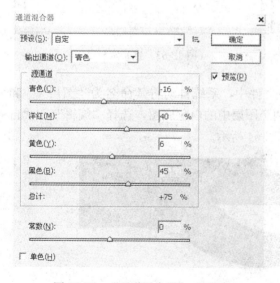

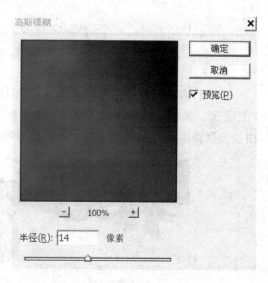

图 12-59　"通道混合器"对话框　　　　图 12-60　"高斯模糊"对话框

图 12-61　风景最终效果

（6）为画面添加花边与飘带。分别打开素材图像"飘带素材 1.jpg"，以及"飘带素材 2.jpg"，如图 12-62和图 12-63 所示。

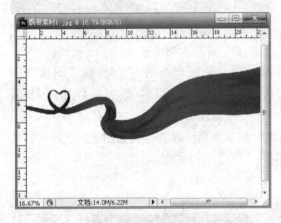

图 12-62　飘带素材 1　　　　　　　　　　　图 12-63　飘带素材 2

（7）将两个素材图像分别拖入正在制作的文件中，系统自动将其命名为"图层 4"和"图层 5"。选择工具箱中的"魔棒工具"删除两个图层中的白色底图，选择"编辑"→"自由变换"菜单命令调整丝带的大小，效果如图 12-64 所示。

图 12-64　丝带效果

将"图层 4"和"图层 5"合并，选择"图层"菜单中的"向下合并"命令。为红飘带添加投影效果，单击"图层"调板上的"图层样式"，选择"投影"，设置如图 12-65 所示。

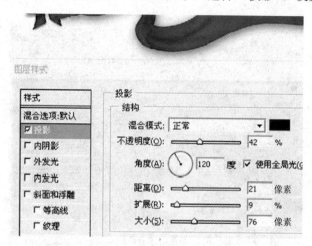

图 12-65　"投影"对话框

(8) 添加文字。选择工具箱中的"横排文字工具"T。分别在图像窗口中输入内容，包括标题："米亚罗———一览众山红"，使用文字内容："位于四川西北部的米亚罗以其撩人情思的米亚罗红叶、沁人心脾的古尔沟温泉、使人留恋的藏羌风情，令人沉醉不已。米亚罗的最大特色是红叶处处有，3688 平方公里的深山峡谷中，遍布三棵针、五角枫，红霞落谷谷映红。金秋时节，花果红时，那里有三千里梦幻般的红叶让人陶醉，一坡坡、一寨寨、一山山、一地地是数不尽的红色，太清的水、太美的山、太多的树、太红的叶……斑斓的色彩与蓝天、白云、山川、河流构成一幅醉人的金秋画卷。"以及公司信息："阿坝州米亚罗旅行社地址：羊西线蜀汉路 490 号　联系电话：028－87525858"。

(9) 为"米亚罗"三个字设置描边，单击图层面板上的"图层样式"按钮，选择"描边"样式，使标题醒目，图像更有层次感，如图 12-66 所示。这样就完成了这幅海报的制作，最终效果如图 12-67 所示。

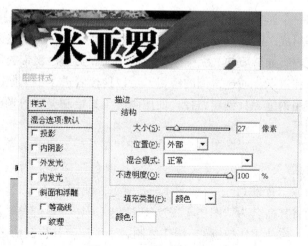

图 12-66　"描边"对话框

图 12-67 最终效果图

12.3 影楼宣传海报设计

本节将练习制作一个影楼宣传海报，最终效果如图 12-85 所示。海报主要由一对情侣和鲜花、绿叶及飘带等组成。画面以天空的蓝色为主色调并添加了大自然的绿色元素，处处洋溢着幸福的感觉，上方有如诗般的文字描绘爱情的迷人和美丽。飘带的创建和光斑的添加编辑，属于本例的难点和重点。通过本例的练习，可以使读者进一步掌握图层蒙版的用法，以及设置图层样式，使用钢笔工具创建路径，使用画笔工具绘制美丽的光斑等操作。

具体操作步骤如下。

(1) 选择"文件"→"新建"菜单命令，打开"新建"对话框，新建一个 210×297 毫米，分辨率为 300 像素/英寸，颜色模式为"CMYK 颜色"，8 位，背景为白色的文件。

(2) 打开素材图像"背景.jpg"，如图 12-68 所示。使用"移动工具"拖入刚才新建的文件中，系统自动将其命名为"图层 1"。按快捷键 Ctrl+T，调整"图层 1"的大小，将其覆盖整个图像窗口。将使用快捷键 Ctrl+J 复制一个图层，并将其命名为"图层 2"，将复制图层的图层"混合模式"设置为"线性加深"。单击"图层"调板上的"添加图层蒙版"

按钮 ，在工具箱中选择"画笔工具"，在工具属性栏中将画笔的直径设置大一点，将"硬度"调整为零，"前景色"设置为黑色，然后在图像窗口的心形位置涂抹，将心形的位置加亮。这样操作可以使画面看起来更有质感，效果如图 12-69 所示。

图 12-68　背景图像　　　　　　　　图 12-69　添加图层蒙版的效果

　　（3）打开素材图片"情侣.jpg"，如图 12-70 所示。使用"移动工具" ┗╋ 拖入刚才制作的文件中，使用快捷键 Ctrl＋T 调整图像大小。单击图层调板上的"添加图层蒙版"按钮 ，为这个图层添加蒙版。设置前景色为黑色，使用"画笔工具"，涂抹素材图像的边缘，使图片边缘柔和，融入画面中，效果如图 12-71 所示。

图 12-70　"情侣"素材图片　　　　　　图 12-71　加入人物素材后效果

　　（4）打开透明背景的素材图片"绿叶.png"和"鲜花.png"，如图 12-72 所示。

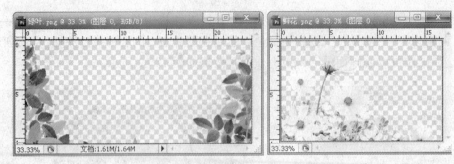

图 12-72　透明背景素材图像

　　使用"移动工具"，将这两个素材图像拖入刚才制作的文件中，选择"编辑"菜单中的"自由变换"命令调整其大小和位置，调整后的效果如图 12-73 所示。

　　单击"图层"调板中的"添加图层样式"按钮，打开"图层样式"对话框，在该对话框中设置投影的效果，参数如图 12-74 所示，设置结束后，单击"确定"按钮，效果如图 12-75所示。

图 12-73　添加花边效果

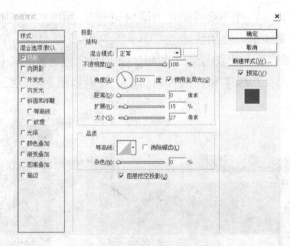

图 12-74　"投影"对话框

图 12-75　添加投影后的效果

（5）打开文字图片素材"文字素材.png"，如图 12-76 所示。

图 12-76　文字素材

去除黑色背景，然后使用"移动工具" 拖入到刚才制作的文件中，选择"编辑"菜
单中的"自由变换"命令调整文字的大小和位置，然后单击"图层"调板中的"添加图层样
式"按钮，添加投影效果，如图 12-77 所示，效果如图 12-78 所示。

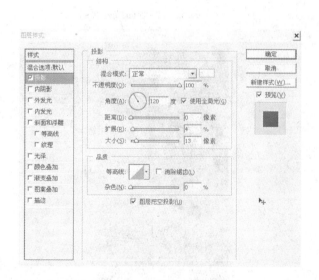

图 12-77　"投影"对话框

图 12-78　添加文字后的效果

（6）为画面添加一些效果。选择工具栏中的"画笔工具"，在工具属性栏中将画笔的硬
度调整为"0"，前景色调整为"白色"。使用画笔在画面画出不同大小的光斑，调整它们的
大小和位置，如图 12-79 所示。

（7）选择"钢笔工具"，绘制一个曲线路径，如图 12-80 所示。使用快捷键 Ctrl＋
Enter，将路径转化为选区。新建一个图层，系统自动将其命名为"图层 7"，将选区填充为
白色，如图 12-81 所示。使用"橡皮工具"，在工具属性栏中将橡皮擦的"硬度"调整为

"0"，不透明度调整为 20％，不透明度：20% 流量：100% 。不断地调整画笔的大小，擦出飘带的效果，如图 12-82 所示。

图 12-79　画出光斑后的效果

图 12-80　绘制曲线路径

图 12-81　填充选区

图 12-82　飘带效果

使用快捷键 Ctrl＋J 将这个飘带图层复制几遍，调整它们的大小和方向，如图 12-83 所示。这样就完成了这幅海报的制作，最终效果如图 12-84 所示。

图 12-83 多个飘带的效果   图 12-84 最终效果图

12.4 健身宣传海报设计

本节将练习制作一个健身宣传海报。海报主要由文字和 5 个女性剪影及其背影组成。背景的创建和文字渐变填充效果的制作，属于本例的难点和重点。通过本例的练习，可以使读者进一步掌握钢笔工具、渐变填充工具、文字工具的使用及图像合成的技巧。

具体操作步骤如下。

（1）新建一个 210×297 毫米，分辨率为 300 像素/英寸，颜色模式为 "CMYK 颜色" 的文件，如图 12-85 所示。

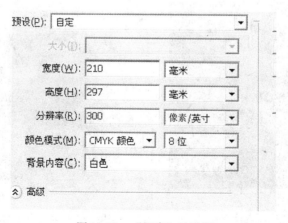

图 12-85 "新建"对话框

（2）使用快捷键 Ctrl＋Shift＋N 新建图层，系统自动将其命名为"图层 1"。选择工具箱中的"渐变工具" ，单击渐变编辑按钮 ，弹出"渐变编辑器"窗口，分别使用"b0014b"到"ff0090"颜色填充渐变色标 ，如图 12-86 所示。选择"径向渐变"按钮，在图像窗口的右上角向左下角拖拽，如图 12-87 所示。

图 12-86　"渐变编辑器"窗口　　　　图 12-87　填充渐变后的效果

（3）打开"女性剪影素材图片 1 至 5"，使用"移动工具" 拖入制作的文件中。分别调整它们的大小和顺序，如图 12-88 所示。

（4）使用钢笔工具，为每个人物绘制投影，如图 12-89 所示，然后将路径转变成选区，设置前景色为"黑色"，填充选区，效果如图 12-90 所示。

图 12-88　添加人物素材后效果　　　　图 12-89　使用钢笔工具添加投影

图 12-90　添加投影后的效果

　　（5）为海报添加文字。选择工具箱中的"横排文字工具" **T** ，输入标题"纤体瘦身班"，字体选择"经典特宋简"，字号为"80 号"，"瘦身"两个字为"120 号"。右击文字图层，选择"栅格化文字"，按住 Ctrl 键同时左击图层，作出文字选区，使用"渐变工具"，为标题添加一个从白色到透明的渐变，如图 12-91 所示。单击"确定"按钮，效果如图 12-92 所示。

图 12-91　"渐变编辑器"窗口

图 12-92　给文字添加渐变效果

　　用同样的方法分别添加文字"DANCE TO FIT"，"时尚瘦身　健康减肥"和"美好生活　健康倡导"，效果如图 12-93 所示。

　　最后添加正文内容，"开班宗旨：以合理饮食与舞蹈结合为手段，为期望拥有性感美丽的人士，尤其是年轻时尚一族，通过舞蹈与运动的完美结合，使你拥有完美形体的同时拥有时尚高品质的生活。特色教学：半封闭式训练模式，即会员的减肥计划均由小雅舞蹈俱乐部按照科学、合理、可行的原则指定。所有会员在活动期间必须严格按照俱乐部要求安排生活，严格执行教练的训练和相关指导，详情请致电向会籍顾问咨询。"字体选择宋体。

这样就完成了这幅海报的制作，最终效果如图 12-94 所示。

图 12-93　添加其他文字后的效果

图 12-94　最终效果图

附录 A　Photoshop CS 3 常用快捷键

Photoshop 中的操作方法复杂多样，在 Photoshop 中进行任何操作，从选择到命令，从工具到菜单，都至少有两种方法，有时有更多种。一个操作熟练的 Photoshop 玩家，在操作过程中，总是能够选择在当前工作方式下最容易、便捷的方法，这通常就是快捷键操作，这样可以大大减少操作步骤，从而节省操作时间，提高工作效率。

下面就简单介绍一下 Photoshop 的主要的快捷键操作方式及其相对应的中文含义。

文 件 菜 单

快捷键	含义	快捷键	含义
Ctrl＋N	新建	Ctrl＋O	打开
Ctrl＋W	关闭	Ctrl＋S	保存
Shift＋Ctrl＋S	另存为	Shift＋Ctrl＋P	页面设置
Ctrl＋P	打印	Ctrl＋Q	退出

编 辑 菜 单

快捷键	含义	快捷键	含义
Ctrl＋Z	撤销操作	F2/Ctrl＋X	剪切
F3/Ctrl＋C	复制	Shift＋Ctrl＋C	复制合并
F4/Ctrl＋V	粘贴	Shift＋Ctrl＋V	粘贴进
Ctrl＋T	自由变换		

图 像 菜 单

快捷键	含义	快捷键	含义
Ctrl＋L	色阶	Shift＋Ctrl＋L	自动色阶
Shift＋Ctrl＋Alt＋L	自动对比度	Ctrl＋M	色调曲线
Ctrl＋B	色彩平衡	Ctrl＋U	色调/饱和度
Shift＋Ctrl＋U	去色	Ctrl＋I	反相

图 层 菜 单

快捷键	含义	快捷键	含义
Shift＋Ctrl＋N	新建层	Ctrl＋J	从拷贝处新建层
Shift＋Ctrl＋J	从剪切处新建层	Ctrl＋G	和上一层编组

Shift+Ctrl+G	取消编组	Shift+Ctrl+]	移到顶层
Ctrl+]	上移一层	Ctrl+[	下移一层
Shift+Ctrl+[	移到底层	Ctrl+E	向下合并
Alt+[	激活上一图层	Alt+]	激活下一图层
Shift+Ctrl+E	合并可见层		

选 择 菜 单

快捷键	含义	快捷键	含义
Ctrl+A	全选	Ctrl+D	取消选择
Shift+Ctrl+D	重新选择	Shift+Ctrl+I	反转选择
Alt+Ctrl+D	羽化		

滤 镜 菜 单

快捷键	含义	快捷键	含义
Ctrl+F	重复使用滤镜	Shift+Ctrl+F	淡化

视 图 菜 单

快捷键	含义	快捷键	含义
Ctrl+Y	CMYK 模式预览	Shift+Ctrl+Y	颜色警告
Ctrl++	放大	Ctrl+-	缩小
Ctrl+空格+单击	放大局部	Ctrl+空格+单击	缩小局部
Ctrl+0	匹配屏幕	Alt+Ctrl+0	实际大小
Ctrl+H	显示/隐藏选择	Shift+Ctrl+H	显示/隐藏路径
Ctrl+R	显示/隐藏标尺	Ctrl+;	显示/隐藏辅助线
Shift+Ctrl+;	锁定到辅助线	Alt+Ctrl+;	固定辅助线
Ctrl+"	显示/隐藏网格	Shift+Ctrl+"	锁定到网格

其 他 命 令

快捷键	含义	快捷键	含义
Shift+Tab	选项板调整	F1	帮助
F5	显示或隐藏画板	F6	显示或隐藏颜色调板
F7	显示或关闭图层调板	F8	显示或关闭信息调板
F9	显示或关闭动作调板	Tab	调板、状态栏和工具箱
方向键	选择区域移动	Ctrl+单击	图层转化为选区
Shift+方向键	以 10 像素移动	Alt+Delete	填充为前景色
Ctrl+Delete	填充为背景色	]	增大笔尖大小
[	减小笔尖大小	Shift+]	选择最大笔尖
Shift+[	选择最小笔尖		

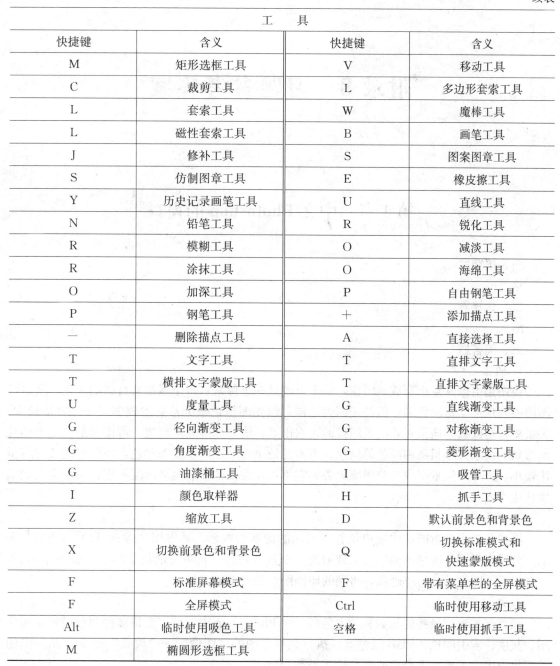

工　具			
快捷键	含义	快捷键	含义
M	矩形选框工具	V	移动工具
C	裁剪工具	L	多边形套索工具
L	套索工具	W	魔棒工具
L	磁性套索工具	B	画笔工具
J	修补工具	S	图案图章工具
S	仿制图章工具	E	橡皮擦工具
Y	历史记录画笔工具	U	直线工具
N	铅笔工具	R	锐化工具
R	模糊工具	O	减淡工具
R	涂抹工具	O	海绵工具
O	加深工具	P	自由钢笔工具
P	钢笔工具	+	添加描点工具
—	删除描点工具	A	直接选择工具
T	文字工具	T	直排文字工具
T	横排文字蒙版工具	T	直排文字蒙版工具
U	度量工具	G	直线渐变工具
G	径向渐变工具	G	对称渐变工具
G	角度渐变工具	G	菱形渐变工具
G	油漆桶工具	I	吸管工具
I	颜色取样器	H	抓手工具
Z	缩放工具	D	默认前景色和背景色
X	切换前景色和背景色	Q	切换标准模式和快速蒙版模式
F	标准屏幕模式	F	带有菜单栏的全屏模式
F	全屏模式	Ctrl	临时使用移动工具
Alt	临时使用吸色工具	空格	临时使用抓手工具
M	椭圆形选框工具		

附录 B　习题参考答案

第 1 章　中文 Photoshop 的窗口

一、填空题

略

二、选择题

略

三、简答题

1. 解：

位图是由像素点组合成的图像，一个点就是一个像素，每个点都有自己的颜色。所以位图能够表现出丰富的色彩，但是正因为这样，位图图像记录的信息量较多，文件容量较大。矢量图像是以数学向量方式记录图像的，它由点、线和面等元素组成。所记录的是对象的几何形状、线条大小粗细和颜色等信息。不需要记录每个点的位置和颜色，所以它的文件容量比较小，另外，矢量图像与分辨率无关，它可以任意倍的缩放且清晰度不变，而不会出现锯齿状边缘。

2. 解：

图像分辨率是指图像中每单位长度显示的像素的数量，通常用"像素/尺寸（dpi）"表示。分辨率是用来衡量图像细节表现力的一个技术指标。每英寸的像素越多，分辨率越高。一般来说，图像的分辨率越高，得到的印刷图像的质量就越好。

3. 解：

颜色模式决定最终的显示和输出色彩。在 Photoshop 中，可以支持多种颜色模式，如位图、灰度、索引颜色、RGB 颜色等。执行菜单栏中的"图像"→"模式"命令，在弹出的子菜单中包含了更多更全面的颜色模式类型。

4. 解：

启动 Photoshop CS3 后，即可查看到它的工作区，它主要由标题栏、菜单栏、工具选项栏、工具箱、调板、图像窗口及状态栏组成，

5. 解：

Adobe Bridge CS3（简称 Bridge）是 Adobe 公司开发的一个能够独立运行的应用程序，主要用于浏览、查找和管理本地磁盘和网络驱动器中的图像。与传统的图像浏览器不同，它

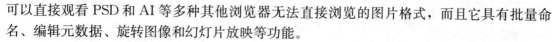

可以直接观看 PSD 和 AI 等多种其他浏览器无法直接浏览的图片格式，而且它具有批量命名、编辑元数据、旋转图像和幻灯片放映等功能。

四、上机练习题

解：略

第 2 章　Photoshop 快速入门

一、填空题

略

二、选择题

略

三、简答题

1. 解：

Photoshop 图像文件的基本操作包括：新建文件、打开图像文件、保存图像文件、关闭图像文件和图像文件的置入与导出。

2. 解：

新建或打开图像文件后，对图像编辑完毕后要对图像文件进行存储，存储图像可以通过"文件"→"存储"命令来完成。对已存储过的文件，执行命令，不会弹出对话框，而是直接以原路径、原文件名保存。利用"存储为"对话框，不仅可以改变存储位置、文件名，也可以改变文件格式。还可以使用该对话框中的"存储选项"设置区进行详细的保存选项设置。

3. 解：

如果不需要编辑图像文件时，可以关闭图像文件窗口，关闭时不退出 Photoshop 程序，关闭的方法有以下几种。

方法 1：选择"文件"→"关闭"菜单命令可关闭当前图像文件窗口。

方法 2：单击需要关闭图像文件窗口右上角的"关闭"按钮。

方法 3：按快捷键 Ctrl＋W 或 Ctrl＋F4 都可关闭当前图像文件窗口。

四、上机练习题

解：略

第 3 章　图像选区的创建与编辑

一、填空题

略

二、选择题

略

三、简答题

1. 解：

在 Photoshop 中提供的创建选区的主要工具包括：选框工具组、使用套索工具组、魔棒工具和快速选择工具。

2. 解：

套索工具组中提供了套索工具、多边形套索工具和磁性套索工具三种。他们的区别是：套索工具可以在图像中或某一个单独的层中，以自由手控的方式选择不规则的选区。使用套索工具时，可通过按住鼠标在图像拖动，随着鼠标的移动可以形成任意形状的选区，松开鼠标后就会自动形成封闭的选区。多边形套索工具可产生直线型的多边形选区。当终点和起点重合时，就会形成一个完整的选区。磁性套索工具是一种具有可识别边缘的套索工具，使用时可以自动分辨图像边缘并自动吸附，比前两种更加简便。

3. 解：

在 Photoshop 中创建选区后，可以使用填充菜单命令对图像的画面或选区进行填充，选择"编辑/填充"命令，打开"填充"对话框，在其下拉列表中可以选择填充时所使用的对象，前景色或图案选项，选择相应的选项即可使用相应的颜色或图案进行填充。

四、上机练习题

解：略

第 4 章至第 11 章答案略

参考文献

[1] 王爱民，赵哲. Photoshop 图像处理技术. 北京：中国水利水电出版社，2007.

[2] 刘小伟. Photoshop CS3 数码图像处理实用教程. 北京：电子工业出版社，2008.

[3] 张哲峰，张蔚. Photoshop CS3 图像处理实用教程. 北京：清华大学出版社，2009.

[4] 孟凯宁. Photoshop CS3 特效制作从入门到精通. 北京：清华大学出版社，2008.

[5] Adobe 专家委员会 DDC 传媒. Adobe Photoshop CS3 标准培训教材. 北京：人民邮电出版社，2008.